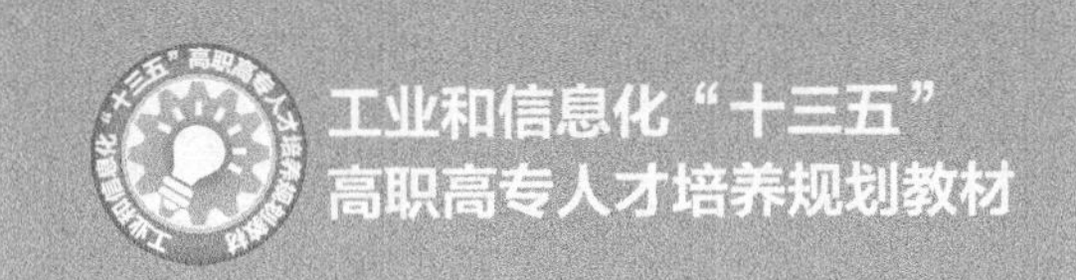

虚拟化技术
应用与实践

Virtualization Technology Application and Practice

陈亚威 蒋迪 ◎ 主编

尤永康 孙雅妮 王海沛 ◎ 副主编

人 民 邮 电 出 版 社

北 京

图书在版编目（CIP）数据

虚拟化技术应用与实践 / 陈亚威，蒋迪主编. -- 北京 : 人民邮电出版社，2019.3
工业和信息化“十三五”高职高专人才培养规划教材
ISBN 978-7-115-49600-3

Ⅰ. ①虚… Ⅱ. ①陈… ②蒋… Ⅲ. ①数字技术－高等职业教育－教材 Ⅳ. ①TN01

中国版本图书馆CIP数据核字(2018)第236435号

内容提要

本书较为全面地介绍了目前主流的虚拟化技术，包括 VMware、XenServer、Hyper-V、KVM、Docker 等。全书共 8 章，讲述了各类虚拟化技术的基本原理与架构、安装部署、网络的调试、存储的挂载等内容。本书第 8 章的综合性项目，涵盖了虚拟化平台的安装部署、网络的规划、存储的加载、云桌面环境的实施。本书内容全面翔实，图文并茂，简明易学，逻辑清晰，可操作性强。从实战角度出发，用最小化的成本模拟了最大化的实战环境。

本书可以作为高校云计算、大数据、计算机网络等计算机类专业的虚拟化技术课程教材，也可以作为一线工程师虚拟化技术的入门书籍。

◆ 主　　编　陈亚威　蒋　迪
副 主 编　尤永康　孙雅妮　王海沛
责任编辑　左仲海
责任印制　马振武

◆ 人民邮电出版社出版发行　　北京市丰台区成寿寺路 11 号
邮编　100164　　电子邮件　315@ptpress.com.cn
网址　http://www.ptpress.com.cn
固安县铭成印刷有限公司印刷

◆ 开本：787×1092　1/16
印张：15　　2019 年 3 月第 1 版
字数：356 千字　　2024 年 12月河北第 13 次印刷

定价：49.80 元

读者服务热线：(010)81055256　印装质量热线：(010)81055316
反盗版热线：(010)81055315
广告经营许可证：京东市监广登字20170147号

序 1

认识亚威是在考华为云计算 HCIE 时，我和他在同一远程课堂，经常听他在课堂上发言，觉得这小伙子经验丰富，水平不错。亚威在开始本书写作之前和我交流过，说有空帮他校一下稿。但当收到亚威的写序邀请时，却让我诚惶诚恐，顿感自己水平欠缺。自己请过别人为自己的书写序，也经常帮别人校稿，写序却是头一回。

云计算应用现在已经进行得如火如荼了，也没有人觉得云计算是玩概念。现在从事 IT 建设、IT 运维的工程师如果不懂得云计算就算落伍。要学习云计算，首先要从虚拟化入手，虽然虚拟化不是云计算的必要条件，但绝大多数云计算离不开虚拟化技术，特别是服务器虚拟化。市场上，服务器虚拟化产品有 VMware、Hyper-V、XenServer、KVM 及其他一些小众的产品。在实际项目中，工程师会面临选择哪种虚拟化平台作为云计算的底层；或者不同的虚拟化平台已经存在，需要把这些虚拟化平台接入到云中。作者也是在实际工作中接触到了各种主流的虚拟化技术，才觉得应该让别的工程师了解这些技术。

本书是为云计算或者虚拟化技术的入门者编写的，适合想开始从事虚拟化的工程师读阅，也适合应用型的高校学生读阅。该书在编写上注重基本概念的阐述，简单明了，不啰嗦；各操作步骤十分详尽，读者按部就班地就能完成各个实验。别的虚拟化技术书籍常常是在真实环境中实验，这虽然更贴近实战，但对于正准备入门的学习者却是个障碍——哪里去找那些服务器？本书是用虚拟机作为服务器的，这其实也是虚拟化的应用，这样读者有一台配置稍高的计算机就能开始动手实验了。

作为一个“过来人”及长期从事高等职业教育的教师，建议读者一定要动手把各章实验做一遍，这样既能理解概念又能实际操作。不同的虚拟化技术虽然有差异，但许多概念是相通的，只不过操作上不同而已，把 VMware ESXi 搞明白了，Hyper-V、XenServer 等也就容易理解了。最后一章的综合项目实战起到了画龙点睛的作用，值得读者好好练习。

相信这本书能够给读者带来好的阅读体验，同时帮助读者快速入门虚拟化技术。祝愿作者和读者在云计算的道路上快速进步。

王隆杰

（深圳职业技术学院，副教授，CCIE（路由及安全双方向，#14676）、华为授权讲师、思科网络技术学院授权讲师、思杰授权讲师等多个资质。主编或参编思科认证实验指南、Windows Server 网络管理、网络攻防等 10 余部教材，录制了 20 门在线教学视频课程。目前致力于网络技术基础、操作系统、网络设备、网络安全、云计算教学）

2018 年 11 月

序 2

当下，云计算已然不是早些年的创新产物，它已经像水电一样成为人们生活中必不可少的东西。但是对于云计算方面的人才培养，则一直处于较为“滞后”的状态，学生往往是在工作以后才能真正接触并学习云计算的相关知识。这种模式造成的现象就是，对于需要云计算相关技能人员的企业来说会徒增人员教育成本，同样，对于学生来说也存在一定的就业风险，难以真正适应时代所需。

陈老师的这本书不仅弥补了国内云计算职业教育的空白，从某些角度看，这也是在未来的职业教育探索创新方面的一个颇具实践性的尝试。

本书内容涵盖了市面上主流的虚拟化平台，以及它们所使用的技术，并且配有可以直接操作的实践动手部分，从概念、原理，一直到应用部分都有所涉及，可以说在内容上也是为现代职校学生量身定制的。

我作为一名云计算老兵，非常乐意看到此书能够作为云计算职业教育的标准教材，结合教师们的用心教授，为社会培养一批又一批的云计算人才，为国内的信息技术发展共筑云计算基石。

张鑫

（ZStack 创始人兼 CEO，曾于 Intel 从事 Xen 内核开发，Citrix 担任 CloudStack 架构师）

2018 年 11 月

前 言 FOREWORD

虚拟化技术是云计算技术最为核心的技术之一，也是云计算技术与应用专业的核心课程之一。目前主流的虚拟化技术包括 VMware、XenServer、Hyper-V、KVM、Docker 及各类桌面虚拟化技术。从市场的发展趋势来看，这几类技术会存在一段时间。在商业虚拟化技术上，VMware 占有非常大的比例；在开源虚拟化技术上，KVM 不可置疑是未来的主流，并且在不断蚕食 XenServer 的市场。同时，容器技术的异军突起，给各类硬件辅助虚拟化技术带来了一定的冲击。考虑到市场的实际情况，本书全面介绍了目前主流的各类虚拟化技术，并为每类虚拟化技术制定了一个难度适中的实践项目，能够让读者充分感受到不同虚拟化技术的特点。

随着开设"云计算技术与应用"专业的院校逐渐增多，对相关教材的需求也日益增加。本书作者拥有丰富的网络技术知识和云计算项目经验。在编写过程中，也得到了行业及教育界诸多专家的指导。本书从实战出发，采用项目化教学的方式组织内容，由基本概念引入，通过实践加深理解，实现知识与技能合一，有助于"教、学、做一体化"的实施。本书全部采用开源软件或者试用期软件产品，并参考了各类软件产品的官方手册，建议从官方渠道获得本书中讲解的各类软件与资料。

本书的参考学时为 100 ~ 132 学时，建议采用理论实践一体化教学模式，各章的参考学时如下表所示。

学时分配表		
第 1 章	虚拟化技术基础知识	4～8
第 2 章	VMware vSphere 虚拟化技术	16～20
第 3 章	XenServer 虚拟化技术	12～16
第 4 章	Hyper-V 虚拟化技术	12～16
第 5 章	KVM 虚拟化技术	16～20
第 6 章	容器技术	12～16
第 7 章	桌面虚拟化技术	8～12
第 8 章	虚拟化综合项目实战	20～24
课时总计		100～132

本书由陈亚威、蒋迪担任主编，尤永康、孙雅妮、王海沛担任副主编。陈亚威、蒋迪统编全书，尤永康对本书的结构进行了综合调整，孙雅妮主要编写了虚拟化技术基础知识、桌面虚拟化技术和虚拟化综合项目实战云桌面部分，王海沛编写了 XenServer 与 Hyper-V 虚拟化技术原理部分。

由于编者水平和经验有限，书中难免存在疏漏和不足之处，恳请读者批评指正。

编　者

2018 年 10 月

目 录 CONTENTS

第1章 虚拟化技术基础知识 1

第2章 VMware VSphere 虚拟化技术 23

第4章 Hyper-V 虚拟化技术 98

第5章 KVM 虚拟化技术 123

第6章 容器技术 152

第 7 章 桌面虚拟化技术 168

第 8 章 虚拟化综合项目实战 190

第1章 虚拟化技术基础知识

虚拟化是当今热门技术云计算的核心技术之一，它可以实现 IT 资源弹性分配，使 IT 资源分配更加灵活，能更弹性地满足多样化的应用需求。本章将为读者介绍虚拟化技术的基础知识。

本章教学重点

- 虚拟化的定义及分类
- 服务器虚拟化和桌面虚拟化技术概述
- 虚拟化的发展前景
- 虚拟化厂家及产品
- 云计算概述及其与虚拟化的关系

1.1 虚拟化定义

虚拟化（Virtualization）可将信息系统的各种物理资源（如服务器、网络、存储等）进行抽象、转换后呈现出来，打破现实结构件的不可切割的障碍，使用户可以更好地应用这些资源。这些新虚拟出来的资源不受现有资源的架设方式、地域或物理配置所限制。

虚拟化技术是一种调配计算资源的方法，它将不同层面的硬件、软件、数据、网络、储存一一隔离开来，使改动更易被实施，其带来的结果是简化了管理，用户能更有效地利用 IT 资源。

虚拟化技术实现了软硬件的分离，系统和软件在运行时，与后台的物理平台无关。用户不需要考虑后台的具体硬件实现，而只需在虚拟层环境上运行系统和软件。

虚拟化架构如图 1-1 所示。

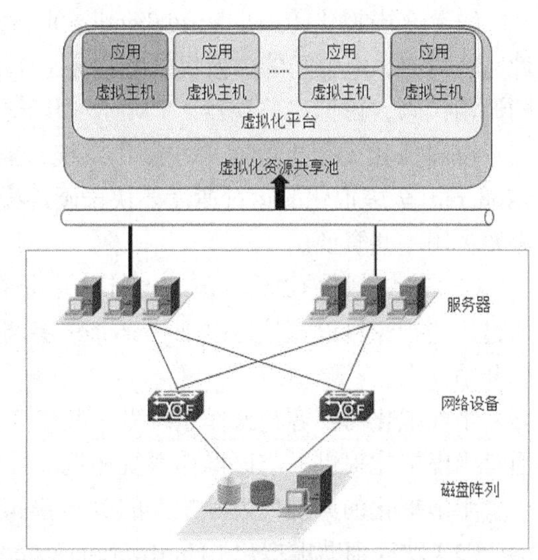

图 1-1 虚拟化架构

1.2 虚拟化目的

虚拟化的主要目的是对 IT 基础设施进行简化，以及对资源进行访问。虚拟化原理如图 1-2 所示。

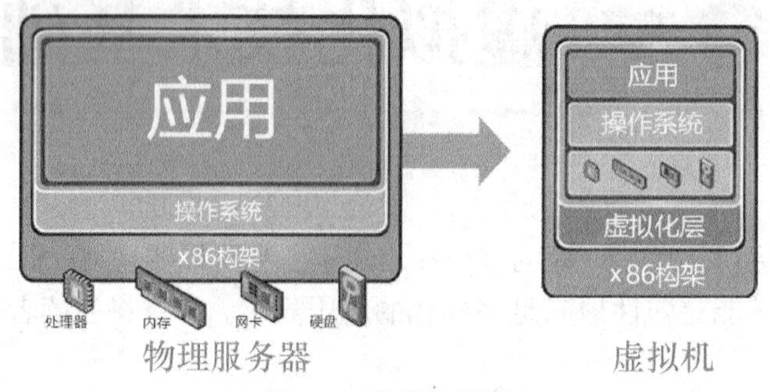

图 1-2　虚拟化原理

虚拟化使用软件的方法重新定义及划分 IT 资源，可以实现 IT 资源的动态分配、灵活调度、跨域共享，提高 IT 资源利用率，使 IT 资源能够真正成为社会基础设施，服务于各行各业。

与传统 IT 资源分配的应用方式相比，虚拟化具有以下优势。

（1）虚拟化技术可以大大提高资源的利用率，提供相互隔离、安全、高效的应用环境。

（2）虚拟化系统能够方便地管理和升级资源。

虚拟化技术等的发展促进了云计算技术的飞速发展，也可以说虚拟化是云计算的基础，没有虚拟化就没有云计算。

1.3 虚拟化分类

1.3.1　根据实现机制分类

（1）全虚拟化（Full Virtualization）：也是原始虚拟化技术，指虚拟操作系统与底层硬件完全隔离，由中间的虚拟机管理程序（Hypervisor）层转换虚拟客户操作系统对底层硬件的调用代码，虚拟机监视器（VMM）用于客户操作系统和裸硬件之间的工作协调。

全虚拟化无须更改客户端操作系统，兼容性好。典型代表是 VMware WorkStation、vSphere。全虚拟化的运行速度要快于硬件模拟，但是性能方面不如裸机，因为 Hypervisor 需要占用一些资源。

（2）半虚拟化（Para Virtualization）：是在虚拟客户操作系统中加入特定的虚拟化指令，通过这些指令可以直接通过 Hypervisor 层调用硬件资源，免除 Hypervisor 层转换指令的性能开销。

半虚拟化需要客户操作系统做一些修改，使客户操作系统意识到自己处于虚拟化环境，但是半虚拟化提供了与原操作系统相近的性能。

半虚拟化的典型代表是早期的 Xen 虚拟机。

（3）硬件辅助虚拟化（Hardware-assisted Virtualization）：是由硬件厂商提供的功能，主要配合全虚拟化和半虚拟化使用。它在 CPU 中加入了新的指令集和处理器运行模式，以完成虚拟操作系统对硬件资源的直接调用。典型技术是 Intel VT、AMD-V。

1.3.2　根据应用分类

根据虚拟化的应用可以分为 3 个类别：应用虚拟化、桌面虚拟化和系统虚拟化。其中，系统虚拟化在业界被称为服务器虚拟化。

各虚拟化层次的典型代表如下。

（1）应用虚拟化：微软的 APP-V、Citrix 的 Xen APP 等。

（2）桌面虚拟化：微软的 MED-V、VDI；Citrix 的 Xen Desktop；VMware 的 VMware view；IBM 的 Virtual Infrastructure Access；等等。

（3）系统虚拟化：VMware 的 vSphere、Workstation；微软的 Windows Server with Hyper-v、Virtual PC；IBM 的 Power VM、zVM；Citrix 的 Xen。

1.4 服务器虚拟化概述

服务器虚拟化是指将服务器物理资源抽象成逻辑资源，让一台服务器变成几台甚至上百台相互隔离的虚拟服务器，不再受限于物理上的界限，而是让 CPU、内存、磁盘、I/O 等硬件变成可以动态管理的“资源池”，从而提高资源的利用率，简化系统管理，实现服务器整合，让 IT 对业务的变化更具适应力，如图 1-3 所示。

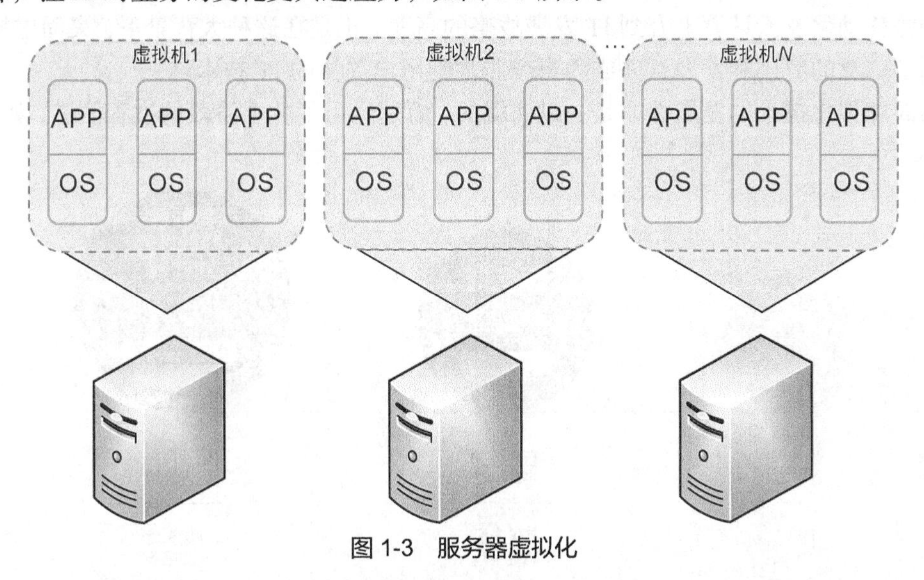

图 1-3　服务器虚拟化

服务器虚拟化释放出了传统服务器的强大潜能。目前，大多数服务器的容量利用率不足 15%，不但效率非常低下，而且还导致了服务器数量剧增及增加了复杂性。

通过服务器虚拟化技术，用户可以动态启用虚拟服务器（又叫虚拟机）。服务器可以让操作系统（以及在上面运行的任何应用程序）误以为虚拟机就是实际硬件。运行多个虚拟机还可以充分发挥物理服务器的计算潜能，迅速应对数据中心不断变化的需求。在数据中心部署虚拟化技术可以减少物理服务器的购买成本。

1.5 桌面虚拟化技术概论

1.5.1 桌面虚拟化技术的发展

如今，各行各业的业务发展都离不开 IT 技术。IT 技术在帮助用户快速响应业务的动态需求、提高生产效率、满足用户移动化和 BYOD（Bring Your Own Device，携带自己的办公设备）办公需求的同时，如何保护好用户的核心数据及知识产权，已经成为领导及高层最为关注的问题。

摩尔定律和急速发展的 IT 技术，不仅改变了 IT 从业人员头脑中的知识体系，也改变了 IT 业务部门提供的服务种类和交付模式，甚至改变了用户各部分终端使用者的工作方式和使用习惯。近年来，随着虚拟化和云计算被广泛引入各行各业的数据中心，与业务息息相关的上层应用已经逐渐脱离底层硬件的约束，能够更加灵活、高效、动态地使用被抽象与池化后的底层物理资源。同时，这些包括计算、存储、网络在内的基础资源也可以被自动化管理，并以服务的形式交付给不同的业务部分。

用户引入桌面虚拟化技术之后，桌面和应用同样可以以服务的形式交付。利用软件定义的数据中心的各种优势，可以实现桌面的集中管理、控制，以满足终端用户个性化、移动化办公的需求。软件定义数据中心及业务系统可以帮助 IT 管理员迅速响应业务需求，促进用户的业务发展，这种发展模式已经成为一种不可逆转的趋势。

移动化及云计算技术对提高用户生产效率及核心竞争力有重要的作用，以至于许多用户已经将移动化及云计算上升到 IT 发展战略的高度。正是在这种大背景下，桌面虚拟化技术得到了广泛的应用和发展，并成为当今非常受用户关注的 IT 技术之一。

桌面虚拟化技术的发展并非是一蹴而就的，而是经历了几个阶段的过程演进，如图 1-4 所示。

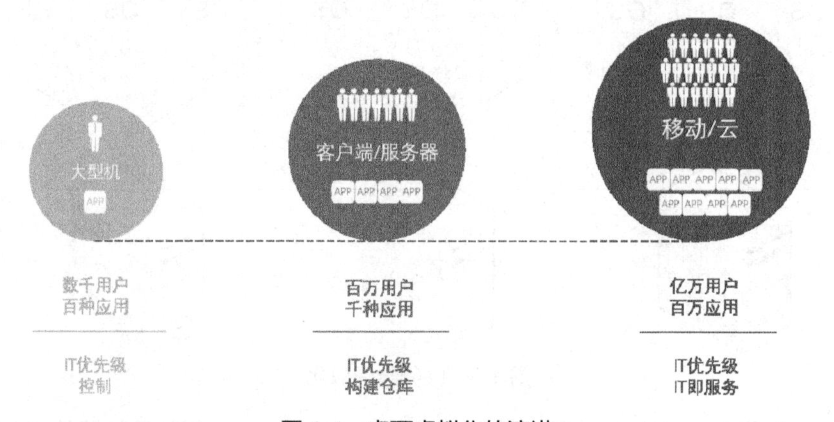

图 1-4 桌面虚拟化的演进

1.5.2 客户端/服务器（C/S）模式

起初，只有那些财力雄厚的大型企业及机构才应用复杂的大型计算机系统来进行业务处理。这些用户的终端使用者使用的大多是集中计算模式的字符终端。它通过在业务层部署单一应用以满足用户的控制需求。

自 20 世纪 90 年代开始，特别是随着 Windows 操作系统和以太网网络通信的流行，PC 开始普及，越来越多的企业选用 PC 作为用户的终端设备，并使用客户端/服务器（C/S）模式的架构来搭建用户的应用系统，如图 1-5 所示。

在此期间，微软发布了 Windows NT Server 4.0 TSE 操作系统产品（Terminal Server Edition，终端服务版本的服务器操作系统），并提出了多用户（Multi-User）的概念，首次将图形化终端服务技术集成到服务器版本的 Windows 操作系统之中。同时，数以千计的应用程序被用于满足百万用户的业务需求，数据仓库的构建使 C/S 模式更壮大。

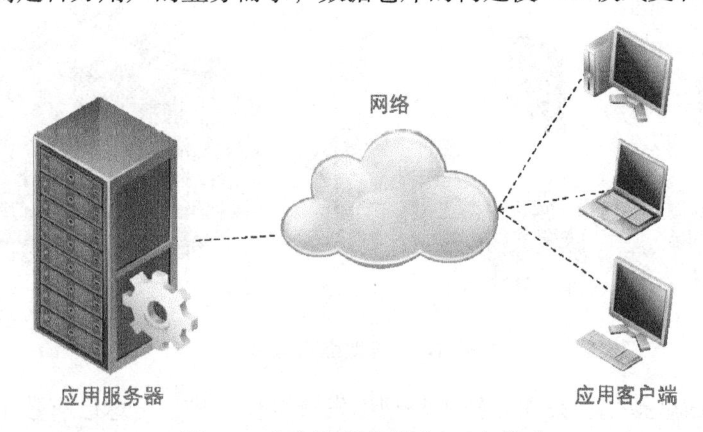

图 1-5 客户端/服务器（C/S）模式

2000 年，随着微软 Windows 2000 操作系统的推出，其内置的终端服务技术得到了很多 IT 技术人员的关注。微软公司在之后发布的所有服务器中及桌面操作系统中均内置了终端服务技术。在 Windows 桌面操作系统中，此功能被称为远程桌面，在 Windows 2008 及之后的服务器操作系统中，微软将终端服务组件改名为远程桌面服务组件（Remote Desktop Server，RDS），这奠定了今天盛行的桌面虚拟化技术的基础，如图 1-6 所示。

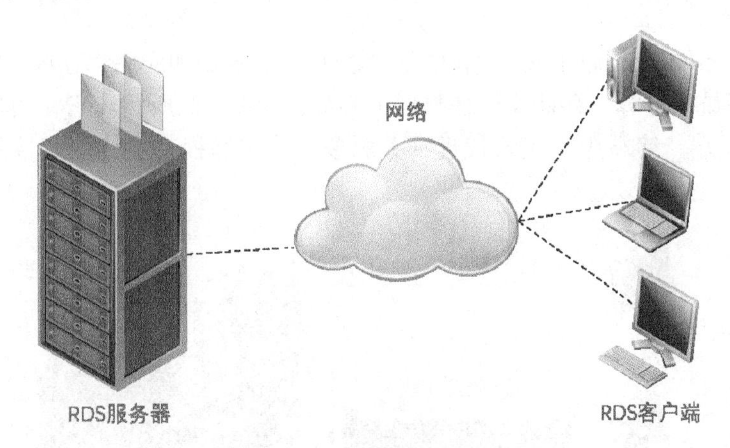

图 1-6 远程桌面服务

1.5.3 虚拟桌面架构（VDI）

随着服务器虚拟化技术的成熟，一些前沿的企业和机构开始自发地探索是否可能结合服务器虚拟化技术来部署用户桌面并将其投入生产实际。有记录可以追溯，英国某知名保险公司在 2000 年就开始尝试在其数据中心的服务器虚拟化集群上部署数千个 Windows XP 的桌面虚拟机，并利用 Windows 系统内置的远程桌面服务为离岸呼叫中心提供客户服务。这个案例也被认为是最早使用桌面虚拟化技术的代表。

2006 年，虚拟化软件公司 VMware 首次提出了虚拟桌面架构（Virtual Desktop Infrastructure，VDI）的概念，如图 1-7 所示。桌面虚拟化这个新生市场也由此拉开了序幕。

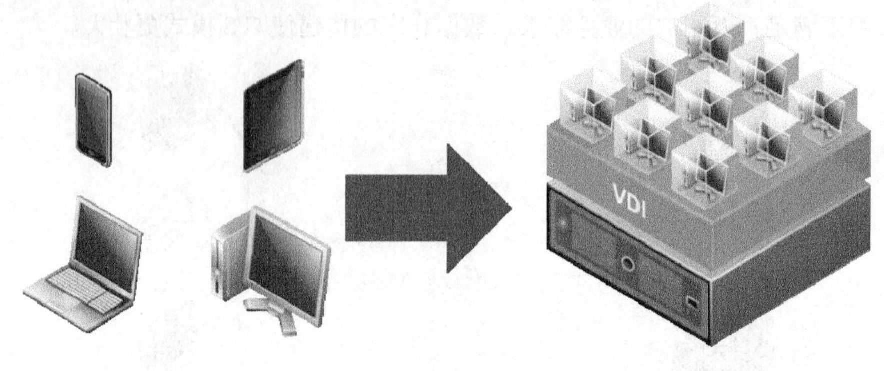

图 1-7 虚拟桌面架构

近年来，桌面虚拟化、桌面云技术呈现爆发式增长态势，全球已有数十万家企业和单位部署应用了桌面虚拟化技术。另外，大量的云服务商业公司也开始利用桌面虚拟化技术提供基于公有云的桌面服务（也称 DaaS 服务，即 Desktop as a Service），如 Amazon 推出的 Amazon WorkSpace。

桌面虚拟化技术在经历了多年的快速发展之后，已经成为一种主流的企事业单位桌面计算模式。越来越多的实用型客户使用桌面虚拟化技术。这也表示桌面虚拟化已经不再只是技术狂热者和尝鲜者的选择，普通大众型客户也同样会考虑使用桌面虚拟化技术来满足业务需求。

桌面虚拟化不同于传统的 PC 工作方式。在 PC 上，数据和应用都存放在本地，而桌面虚拟化将操作系统的计算、存储均放在数据中心端，如图 1-8 所示。它将用户桌面环境放置在远程服务器端，终端用户接入代理网关服务，使用远程会话协议连接到与之关联的桌面。

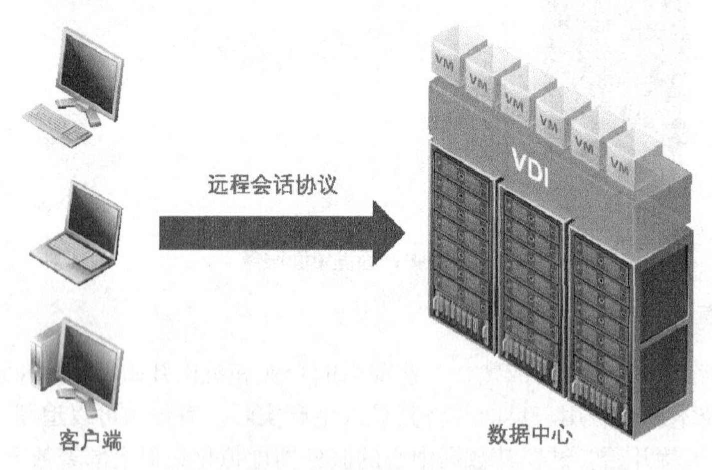

图 1-8 桌面虚拟化原理

对于用户而言，这意味着可以在任何地点接入桌面环境，不被客户端地理环境限制。对管理员来说，这意味着一个更加集中化、高效的客户端环境，可以快速高效地管理和响应用户及业务的需求变化。终端用户访问远程虚拟桌面与虚拟应用的客户端界面如图 1-9 所示。

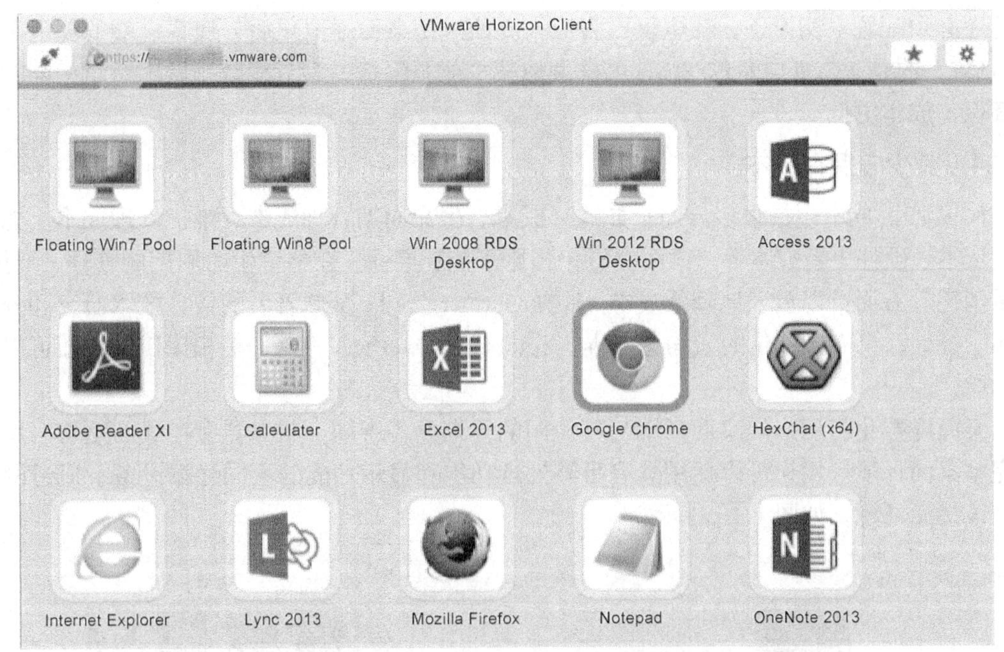

图 1-9 终端用户远程访问多个虚拟桌面和虚拟应用的客户端界面

桌面虚拟化是一个综合性的 IT 技术，它集成了服务器虚拟化、虚拟桌面、虚拟应用、打包应用、桌面虚拟化通信协议等多种 IT 技术。而常说的“虚拟桌面”其实只是桌面虚拟化的一个子集。

1.5.4 桌面虚拟化的业务价值

桌面虚拟化的业务价值主要体现在以下几个方面。

1. 集中化管理

桌面虚拟化的管理是集中化的，它通过统一控制中心管理成千上万的虚拟桌面，所有的更新、打补丁只需要更新“基础镜像”即可实现。对于管理运维者而言，只需为实际使用的不同场景配置不同的基础镜像，不同类型的用户就可以分别连接到相应基础镜像生成的虚拟桌面，传统桌面管理中涉及的系统的安装配置、升级、修复，硬件安装配置、维修，数据的恢复、备份，应用程序的安装配置、升级、维修等均得到了简化，降低了运维难度。

2. 安全性高

桌面虚拟化将所有的数据和运算集中在服务器端进行，客户端只显示变化的影像，所以不用担心客户端非法窃取资料，尤其是避免了通过 USB 设备复制、硬件盗用、硬件设备丢失等问题。企事业单位的机密文件将得到更加安全的存储，信息部门可根据安全规则设置迅速地发布到各个终端桌面。

3. 绿色环保

传统的个人计算机存在功耗过大的问题，通常，一台普通 PC 的功耗在 200W 左右，即使处于空闲状态，PC 的耗电也在 100W 左右。按照每天工作 10 个小时，每年 240 天的工作计算，初步统计每台计算机桌面的耗电量为 480 度/年。此外，为了冷却计算机，部分环境还必须配置空调设备，耗电量更为惊人。而采用桌面虚拟化后，瘦客户端的耗电量在5～15W，约是PC耗电量的8%，可极大地减少能源浪费，为节能减排做出贡献，同时绿色环保，成本更低。

4. 减少总拥有成本

IT资产的成本包括很多方面，如购买成本、生命周期管理成本、维护修理成本、能量消耗成本、硬件更新成本等。桌面虚拟化相比于传统桌面，在整个生命周期的管理、维护、能量消耗等方面可以极大地降低成本。根据Gartner公司（全球著名的信息技术研究和分析公司）统计，桌面虚拟化的人均总成本（Total Cost Overhead，TCO）相比传统桌面可以减少40%。

桌面虚拟化将用户的桌面环境与其使用的终端设备解耦。服务器上存放的是每个用户的完整桌面环境。用户可以使用具有足够处理功能和显示功能的不同终端设备，通过网络访问该桌面环境，如图1-10所示。

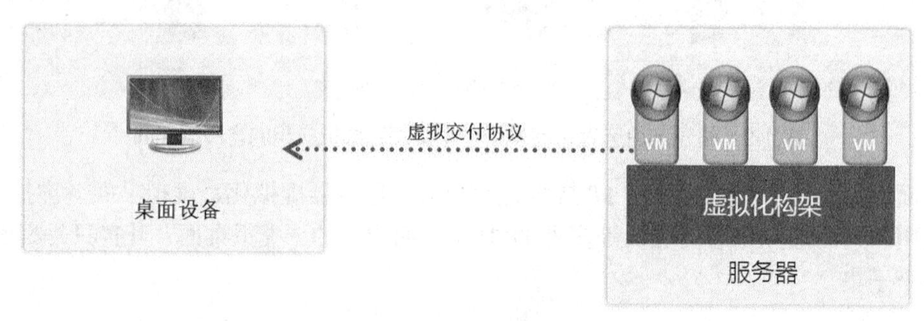

图1-10 桌面虚拟化

桌面虚拟化具有以下功能和接入标准。

（1）集中管理维护。集中在服务器端管理和配置PC环境及其他客户端需要的软件，可以对企业数据、应用和系统进行集中管理、维护和控制，以减少现场支持工作。

（2）使用连续性。确保终端用户下次在另一个虚拟机上登录时可以继续以前的配置和使用存储文件内容，让使用体验具有连续性。

（3）故障恢复。桌面虚拟化是将用户的桌面环境保存为一个个虚拟机，通过对虚拟机进行快照和备份，快速恢复用户的故障桌面，并实时迁移到另一个虚拟机上继续进行工作。

（4）用户自定义。用户可以选择自己喜欢的桌面操作系统、显示风格、默认环境，以及其他各种自定义功能。

桌面虚拟化依赖于服务器虚拟化，在数据中心的服务器上进行服务器虚拟化，可生成大量的桌面操作系统实例，同时根据专有的虚拟桌面协议发送给终端设备。

1.6 虚拟化技术发展历史

虽然虚拟化技术在最近几年才开始大面积推广和应用，但是从其诞生时间来看，可以说它的历史源远流长。

1959年，克里斯托弗（Christopher Strachey）在国际信息处理大会上发表了一篇学术报告，名为《大型高速计算机中的时间共享》（*Time Sharing in Large Fast Computers*），他在文中提出了虚拟化的基本概念。这篇文章也被认为是对虚拟化技术的最早论述。可以说虚拟化作为一个概念被正式提出是从此时开始的。

最早实现虚拟化的商业系统是 IBM 公司在 1965 年发布的 IBM7044。它允许用户在一台主机上运行多个操作系统，让用户尽可能充分地利用昂贵的大型机资源。随后虚拟化技术一直只在大型机上应用，而在 PC 服务器的 x86 平台上的发展很缓慢。不过也可以理解，以当时 x86 平台的处理能力应付一两个应用都有些捉襟见肘，还怎么可能将资源分给更多的虚拟应用呢？

随着 x86 平台处理能力与日俱增，1999 年，VMware 在 x86 平台上推出了可以流畅运行的商业虚拟化软件。从此，虚拟化技术走下大型机的神坛，来到 PC 服务器的世界之中。在随后的时间里，虚拟化技术在 x86 平台上得到了突飞猛进的发展。尤其是 CPU 进入多核时代之后，PC 具有了前所未有的强大处理能力，终于到了考虑如何有效利用这些资源的时候了。

从 2006 年到现在，虚拟化技术进入了爆发期。微软也推出了自己的产品，2003 年收购 Connectix 获得虚拟化技术并很快推出 Virtual Server 免费版，2008 年年底推出 Hyper-V，微软凭借其强大的技术支持，使 Hyper-V 成为 VMware 小企业市场的主要竞争对手。

同时，虚拟化技术的飞速发展也引起了芯片厂商的重视，它们开始进行虚拟化技术的研究，Intel 公司和 AMD 公司在 2006 年以后逐步在其 x86 处理器中增加了硬件虚拟化功能。

2008 年以后，云计算技术的发展推动了虚拟化技术，成为研究热点。虚拟化技术能够屏蔽底层的硬件环境，充分利用计算机的软硬件资源，是云计算技术的重要目标之一，虚拟化技术成为云计算技术的核心技术。

由于基于 Hypervisor（虚拟机管理程序）的虚拟化技术仍然存在一些性能和资源使用效率方面的问题，2013 年至今，以 Docker 公司为代表发展了容器技术，容器技术可以按需构建，为系统管理员提供极大的灵活性。

纵观虚拟化技术的发展历史，可以看到：它始终如一的目标就是实现对 IT 资源的充分利用。

1.7 虚拟化未来的发展前景

在信息技术日新月异的今天，虚拟化技术之所以得到企业及个人用户的青睐，主要是因为虚拟化技术的功能特点有利于解决来自于资源配置、业务管理等方面的难题。首先，虚拟计算机最主要的作用是其能够充分发挥高性能计算机的闲置资源的能力，以达到即使不购买硬件也能提高服务器利用率的目的；同时，它也能够完成客户系统应用的快速支付与快速恢复。这是公众对于虚拟计算机最基本与直观的认识。其次，虚拟化技术正逐渐在企业管理与业务运营中发挥至关重要的作用，不仅能够实现服务器与数据中心的快速部署与迁移，还能体现出其透明行为管理的特点。举例来说，商业的虚拟化软件，就是利用虚拟化技术实现资源复用和资源自动化管理的。该解决方案可以进行快速业务部署，灵活地为企业分配 IT 资源，同时实现资源的统一管理与跨域管理，将企业从传统的人工运维管理模式逐渐转变为自动化运维模式。

虚拟化技术的重要地位使其发展成为业界关注的焦点。在技术发展层面，虚拟化技术正面临着平台开放化、连接协议标准化、客户端硬件化及公有云私有化四大趋势。平台开放化是指将封闭架构的基础平台，通过虚拟化管理使多家厂家的虚拟机在开放平台下共存，不同厂商可以在平台上实现丰富的应用；连接协议标准化旨在解决目前多种连接协议（VMWare PCoIP，Citrix 的 ICA、HDX 等）在公有桌面云的情况下出现的终端兼容性复杂化问题，从而解决终端和云平台之间的兼容性问题，优化产业链结构；客户终端硬件化是针对桌面虚拟化和应用虚拟化技术的客户多媒体体验缺少硬件支持的情况，逐渐完善终端芯片技术，将虚拟化技术落地于移动终端上；公有云私有化的发展趋势是通过技术将企业的 IT 架构变成叠加在公有云基础上的“私有云”，在不牺牲公有云便利性的基础上，保证私有云对企业数据安全性的支持。目前，以上趋势已在许多企业的虚拟化解决方案中得到体现。

在硬件层面，主要从以下几个方面看虚拟化的发展趋势。首先，IT 市场有竞争力的虚拟化解决方案正逐步趋于成熟，使得仍没有采用虚拟化技术的企业有了切实的选择；其次，可供选择的解决方案提供商逐渐增多，因此更多的企业在考虑成本和潜在锁定问题时开始采取“第二供货源”的策略，异构虚拟化管理正逐渐成为企业虚拟化管理的兴趣所在；再次，市场需求使得定价模式不断变化，从原先的完全基于处理器物理性能来定价，逐渐转变为给予虚拟资源更多关注，定价模式从另一个角度体现出了虚拟化的发展趋势。另外，云服务提供商为给它们的解决方案提供入口，在制定自己的标准、接受企业使用的虚拟化软件及构建兼容性软件中做出最优的选择。在虚拟化技术不断革新的大趋势下，考虑到不同的垂直应用行业，许多虚拟化解决方案提供商已经提出了不同的针对行业的解决方案：一是面向运营商、高等院校、能源电力和石油化工的服务器虚拟化，主要以提高资源利用率，简化系统管理，实现服务器整合为目的；二是桌面虚拟化，主要面向金融及保险行业、工业制造和行政机构，帮助客户在无须安装操作系统和应用软件的基础上，就能在虚拟系统中完成各种应用工作；三是应用虚拟化、存储虚拟化和网络虚拟化的全面整合，面向一些涉及工业制造和绘图设计的行业用户，益处在于，许多场景下，用户只需一两个应用软件，而不用虚拟化整个桌面。

在虚拟化技术飞速发展的今天，如何把握虚拟化市场趋势，在了解市场格局与客户需求的情况下寻找最优的虚拟化解决方案，已成为了企业资源管理配置的重中之重。

1.8 四大虚拟化架构及产品

1.8.1 ESX 的虚拟化架构

ESX 是 VMware 的企业级虚拟化产品，2001 年开始发布 ESX 1.0，2011 年 2 月发布 ESX 4.1 Update 1。ESX 虚拟化架构如图 1-11 所示。

ESX 服务器启动时，首先启动 Linux Kernel，通过这个操作系统加载虚拟化组件，最重要的是 ESX 的 Hypervisor 组件，称为 VMkernel。VMkernel 会从 Linux Kernel 完全接管对硬件的控制权，而该 Linux Kernel 作为 VMkernel 的首个虚拟机，用于承载 ESX 的 Service Console，实现本地的一些管理功能。

VMkernel 负责为所承载的虚拟机调度所有的硬件资源，但不同类型的硬件会有所区别。

虚拟机对于 CPU 和内存资源是通过 VMkernel 直接访问的，最大限度地减少了开销，

CPU 的直接访问得益于 CPU 硬件辅助虚拟化（Intel VT-x 和 AMD AMD-V，第一代虚拟化技术），内存的直接访问得益于 MMU（内存管理单元，属于 CPU 中的一项特征）硬件辅助虚拟化（Intel EPT 和 AMD RVI/NPT，第二代虚拟化技术）。

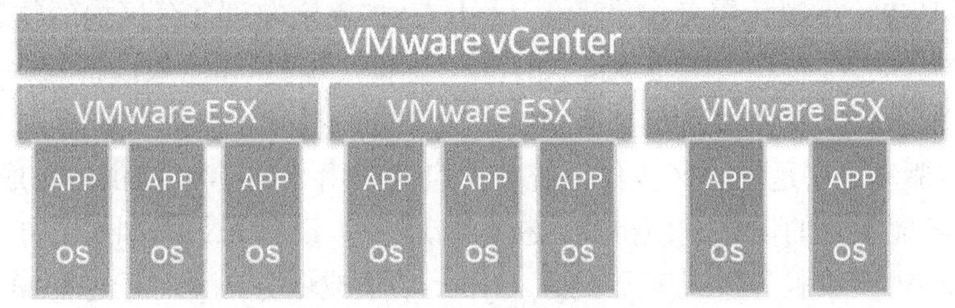

图 1-11　ESX 虚拟化架构

虚拟机对于 I/O 设备的访问则有多种方式，以网卡为例，有两种方式可供选择：一是利用 IOMMU 硬件辅助虚拟化（Intel VT-d 和 AMD-Vi）的 VMDirect Path I/O，使得虚拟机可以直接访问硬件设备，从而减少对 CPU 的开销；二是利用半虚拟化的设备 VMXNETx，网卡的物理驱动在 VMkernel 中，在虚拟机中装载网卡的虚拟驱动，通过这二者的配对来访问网卡，与仿真式网卡（IntelE1000）相比有着较高的效率。半虚拟化设备的安装是由虚拟机中的 VMware tool 来实现的，可以在 Windows 虚拟机的右下角找到它。网卡的这两种方式，前者有着显著的先进性，但后者用得更为普遍，因为 VMDirect Path I/O 与 VMware 虚拟化的一些核心功能不兼容，如热迁移、快照、容错、内存过量使用等。

ESX 的物理驱动内置在 Hypervisor 中，所有的设备驱动均由 VMware 预植入。因此，对硬件来说有严格的兼容性列表，不在列表中的硬件，ESX 拒绝在其上面安装。

1.8.2　Hyper-V 的虚拟化架构

Hyper-V 是微软的一款虚拟化产品，是微软第一个采用类似 VMware 和 Citrix 开源 Xen 一样的基于 Hypervisor 的技术。这也意味着微软会更加直接地与市场先行者 VMware 展开竞争，但竞争的方式会有所不同。

Hyper-V 虚拟化架构如图 1-12 所示。

虚拟化堆栈	OS/APPS/ Services	OS/APPS/ Services
父分区	子分区	子分区
Hypervisor		
物理硬件		

图 1-12　Hyper-V 虚拟化架构

Hyper-V 是微软提出的一种系统管理程序虚拟化技术，能够实现桌面虚拟化。Hyper-V 最初预定在 2008 年第一季度与 Windows Server 2008 同时发布。Hyper-V Server 2012 完成 RTM 版发布。

对于一台没有开启 Hyper-V 角色的 Windows Server 2008 来说，这个操作系统将直接操作硬件设备，一旦在其中开启了 Hyper-V 角色，系统就会要求重新启动服务器。虽然重启后的系统在表面看来没什么区别，但其体系架构与重启之前的完全不同了。在这次重启动过程中，Hyper-V 的 Hypervisor 接管了硬件设备的控制权，先前的 Windows Server 2008 则成为 Hyper-V 的首个虚拟机，称为父分区，负责其他虚拟机（称为子分区）及 I/O 设备的管理。Hyper-V 要求 CPU 必须具备硬件辅助虚拟化功能，但对 MMU 硬件辅助虚拟化来说则是一个增强选项。

其实 Hypervisor 仅实现了 CPU 的调度和内存的分配，而父分区控制着 I/O 设备，它通过物理驱动直接访问网卡、存储等。子分区要访问 I/O 设备需要通过子分区操作系统内的 VSC（虚拟化服务客户端），对于 VSC 的请求，由 VMBUS（虚拟机总线）传递到父分区操作系统内的 VSP（虚拟化服务提供者），再由 VSP 重定向到父分区内的物理驱动。每种 I/O 设备均有各自的 VSC 和 VSP 配对，如存储、网络、视频和输入设备等，整个 I/O 设备的访问过程对于子分区的操作系统是透明的。在子分区操作系统内，VSC 和 VMBUS 作为 I/O 设备的虚拟驱动，它是子分区操作系统首次启动时由 Hyper-V 提供的集成服务包安装，这也算是一种半虚拟化的设备，使得虚拟机与物理 I/O 设备无关。如果子分区的操作系统没有安装 Hyper-V 集成服务包或者不支持 Hyper-V 集成服务包（对于这种操作系统，微软称为 Unenlightened OS，就如未经认证支持的 Linux 版本和旧的 Windows 版本），则这个子分区只能运行在仿真状态。其实微软所宣称的启蒙式 （Enlightenment）操作系统，就是支持半虚拟化驱动的操作系统。

Hyper-V 的 Hypervisor 是一个非常精简的软件层，不包含任何物理驱动，物理服务器的设备驱动均驻留在父分区的 Windows Server 2008 中，驱动程序的安装和加载方式与传统 Windows 系统没有任何区别。因此，只要是 Windows 支持的硬件，都能被 Hyper-V 所兼容。

1.8.3 Xen 的虚拟化架构

说起 Xen 不得不提到 Citrix 公司，Citrix 公司是近两年发展非常快的一家公司，这得益于云计算的兴起。Citrix 公司主要有三大产品：服务器虚拟化 XenServer、应用虚拟化 XenAPP、桌面虚拟化 XenDesktop。后两者是目前为止最成熟的桌面虚拟化与应用虚拟化厂家。企业级 VDI 解决方案中有不少是 Citrix 公司的 XenDesktop 与 XenAPP 的结合使用。Xen 虚拟化架构如图 1-13 所示。

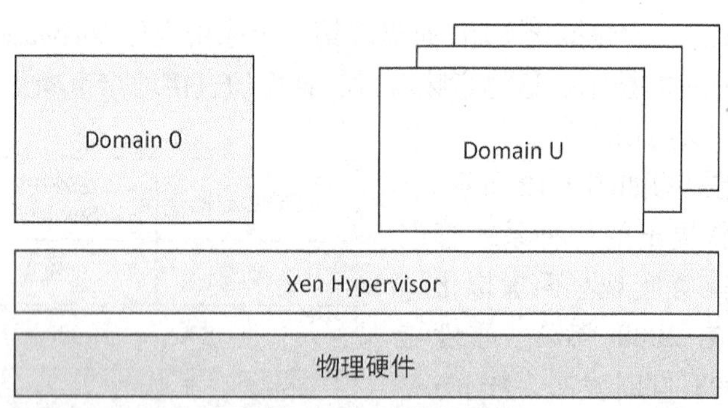

图 1-13　Xen 虚拟化架构

Xen 最初是剑桥大学 Xensource 的一个开源研究项目，2003 年 9 月发布了首个版本 Xen 1.0。2007 年，Xensource 被 Citrix 公司收购，开源 Xen 转由开源 Xen 项目组织继续推进，开源 Xen 项目组织成员包括个人和公司（如 Citrix、Oracle 等）。目前该组织在 2011 年 3 月发布了最新版本 Xen 4.1。相对于 ESX 和 Hyper-V 来说，Xen 支持更广泛的 CPU 架构，前两者只支持 CISC 的 X86/X86_64 CPU 架构。除此之外，Xen 还支持 RISC CPU 架构，如 IA64、ARM 等。

Xen 的 Hypervisor 是服务器经过 BIOS 启动之后载入的首个程序，随后启动一个具有特定权限的虚拟机，称为 Domain0（简称 Dom0）。Dom0 的操作系统可以是 Linux 或 UNIX，Domain0 实现对 Hypervisor 控制和管理的功能。在所承载的虚拟机中，Dom0 是唯一可以直接访问物理硬件（如存储器和网卡）的虚拟机，它通过本身加载的物理驱动，为其他虚拟机（DomainU，简称 DomU）提供访问存储器和网卡的桥梁。

Xen 支持两种类型的虚拟机，一类是半虚拟化（Para Virtualization，PV），另一类是全虚拟化（Xen 称其为 HVM，Hardware Virtual Machine）。半虚拟化需要特定内核的操作系统，如基于 Linux paravirt_ops（Linux 内核的一套编译选项）框架的 Linux 内核，而 Windows 操作系统由于其封闭性则不能被 Xen 的半虚拟化所支持。Xen 的半虚拟化有个特别之处，就是不要求 CPU 具备硬件辅助虚拟化功能，这非常适用于 2007 年之前的旧服务器虚拟化改造。全虚拟化支持原生的操作系统，特别是针对 Windows 操作系统，Xen 的全虚拟化要求 CPU 具备硬件辅助虚拟化功能，它修改的 Qemu 仿真所有硬件，包括 BIOS、IDE 控制器、VGA 显示卡、USB 控制器和网卡等。为了提升 I/O 性能，全虚拟化针对磁盘和网卡采用半虚拟化设备来代替仿真设备，这些设备驱动称为 PV on HVM。为了使 PV on HVM 达到最佳性能，CPU 应具备 MMU 硬件辅助虚拟化功能。XEN 的 Hypervisor 层非常薄，少于 15 万行的代码量，不包含任何物理设备驱动，这一点与 Hyper-V 非常类似。物理设备的驱动均驻留在 Dom0 中，可以重用现有的 Linux 设备驱动程序。因此，Xen 对硬件兼容性也非常广泛，Linux 支持的，它就支持。

1.8.4 KVM 的虚拟化架构

作为 Linux 领域的代表厂商，Red Hat 于 2008 年收购 Qumranet 公司获得 KVM。KVM 是与 Xen 类似的一个开源项目。KVM 虚拟化架构如图 1-14 所示。

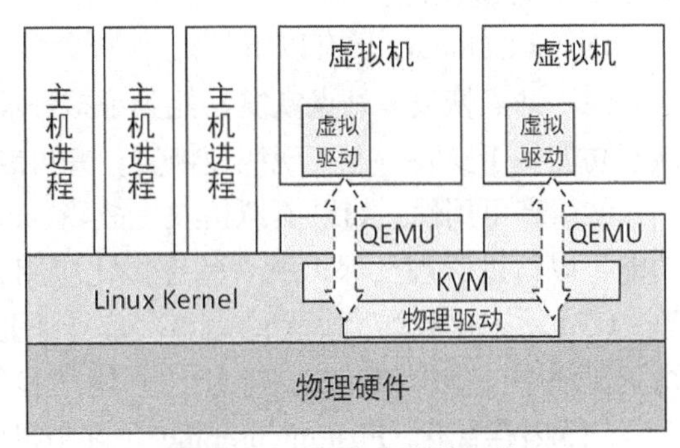

图 1-14 KVM 虚拟化架构

KVM 的全称是 Kernel-based Virtual Machine，字面意思是基于内核的虚拟机。其最初是由 Qumranet 公司开发的一个开源项目，2007 年 1 月首次被整合到 Linux 2.6.20 核心中；2008 年，Qumranet 被 Red Hat 所收购，但 KVM 本身仍是一个开源项目，由 Red Hat、IBM 等厂商支持。

与 Xen 类似，KVM 支持广泛的 CPU 架构，除了 X86/X86_64 CPU 架构之外，还将会支持大型机（S/390）、小型机（PowerPC、IA64）及 ARM 等。

KVM 充分利用了 CPU 的硬件辅助虚拟化功能，并重用了 Linux 内核的诸多功能，使得 KVM 本身非常小。KVM 的创始者 Avi Kivity 声称 KVM 模块约有 10000 行代码，但我们不能认为 KVM 的 Hypervisor 就是这个代码量，因为从严格意义来说，KVM 本身并不是 Hypervisor，它仅是 Linux 内核中的一个可装载模块，其功能是将 Linux 内核转换成一个裸金属的 Hypervisor。这相对于其他裸金属架构来说是非常特别的，有些类似于宿主架构，业界甚至有人称其为半裸金属架构。

通过 KVM 模块的加载将 Linux 内核转变成 Hypervisor，KVM 在 Linux 内核的用户（User）模式和内核（Kernel）模式基础上增加了客户（Guest）模式。Linux 本身运行于内核模式，主机进程运行于用户模式，虚拟机则运行于客户模式，使得转变后的 Linux 内核可以将主机进程和虚拟机进行统一的管理和调度，这也是 KVM 名称的由来。

KVM 利用修改 Qemu 提供 BIOS、显卡、网络、磁盘控制器等的仿真，但对于 I/O 设备（主要指网卡和磁盘控制器）来说，则必然带来性能低下的问题。因此，KVM 也引入了半虚拟化的设备驱动，通过虚拟机操作系统中的虚拟驱动与主机 Linux 内核中的物理驱动相配合，提供近似原生设备的性能。从这里可以看出，KVM 支持的物理设备也是 Linux 所支持的物理设备。

从架构上来看，各种虚拟化技术没有明显的性能差距，稳定性也基本一致。因此，在进行虚拟化技术选型时，不应局限于某一种虚拟化技术，而应该有一套综合管理平台来实现对各种虚拟化技术的兼容并蓄，实现不同技术架构的统一管理及跨技术架构的资源调度，最终达到云计算可运营的目的。并且，近几年随着虚拟化技术的快速发展，虚拟化技术已经走出局域网，延伸到了整个广域网。几大厂商的代理商业越来越重视客户对虚拟化解决方案需求的分析，因此也不局限于仅与一家厂商代理虚拟化产品。

1.9 典型虚拟化厂家及产品

1.9.1 华为 FusionCompute

FusionCompute 是华为公司推出的企业级开放式服务器虚拟化解决方案。FusionCompute 基于 Xen 开源设计。

FusionCompute 具有以下特点。

（1）站点恢复。站点恢复功能为虚拟环境提供站点到站点的灾难恢复规划和服务。站点恢复功能易于安装，能实现快速恢复，并可经常测试灾难恢复计划，确保此功能始终有效。

（2）高可用性。如果虚拟机发生故障，FusionCompute 可以自动重启虚拟机。自动重启功能可以帮助管理员保护所有的虚拟化应用，并为企业带来更高的可用性。

（3）动态负载均衡。无论是首次部署还是长期运营，FusionCompute 都可以通过自动均衡资源池中的虚拟机来提高系统的利用率和应用的性能。

（4）内存优化。FusionCompute 允许主机服务器上的虚拟机共享未使用的闲置服务器内存，以降低成本，改进应用性能和保护功能。

（5）主机功率管理。FusionCompute 充分利用嵌入的硬件特性，对虚拟机进行动态重新分配，并根据对工作负荷的需求波动让主机开机和关机。

（6）虚拟机实时热迁移。允许将运行的虚拟机迁移到新主机上，而不需要中断应用运行或停机，因此可消除计划内停机。

（7）iCache。FusionCompute 使用服务器内存来存储启动镜像和非持续或临时的热点数据，以降低启动虚拟机时启动风暴的影响。

1.9.2 H3C CAS

H3C CAS 基于 KVM 技术，采用高性能的虚拟化内核，具有计算、网络、存储等的融合功能，是面向企业和行业数据中心推出的一款全融合虚拟化软件。H3C CAS 虚拟化平台能够有效地整合数据中心的 IT 基础设施资源、精简数据中心服务器的数量、简化 IT 操作，达到提高物理资源利用率和降低整体拥有成本的效果。通过高可用（HA）、动态资源调度（DRS）、动态资源扩展（DRX）、零存储（vStor）等特性功能，H3C CAS 虚拟化平台可持续为用户提供一个稳定高效的虚拟化运行环境。

1.9.3 深信服服务器

深信服服务器虚拟化（Server Virtualization）技术基于 KVM 技术，将服务器的物理（硬件）资源抽象成逻辑资源，让一台服务器变成几台甚至上百台相互隔离的虚拟服务器，不再受限于物理硬件上的界限，而是让 CPU、内存、磁盘、I/O 等硬件变成可以动态管理的"资源池"，从而实现服务器整合，提高资源利用率，简化系统管理，提高系统安全性，让 IT 对业务的变化更具适应力，保障业务连续快速运行。

深信服服务器虚拟化 aSV 依托于超融合基础架构，以虚拟存储为虚拟机存储介质，用虚拟网络打通虚拟机之间以及跟物理网络之间的连接，实现了客户业务系统在虚拟机中快速可靠地运行。

1.9.4 中兴 iECS

中兴虚拟化软件平台 ZXCLOUD iECS 以 Xen 虚拟化技术作为虚拟化引擎（最新版本支持 RHEL 6.2 内核），集成 ZTE 电信级服务器操作系统 NewStart CGSL、ZTE 虚拟化管理套件（ZXVManager）、工具套件，为云计算解决方案提供全面的虚拟化能力支持。ZXCLOUD iECS 支持主流操作系统 Linux、Windows XP、BSD、Solaris 等 Guest OS；支持 x86、ARM、PowerPC 等多种架构的 CPU；支持 Intel VT 和 AMD-V 等硬件虚拟化技术；可提供高可用集群、在线迁移、动态负载均衡、动态资源调整及节能管理等功能。

ZXCLOUD iECS 包含资源虚拟化模块、系统安全模块、资源监控模块、负载均衡模块、能耗管理模块、虚拟机模块、虚拟机调度模块及资源统计模块等。

1.9.5 ZStack

ZStack 是一款开源 IaaS 产品，提供社区版与商业版，这也是很多开源社区提供服务的主要形式。除了基本的虚拟化外，ZStack 也提供了私有云的相关功能，包括多租户、VPC（Virtual Private Cloud，虚拟私有云）、计费、负载均衡等。ZStack 在为用户提供所需功能的同时，由于其轻量与高效的架构，因而具备非常高的并发性能及可扩展性，能够达到数万物理节点的管控。

ZStack 与阿里云合作，共同提供混合云，能够在包括灾备、迁移、服务等场景中实现管控层面、数据层面完全打通的模式，可以为用户提供更灵活的 IT 基础设施方案。

1.10 云计算概述

云计算这个词，相信大家或多或少都听过，关于云计算的各种广告铺天盖地，随处可见，比如苹果的 iCloud，以及阿里云、华为云等。现在也有很多公司都推出了与云相关的概念与产品。不可否认，云计算已经走进老百姓的生活，并且人们也感受到了云计算带来的好处。究竟什么是云计算呢？

其实云计算这个名词的提出比虚拟化概念的提出要晚很多，和虚拟化比起来，云计算是个晚辈。2006 年 8 月 9 日，Google 首席执行官埃里克·施密特（Eric Schmidt）在搜索引擎大会（SES San Jose 2006）上首次提出“云计算”（Cloud Computing）的概念。Google 云计算源于 Google 工程师克里斯托弗·比希利亚所做的 Google 101 项目。对于云计算，至少可以找到上百种解释，但目前还没有公认的定义。下面是本书笔者对云计算的理解：云计算是通过互联网将某一计算任务分布到大量的计算机上，并可配置共享计算的资源池，且共享软件资源和信息可以按需提供给用户和设备的一种技术。

在未来，只需要一台笔记本电脑或者一个手机，就可以通过网络来实现我们需要的一切，甚至包括超级计算这样的任务。从这个角度而言，最终用户才是云计算的真正拥有者。

1.10.1 云计算的特点

云计算主要有以下 5 个特点。

1. 基于互联网络

云计算把一台一台的服务器用网络连接起来，使它们相互之间可以进行数据传输。数据通过网络像云一样自动“飘到”另一台服务器上。云计算同时通过网络向用户提供服务。

2. 按需服务

“云”的规模可以动态伸缩。用户在使用云计算服务的时候，是按照自己所能承受的费用获得计算机服务资源的。这些计算机服务资源会根据用户的个性化需求增减，或者通过云计算得到更多层次的服务，以满足不同用户的需求。

3. 资源池化

资源池（或池）是一种配置机制，是将所使用的各种资源（如网络资源、存储资源等）统一进行配置，用户无须关心这些资源采取的设备型号、复杂的内部结构、实现的方法和地理位置。从用户的角度看，这些资源是一个整体的设备，可按需为用户提供服务。作为这些资源的管理者来说，资源池可以无限地增减和更换设备，统一管理、调度这些资源，使用户得到满足。

4. 高可用

云计算必须要保证服务的可持续性、安全性、高效性和灵活性，故其必须采用各种冗余机制、备份机制、足够完全的安全管理机制、高效的反应机制和保证存取海量数据的灵活机制等，从而保证用户数据和服务的安全可靠。

5. 资源可控

云计算提出的初衷，是让人们能够像使用水电一样便捷地使用云计算服务，极大地方便人们获取计算服务资源，并有效节约技术成本，使计算资源的服务效益最大化。事实上，在云计算在线计费服务领域，如何对云计算服务进行合理和有效的计费，即如何就提供的云计算服务向最终用户收取服务费用，仍然是一个值得业界关注的课题。

1.10.2　云计算体系架构

从技术的角度来看，业界通常认为云计算体系分为 3 个层次，包括 Infrastructure as a Service，基础设施即服务（IaaS）；Platform as a Service，平台即服务（PaaS）；Software as a Service，软件即服务（SaaS）。对于用户来说，这 3 层服务是相互独立的，因为每层提供的服务各不相同。但从技术角度来看，3 层服务是相互依赖的，但是不相互依存。云计算的体系结构如图 1-15 所示。

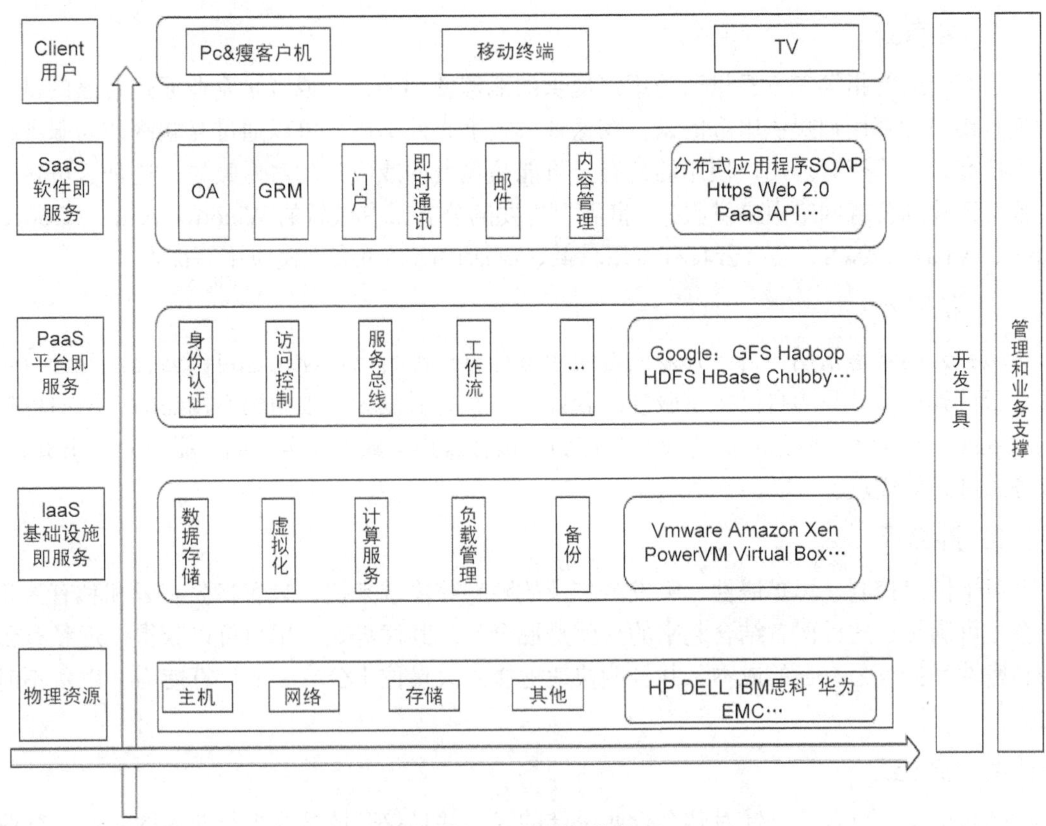

图 1-15　云计算结构体系

1. IaaS（基础设施即服务）

这一层的作用是将各个底层存储等资源作为服务提供给用户。用户能够部署和运行任意软件，包括操作系统和应用程序。用户不能管理或控制任何云计算基础设施，但能控制操作系统的选择、存储空间和部署的应用，也有可能获得有限制的网络组件的控制。

2. PaaS（平台即服务）

简单地说，PaaS 平台就是指云环境中的应用基础设施服务，也可以说是中间件即服务。PaaS 是服务提供商提供给用户的一个平台，用户可以在这个平台上利用各种编程语言和工具（如 Java、Python、.NET 等）开发自己的软件或者产品，并且部署应用和应用的环境，而不用关心其底层的设施、网络、操作系统等。

3. SaaS（软件即服务）

SaaS 提供商为用户搭建了信息化所需要的所有网络基础设施，以及软件、硬件运作平台，并负责所有前期的实施、后期的维护等一系列服务。用户只需要通过终端，以 Web 访问的形式来使用、访问、配置各种服务，不用管理或运维任何在云计算上的服务。

1.10.3 云计算的模式

云计算的模式种类有很多种，按照云计算的服务模式主要分为 4 种，分别是公有云、私有云、混合云和行业云。

1. 公有云

公有云通常指第三方提供商为用户提供的能够使用的云，或者是企业通过自己的基础设施直接向外部用户提供服务的云。在这种模式下，外部用户可以通过互联网访问服务，但不拥有云计算资源。用户使用的公有云可能是免费的或成本相对低廉的。这种云可在当今整个开放的公有网络中提供服务。世界上主要的公有云有微软的 Windows Azure、Google Apps、Amazon AWS。公有云具有费用较低、灵活性高、可大规模应用等优点。

2. 私有云

私有云通常是指用户自己开发或者使用云计算产品自己搭建（也可由云提供商进行构建）云计算环境并只为自己提供服务的云计算。私有云是为单独使用而构建的，因而可提供对数据、安全性和服务质量的最有效控制。私有云具有数据安全性高、能充分利用资源、服务质量高等优点。

3. 混合云

对于信息控制、可扩展性、突发需求及故障转移需求来说，只有将公有云和私有云相结合才可满足，这种两者结合起来的云就是混合云。其优势是，用户可以获得接近私有云的私密性和接近公有云的成本，并且能快速地接入大量位于公有云的计算能力，以备不时之需。

4. 行业云

顾名思义，行业云是针对某个行业设计的云，并且仅开放给这个行业内的企业。行业云是由我国著名的商用 IT 解决方案提供商浪潮提出的。行业云由行业内或某个区域内起主导作用或者掌握关键资源的组织建立和维护，并以公开或者半公开的方式，向行业内部或相关组织和公众提供有偿或无偿服务。

1.11 云计算的发展历史与趋势

云计算的初期模型诞生的时间较早，但那时候的模型运算能力和现在的云计算相差甚远。云计算是在并行计算、分布式计算、网格计算和效用计算的基础上发展起来，经过无数次的演化和改进才形成我们现在看到的云计算模型。

1. 并行计算

在单核多线程设计中采用的算法是串行计算，它将任务分解成一串相互独立的命令执行流，每个命令执行流有着自己的序号，串行计算要求所有的命令执行流按照顺序逐一执行，也就是说，同一时间只有一个执行流在执行。

这种算法效率低下，无法满足大量数据的分析和处理，于是并行计算的模式开始变通。并行计算中可以调用多个计算资源处理一个庞大的计算任务，这些计算资源可以是多核 CPU 或者多 CPU 组成的服务器，也可以是多台服务器组成的网络。

这些计算能力可以分解成相互独立却又可以同时运行的部分，每一部分再分解成一串相互独立的命令执行流。任务分解后，每部分的每个命令执行流都可以在同一时间执行。

这种并行计算是空间上的并行，还有基于流水线技术的时间并行，以及优化算法的数据并行和任务并行。不管采用何种并行计算方法，都对串行计算的单指令流单数据流（SISD）进行优化，采用多指令流多数据流（MIMD）的并行计算，使得它的处理能力有了大幅度提升。

2. 分布式计算

并行计算调动的计算资源可以是多核 CPU，也可以是一个网内的多台计算机。如果仅从这个角度上看，分布式计算和并行计算有一些相似之处，但是分布式计算模式调动的资源却不是并行计算可以比拟的。

分布式计算模式在处理庞大的计算请求时，会将需要解决的问题分解成一个个小的组成部分，然后将这些组成部分给众多的计算机进行处理，处理完成后将结果进行汇总，形成最终结果。并行计算调用的是网内有限的计算机资源，分布式计算则可以汇集成千上万台计算机，甚至几百万、几千万的计算机资源，它的计算能力可想而知。

分布式计算能力需要众多的志愿者在互联网上提供其计算机 CPU 的闲置处理能力，通过资源共享和计算能力的平衡负载来接受分布的计算请求。在欧美，几乎所有的家庭计算机都加入了分布式计算项目，可获取的计算能力非常庞大，因此分布式计算模式广泛应用于复杂的数学问题、密码安全、生物研究科学等大规模计算领域。

3. 网格计算

网格计算是在分布式计算的基础上发展起来的。网格计算的核心是将所有资源进行整合，这些资源不仅仅局限于硬件，存储资源、通信资源、信息资源、知识资源、外围资源都是它所关注的范畴。利用互联网众多的资源，形成一个处理能力巨大的超级计算机，可以完成很多大型机和巨型机难以企及的任务。

在网格计算中，可以是一个社区的网络资源，也可以是一个企业的内部网络资源，还可以是一个国家庞大的整体资源。网格对各种平台的限制较小，可以是同构平台，也可以是异构平台；可以是普通的用户计算机，也可以数据中心内高端的服务设备。

凭借网格形成的超级处理能力可以完成很多困难的任务，举个简单的例子，“数学英雄”欧拉计算的梅森素数（素数是只能被 1 和自身整除的数，其中指数 p 是指素数，常记为 Mp）是 M31（即 $2^{31}-1=2147483647$，Mp 为 10 位数）的一个素数。之后的数百年，人们演化出几十个梅森素数，并随着 p 值越来越大。演化的难度也呈现几何级增长。传统的计算能力早已无法计算梅森素数，只能通过强大的网格计算来完成。第 47 个梅森素数为 M43112609，它的 Mp 位数为 12978189，“数学英雄”欧拉计算的梅森素数的 Mp 位数为 10。我们不禁会赞叹网格计算的强大实力。

4. 效用计算

网格计算将计算、存储、分析能力进行切割，然后将闲置资源发布到网格平台执行，用现有硬件资源获取最大的计算能力，这是典型的随选运算（Computing on Demand）模式。效用计算在这个基础上再次升华，通过实用模型服务最大程度地利用现有资源，并且降低使用成本。

这个模型包括计算资源、存储资源、基础设施等众多资源，它的收费方式发生了改变，不仅对速率进行收费，对于租用的服务也需要缴纳一定的费用。效用计算开始引入按需服务的理念，不需要的额外服务不必为其支付任何费用。它的管理模块注重系统的性能，确保数据和资源随时可用，同时建立 Automatization（自动化）模块，对服务器进行集群操控，促进服务器之间的自动化管理，保证服务之间可以自行分配。

可以看出，效用计算有了很多云计算的影子，云计算的很多理念也是在效用计算的基础上发展起来的。

5. 云计算

“一切皆服务”是“云”的理念，所有的行为、资源都是以服务的形态出现的，包括基础设施即服务、平台即服务、软件即服务、信息即服务、流程即服务、存储即服务、安全即服务、管理即服务等。

未来，企业 CIO 会更加关注业务流程的革新、办公效率的优化、业务成本的管控，企业对信息中心提出的要求会越来越多，信息系统的交付和管理会出现很大的变化，早前关注的焦点会有所转变，基础设施、平台、软件的形态都会以“服务”的理念出现。中小企业可以摆脱数据中心的束缚，将所有的服务迁移到公有云；大型企业可以建立私有云环境，将所有的资源整合，再以服务的形态呈献给用户。而对于用户来说，一台能联网的设备可完成所有的办公需求，不管身处何方，也不管使用的是笔记本电脑还是移动终端。

云的崛起并不是一夜成名的，也不是单纯的概念上的炒作，它通过各种不同的计算模式不断地演变、优化，才形成我们现在所看到的“云”，它的发展不仅顺应当前的计算模型，也真正地为企业带来效率和成本方面的诸多变革。

以 SaaS 为代表的云计算服务出现在 20 世纪 90 年代末，经历了十多年的发展才真正受到整个 IT 产业的重视。2005 年亚马逊推出的 AWS 服务，使产业界真正认识到一种新的 IT 服务模式的诞生。在此之后，谷歌、IBM、微软等互联网和 IT 企业分别从不同的角度提供不同层面的云计算服务，云服务进入了快速发展的阶段。云服务正在逐步突破互联网市场的范畴，政府、公共管理部门、各行业企业也开始接受云服务的理念，并开始将传统的自建 IT 方式转换使用公共云服务方式，云服务真正进入其产业的成熟期。

公共云服务一般来说包括 IaaS、PaaS、SaaS 这 3 类服务。IaaS 是基础设施类的服务，将成为未来互联网和信息产业发展的重要基石。互联网乃至其他云计算服务的部署和应用将会带来对 IaaS 需求的增长，进而促进 IaaS 的发展；同时，大数据对海量数据存储和计算的需求，也会带动 IaaS 的迅速发展。IaaS 也是一种“重资产”的服务模式，需要较大的基础设施投入和长期运营经验的积累，单纯出租资源的 IaaS 服务盈利能力比较有限。PaaS

服务被誉为未来互联网的“操作系统”，也是当前云计算技术和应用创新最活跃的领域。与IaaS服务相比，PaaS服务对应用开发者来说将形成更强的业务黏性。因此，PaaS服务的重点并不在于直接的经济效益，而着重于构建和形成紧密的产业生态。SaaS服务是发展最为成熟的一类云服务。传统软件产业以售卖复件为主要商业模式，SaaS服务采用Web技术和SOA架构，通过互联网向用户提供多租户、可定制的应用能力，大大缩短了软件产业的渠道链条，使软件提供商从软件产品的生产者转变为应用服务的运营者。

全球云计算发展特点可以归纳为以下几点。

（1）云服务已成为互联网公司的首选。全球排名前50万的网站中，约有2%采用了公共云服务商提供的服务，其中80%的网站采用了亚马逊和Rackspace（美国著名的IDC服务提供商）的云服务。大型云服务提供商已经形成明显的市场优势。美国新出现的互联网公司90%以上使用了云服务。在全球市场上，亚马逊拥有超过3000万注册IP，微软有超过2300万注册IP，阿里云有1000万注册IP，位列前三；从活跃IP的角度，亚马逊有686万活跃IP，阿里云有171万活跃IP，微软有116万活跃IP。来自中国的阿里云在IP活跃程度上超过了微软，但仍与亚马逊保持一段距离。云服务的主要优势表现在，降低互联网创新企业初创期的IT构建和运营成本，形成可持续的商业模式，降低运营风险。

（2）价格与服务成为云计算巨头竞争的重要手段。虚拟机是云厂商“价格战”的必争之地，其处于云计算产业链金字塔底层。近年来，亚马逊、谷歌和微软三大巨头已经开展了多次云服务的价格战，国内的阿里云、腾讯云、金山云等主流云厂商都曾推出虚拟机的降价策略。

除了在价格上外，虚拟机的性能也是各大厂商的角逐之地，无论是在防DDoS攻击上，还是在可用性及各项配置上，都使出了浑身解数。目前，业内大部分云厂商都可实现虚拟机配置自定义的功能，并结合时下热门的人工智能、深度学习、FPGA等技术来升级服务器性能。

（3）云计算技术将带动人工智能、物联网、区块链相关技术。人工智能、物联网、区块链技术和应用的开发、测试、部署较为复杂，门槛仍然较高。云计算具有资源弹性伸缩、成本低、可靠性高等优势，提供人工智能、物联网、区块链技术服务，可以帮助企业快速低成本地开发部署相关内容，促进技术成熟。目前，各大公有云服务提供商均提供与人工智能、物联网、区块链有关的云计算服务。随着人工智能、物联网、区块链技术逐步走向应用，将有更多的云计算企业推出区块链相关的产品和服务。

（4）容器技术应用将更为普及。容器服务具有部署速度快、开发和测试更敏捷、系统利用率高、资源成本低等优势，随着容器技术的成熟和接受度越来越高，容器技术将更加广泛地被用户采用。谷歌的Container Engine、AWS的Elastic Container Service、微软的Azure Container Service等容器技术日臻成熟，容器集群管理平台也更加完善，以Kubernetes为代表的各类工具可帮助用户实现网络、安全与存储功能的容器化转型。从国内看，各家公司积极实践，用户对于容器技术的接受度得到提升，根据调研机构数据，近87%的用户表示考虑使用容器技术。

（5）全球云计算服务市场呈现寡头垄断趋势。据Gartner发布的2016年全球公共云市场份额报告显示，在全球云计算市场，行业领导者亚马逊AWS、微软Azure和阿里云位列全球前三，其市场份额均得到持续扩大。阿里云是该榜单中唯一的中国企业，在公共云市场再次超越谷歌，稳居全球云计算前三。据 Gartner 统计，阿里云的全球市场份额从 2016 年的 3.0%扩大到 2017 年的 3.7%，增速为 62.7%。第四名谷歌的市场份额为 2.8%，增速为 56%，与阿里云的市场差距有所扩大。AWS、Azure、阿里云合计占据全球 IaaS 市场的 66.5%，其市场份额依旧在快速增长。而前 4 名之外的其他云计算厂商的份额均出现了不同比例的萎缩。

1.12 云计算与虚拟化的关系

虚拟化计算的本质是对上层应用或用户隐藏了计算资源的底层属性。它既包括将单一的资源划分成多个虚拟资源，也包括将多个资源整合成一个虚拟资源。

云计算技术的本质是构建大规模的分布式计算系统资源库，将系统的计算分布在系统资源地，统筹考虑整体系统的利用情况。其本质是数据共享计算模式与服务共享计算模式的结合体。

虚拟化更注重于“隔离”，而云计算更注重于“按需服务”，例如自服务模式就不是虚拟化的基本构件，但是对云计算来说却是必不可少的。虽然某些虚拟化解决方案包含了自服务组件，但自服务组件对于虚拟化来说却不是必要的。在云计算中，自服务是云计算最核心的概念。

云计算和虚拟化没有任何必然关系，实现云计算可以不需要虚拟化，但是要提高资源利用率和方便管理，云计算还是需要通过虚拟化来实现的。虚拟化技术只是实现云计算的一种方式而已。本书虽然不介绍如何建立云计算，但是书中也涉及了一些如何实现云计算的内容，后边章节提到时再详细介绍。

1.13 本章小结

本章首先讲述了虚拟化的基本概念及分类，接着分别讲述了服务器虚拟化技术与桌面虚拟化技术，介绍了虚拟化技术的发展历史，展望了虚拟化的发展前景，罗列了虚拟化的四大家族，最后列举了一些国内典型的虚拟化厂商产品。在虚拟化部分之后，加入了部分云计算技术的知识，讲述了云计算与虚拟化的区别。整章从基础知识入手，并逐步加深，最后落实到实际的技术产品。云计算和虚拟化是两种结合十分紧密的技术，虚拟化的下一步就是云化，但是云又不一定完全依靠虚拟化，为了更好地区分两种技术，增加对云计算技术的概述，并介绍了两者的关系。

1.14 扩展习题

1. 相较于传统服务器技术，企业采用虚拟化技术能带来哪些优势？
2. 实现虚拟化技术的方式有哪些？哪种技术的性能最好？
3. 简述四大虚拟化技术的特点与优势，以及分别适用于哪类场景。
4. 如何给用户解释虚拟化平台与云技术平台的区别？

第2章 VMware vSphere 虚拟化技术

VMware vSphere 作为目前业界领先且最可靠的虚拟化平台，在企业中有着极为广泛的应用。本章将为读者介绍虚拟化平台 VMware vSphere 5.5 的各个组件，以及其安装使用方法。

本章教学重点

- VMware vSphere 简介
- ESXi 简介
- VMware vSphere 网络管理
- VMware vSphere 实践

2.1 VMware vSphere 简介

vSphere 是 VMware 推出的基于云计算的新一代数据中心虚拟化套件，提供了虚拟化基础架构、高可用性、集中管理、监控等一整套解决方案。VMware 于 2001 年正式推出了企业级虚拟化产品 ESX（ESX 和 ESXi 都是 vSphere 的组件），该产品到现在已历经了 5 代演进。而整个架构功能经过不断扩展，也越来越完善。前面介绍过云计算与虚拟化之间的关系，就现阶段而言，VMware 是目前功能最齐全、架构最完整的操作系统，号称业界第一套云计算操作系统。利用 VMware vSphere 这个虚拟化平台，可使所有的应用程序和服务具备高级别的可用性和响应速度。它通过将关键业务应用程序与底层硬件分离来实现前所未有的可靠性和灵活性，从而优化 IT 服务的交付，使每种应用程序工作负载都能够以最低的总体成本履行高级别的应用程序服务协议。

2.1.1 VMware vSphere 和虚拟化基础架构

VMware vSphere 构建了虚拟化基础架构，将数据中心转换为可扩展的聚合计算机基础架构。虚拟基础架构还可以充当云计算的基础。完美的 VMware vSphere 架构是由软件和硬件组成的。

各大服务器厂商都针对虚拟化提出了自己的解决方案，并针对虚拟化架构进行了优化，每个厂家都有自己的特点和卖点。VMware vSphere 的物理结构由 x86 虚拟化服务器、存储网络和阵列、IP 网络、管理服务器和桌面客户端组成，如图 2-1 所示。

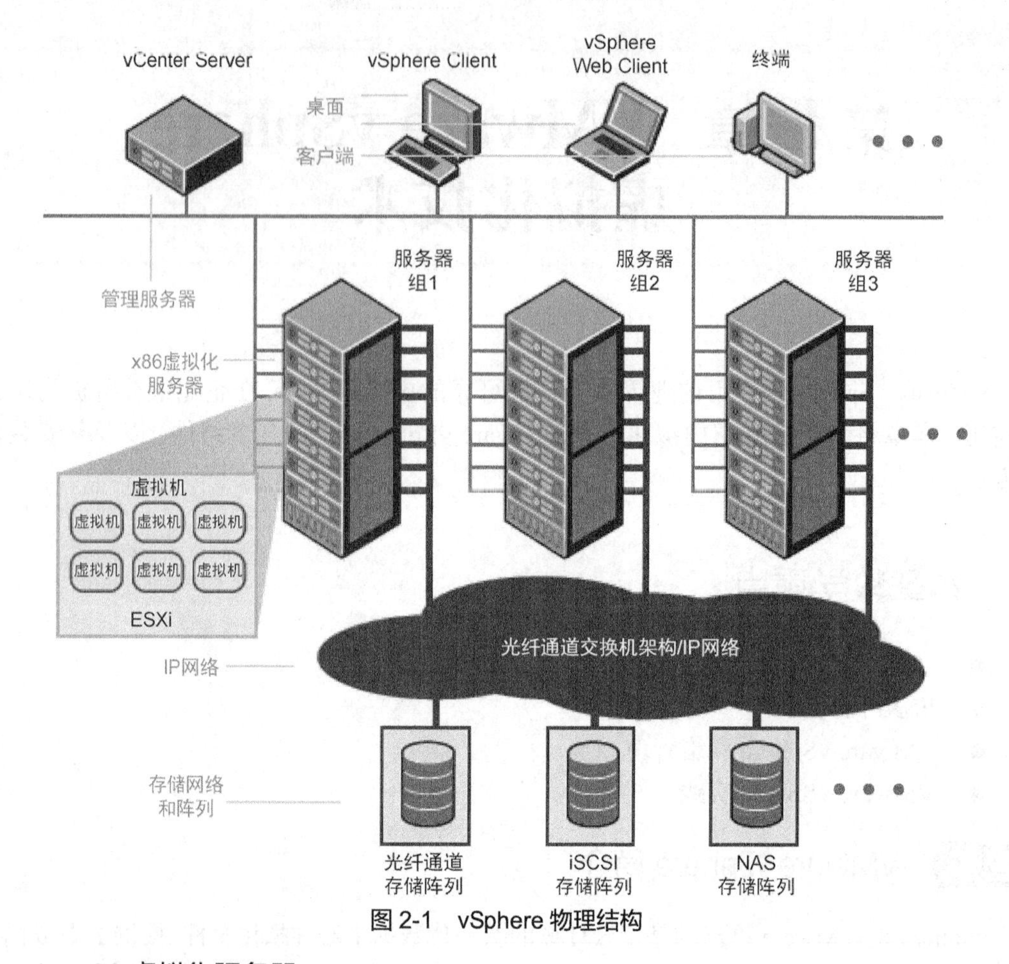

图 2-1　vSphere 物理结构

1．x86 虚拟化服务器

x86 虚拟化服务器是 VMware vSphere 提供的一种虚拟化的资源，在其上面可以运行虚拟机。x86 虚拟化服务器由多个相同的 x86 平台服务器组成，每台服务器相互独立。在硬件上直接安装 ESXi 操作系统，通过网络提供虚拟化的资源。x86 虚拟化服务器主要为虚拟化提供 CPU 计算能力和内存等资源。

2．存储网络和阵列

存储是虚拟化的基石，用于存放大量虚拟化数据。存储资源是由 vSphere 来分配的，这些资源在整个数据中心的虚拟机之间共享。存储网络和阵列由光纤通道 SAN 存储阵列技术、iSCSI SAN 存储阵列技术和 NAS 存储阵列技术构成。

3．IP 网络

IP 网络是连接各种资源和对外服务的通道，每台 x86 服务器和存储器都处于不同的网络。IP 网络为整个虚拟化数据中心提供可靠的网络连接。

4．管理服务器和桌面客户端

管理服务器提供了基本的数据中心服务，如访问控制、性能监控和配置功能。它将各个 x86 虚拟化服务器中的资源统一在一起，使这些资源在整个数据中心中的各虚拟机之间共享。

客户端是用户通过联网设备连接到虚拟机的管理控制服务器，用来进行资源的部署和调配，或向虚拟机发出控制命令等，是人机交互的通道。

2.1.2　VMware vSphere 平台系统架构

VMware vSphere 平台从其自身的系统架构来看，可分为 3 个层次：虚拟化层、管理层、接口层。这 3 层构建了 VMware vSphere 平台的整体，如图 2-2 所示。VMware vSphere 平台充分利用了虚拟化资源、控制资源和访问资源等各种计算机资源，同时还能为 IT 组织提供灵活可靠的服务。

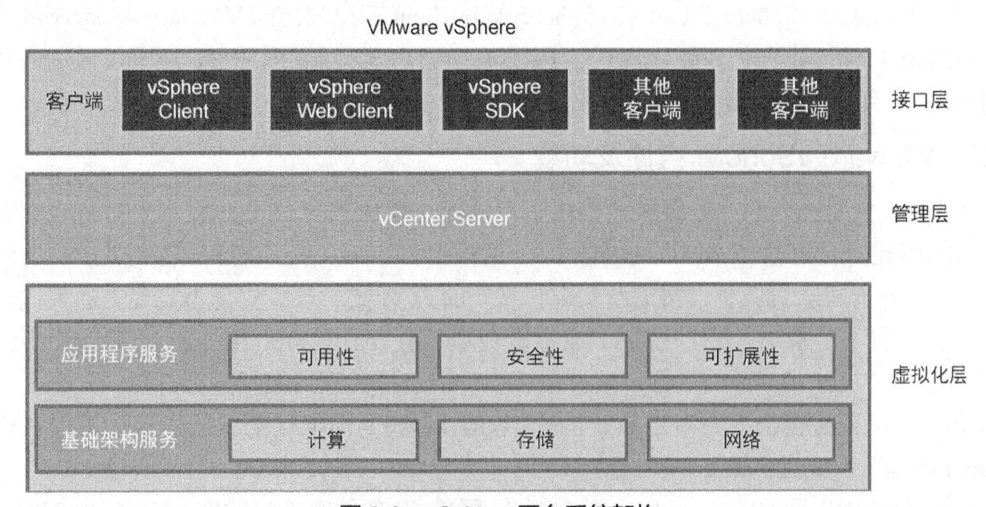

图 2-2　vSphere 平台系统架构

1. 虚拟化层

VMware vSphere 的虚拟化层是最底层，包括基础架构服务和应用程序服务。基础架构服务是用来分配硬件资源的，包括计算机服务、网络服务和存储服务。计算机服务可提供虚拟机 CPU 和虚拟内存功能，可将不同的 x86 计算机虚拟化为 VMware 资源，使这些资源得到很好的分配；网络服务在虚拟环境中简化并增强了的网络技术集，可提供网络资源；存储服务是 VMware 在虚拟环境中的高效率存储技术，可提供存储资源。

应用程序服务是针对虚拟机的，可保障虚拟机的正常运行，使虚拟机具有高可用性、安全性和可扩展性等特点。VMware 的高可用性包括 vMotion（将虚拟机从一台服务器迁移到另一台上，期间服务不中断）、Storage VMware（将虚拟机的磁盘从一台服务器迁移到另一台上，期间服务不中断）、HA（当服务器发生故障时，虚拟机会迁移到另一台服务器上，服务不中断）、FT（为虚拟机特供热备，当一台虚拟机出现问题时，另一台马上接手服务，最大限度地保证零停机）、Date Recovery（对虚拟机进行备份恢复）。安全性包括 VMware vShield 和虚拟机安全，其中 VMware vShield 是专为 VMware vCenter Server 集成而构建的安全虚拟设备套件。VMware vShield 是保护虚拟化数据中心免遭攻击和误用的关键安全组件，可帮助实现合规性强制要求的目标。随着业务和服务的不断发展，系统需要的资源也越来越多，所以硬件的升级扩展就显得更加费时费力，在这种情况下，可扩展性也就变得更加重要了。VMware 提供了 DRS 和 Hot Add，让虚拟机能够动态地转移到另一台服务器上，而 Hot Add 可以让虚拟机在不停机的情况下热添加 vCPU 或者内存，使得服务不会中断，从而保证了扩展性和连续性（需要操作系统支持）。

2. 管理层

管理层是非常重要的一层，是虚拟化环境的中央分布点。管理层软件可提高虚拟基础架构每个级别上的集中控制和可见性，通过主动管理发挥 vSphere 潜能，是一个具有广泛合作伙伴体系支持的可伸缩、可扩展的平台。

3. 接口层

用户可以通过 vSphere Client 或 vSphere Web Client 客户端访问 VMware vSphere 数据中心。vSphere Client 是一个 Windows 的应用程序，可用来访问虚拟平台，还可以通过命令行界面和 SDK 自动管理数据中心。

2.1.3 VMware vSphere 组件及功能

VMware 针对不同的企业级客户推出了不同版本和功能的 vSphere，当然售价也随着功能的增加而提高。随着 VMware vSphere 5.5 的推出，VMware 正在逐步转变其产品的许可模式，使客户有机会过渡到“按消费情况付费”的 IT 模式。这些变化为实现更加现代化的 IT 成本模式打下了基础。现代化的 IT 成本模式基于消费情况和价值收费，不再按照组件和容量收费。VMware vSphere 5.5 将根据虚拟 RAM 授权，按处理器数量进行许可。每个 vSphere 5.5 CPU 许可证将授予买方特定数量的虚拟 RAM 或为虚拟机配置的内存，可以在整个 vSphere 环境内形成虚拟 RAM 授权池。

VMware ESXi 是 VMware vSphere 的操作系统，其他的组件都建立在它之上。VMware ESXi 服务器可在通用环境下分区和整合系统的虚拟主机软件，是具有高级资源管理功能的、高效灵活的虚拟主机平台。它是运行在物理硬件上的虚拟化层，将计算机资源分成若干个逻辑资源，将处理器、内存、存储器和资源虚拟化为多个虚拟机。

VMware vCenter Server 是管理端 VMware vSphere 的操作系统，是配置、置备和管理虚拟化 IT 环境的中心，是调度资源的总控。

下面介绍 VMware vSphere 的组件及其功能。

- Mware vSphere Client：允许用户从任何 Windows PC 远程连接到 vCenter Server 或 ESXi 的界面。
- VMware vSphere Web Client：允许用户通过 Web 浏览的方式访问 vCenter Server 或 ESXi 的界面。
- VMware vSphere SDK：为第三方解决方案提供的标准界面。
- vSphere 虚拟机文件系统（VMFS）：ESXi 虚拟机的高性能集群文件系统。
- vSphere Virtual SMP：可以使单一的虚拟机同时使用多个物理处理器。
- vSphere vMotion：可以将虚拟机从一台物理服务器迁移到另一台物理服务器，同时保持零停机时间、连续的服务可用性和事务处理的完整性。
- vSphere Storage vMotion：可以将数据存储迁移至另一个数据存储。

- vSphere High Availability（HA）：高可用性，如果服务器出现故障，受到影响的虚拟机会在其他拥有多余容量的可用服务器上重新启动。
- Resource Scheduler（DRS）：可为虚拟机收集硬件资源，动态分配和平衡计算容量。
- vSphere 存储 DRS：在数据存储集合之间动态分配和平衡存储容量及 I/O。

介绍了 VMware vSphere 组件及其功能之后，下面来介绍 vSphere 的版本。vSphere 的各个版本以不同价位提供了不同的功能和虚拟 RAM 授权组合，为客户提供了十分简单的 vSphere 许可方法，以满足其在可扩展性、环境规模和使用情形等方面的特定要求。

vSphere Standard 版提供入门级解决方案，可用于实现服务器的基本整合，以大幅削减硬件成本，同时可加速应用程序部署。每个 Standard 版许可证可授权 32GB 的虚拟 RAM。

vSphere Enterprise 版提供功能强大的解决方案，可用于优化 IT 资产，确保经济高效的业务连续性，并可通过自动化简化 IT 运营。每个 Enterprise 版许可证可授权 64GB 的虚拟 RAM。vSphere Enterprise Plus 版提供各种 vSphere 功能，可以将数据中心转换为极为简化的云计算基础架构，既可运行当今的应用程序，又可提供灵活可靠的下一代 IT 服务。每个 Enterprise Plus 版许可证授权 96GB 的虚拟 RAM。

2.2 ESXi 简介

从前面讲述的 ESXi 可以得知，ESXi 是 vSphere 产品套件中的重要一部分，负责将计算机的物理资源转化为逻辑资源，从而保证高效地使用计算机资源，如今的最新版本是 ESXi 5.0。在此版本之前存在两个版本，即 ESXi 和 ESX。

2.2.1 VMware ESXi 的七大重要功能

在 vSphere 5.5 中，VMware 淘汰了 ESX，ESXi 成了唯一的虚拟机管理程序（Hypervisor）。所有 VMware 代理均直接在虚拟化内核（VMkernel）上运行。基础架构服务通过 VMkernel 附带的模块直接提供，其他获得授权（拥有 VMware 数字签名）的第三方模块（如硬件驱动程序和硬件监控组件）也可在 VMkernel 中运行，因此形成了严格锁定的体系架构。这种结构可阻止未授权的代码在 ESXi 主机上运行，极大地改进了系统的安全性。在 ESXi 5.0 中，VMware 提供了七大重要的增强功能，包括镜像生成器（Image Builder）、面向服务的无状态防火墙、增强的 SNMP 支持、安全系统日志（Secure Syslog）、自动部署（VMware vSphere Auto Deploy）、扩展增强型 esxcli 框架及新一代的虚拟机硬件。

（1）镜像生成器。这是一套新的命令行实用程序，管理员可以用它创建包含专用于硬件的第三方组件（如驱动程序和 CIM 提供的程序）的自定义 ESXi 镜像。镜像生成器创建的镜像可用于各种类型的部署。

（2）面向服务的无状态防火墙。ESXi 5.0 管理界面使用一种面向服务的无状态防火墙引擎加以保护，IT 管理员可以使用 vSphere Client 或者带有 esxcli 接口的命令行对该防火墙进行配置。这种新型防火墙引擎可以按照 IP 地址或者子网限制对特定服务的访问，而不必再使用 iptable 和规则集为每个服务定义端口规则，这对于需要进行网络访问的第三方组件特别有用。

（3）增强的 SNMP 支持。ESXi 5.0 扩展了 SNMP v.2 支持，用户可以全面监控主机上的所有硬件。

（4）安全系统日志。ESXi 5.0 在系统信息日志记录方面提供了一些增强功能，所有日志信息都通过 Syslog 生成，可以使用安全套接字层（SSL）或 TCP 连接将日志信息保存到本地或远程日志服务器中。在 vSphere 5.0 中，IT 管理员可以通过 esxcli 或 vSphere Client 对日志信息进行配置，将不同来源的日志信息配置记录到不同的日志中，以便于管理查询。

（5）自动部署。自动部署与主机配置文件、镜像生成器及 PXE 配合使用，简化了管理多台计算机安装、升级 ESXi 的操作。ESXi 主机镜像集中存储在自动部署库中，可以根据自定义的规则自动实现新主机的部署，让重建服务器变得像重新启动一样简单。如果要在不同的 ESXi 版本之间迁移，IT 管理员只需要使用自动部署 Power CLI 更新规则，然后进行遵从性检查及相关修复操作就可以了。

（6）扩展增强型 esxcli 框架。全新的扩展增强型 esxcli 框架提供了一组丰富、一致和可扩展的命令，包括各种便于在主机上进行故障排除和维护的新命令。新框架采用了与 vCenter Server 和 Power CLI 等其他管理框架相同的方法，将身份验证、角色和审核机制进行了统一，因此用户可以将 esxcli 框架作为 vSphere CLI 的一部分通过远程方式或在 ESXi Shell（以前称为 Tech Support Mode）上通过本地方式使用。

（7）新一代的虚拟机硬件。ESXi 5.0 引入了新一代的虚拟机硬件版本，将 ESXi 4.1 中的虚拟机版本 7 升级为版本 8，相关虚拟机硬件规格升级至 32 个虚拟 CPU、1TB 内存，能够运行 Windows Aero 的非硬件加速 3D 图形卡，支持 USB 3.0 设备（仅使用 Linux 客户操作系统时）和 UEFI 虚拟 BIOS 等。

2.2.2 VMware ESX 与 VMware ESXi 的区别

虽然在最新的 vSphere 5.0 中，VMware 淘汰了 ESX，但是读者依然要了解 ESX 和 ESXi 之间的区别。

VMware ESX 和 VMware ESXi 都是直接安装在服务器硬件上的裸机管理程序。二者均具有业界领先的性能和可扩展性，不同之处在于，VMware ESXi 采用了独特的体系结构和操作管理方法。尽管二者都不依赖操作系统进行资源管理，但 VMware ESX 依靠 Linux 操作系统（称为服务控制台）来执行以下两项管理功能：执行脚本；安装用于硬件监控、备份或系统管理的第三方代理。ESXi 中已删除了服务控制台，从而大大减少了此管理程序的占用空间，引导了将管理功能从本地命令行界面迁移到远程管理工具的发展趋势。更小的 ESXi 代码库意味着“受攻击面”更小，需要修补的代码也更少，从而提高了系统的可靠性和安全性。服务控制台的功能由符合系统管理标准的远程命令行界面取代。

VMware ESXi 是着手实现虚拟化的最简单途径。将应用程序整合到更少的服务器上，可减少硬件、电力、散热和管理成本，从而节省资金。VMware ESXi 已经过优化和测试，它甚至可以用最低的性能开销运行资源占用量最大的应用程序和数据库。利用 VMware ESXi，可以在一台服务器上运行多个操作系统，从而降低硬件成本；可以运行更为环保的数据中心，从而降低能源成本；可以使应用程序的备份和恢复更为简单，从而在生产环境中尽量节约运行资源。

2.3 VMware vSphere 网络管理

网络是 VMware vSphere5.5 的基础，所有虚拟机都需要通过网络来进行通信。如果将所有的虚拟机都看成物理机，则在网络拓扑上需要网卡和交换机等不同的网络连接设备和方式。而在虚拟化中，这些设备可以通过虚拟化的方式来实现。

VMware vSphere 使用的是高度依赖网络连接的分布式体系结构。要充分利用虚拟化的优势，就需要优化 vSphere 数据中心的虚拟网络基础架构。要进行优化，就需要了解虚拟网络的组件及各组件之间的交互方式，以实现对虚拟机的管理及为其提供资源。VSphere 数据中心的体系结构包括 vNetwork 标准交换机的体系结构、分布式交换机的体系结构及第三方交换机。

1. 物理网络连接

VMware vSphere 的基础架构需要物理网络的支持。物理网络是为了使物理机之间能够收发数据而在物理机之间建立的网络，VMware ESXi 运行于物理机之上。每台 ESXi 主机都不能离开物理网络，一旦离开物理网络，里面的虚拟网络就没有意义了。

2. VMware vSphere 虚拟网络

虚拟网络是运行于单台物理机之上的虚拟机之间为了互相发送和接收数据而相互逻辑连接所形成的网络。虚拟机可连接到添加网络时创建的虚拟网络。每个虚拟机都有一个或者多个网卡，这些虚拟网卡都是通过虚拟网络来通信的，可以让数据中心中的虚拟机像物理环境中的物理机一样联网。它与物理网卡一样响应标准以太网协议，而外部代理不会检测到它正在与一个物理机通信。

在 VMware vSphere 虚拟网络里，虚拟环境提供了与物理环境类似的网络元素。这些元素包括虚拟网络接口卡（虚拟网卡）、vSphere Distributed Switch（VDS）、分布式端口组、vSphere 标准交换机（VSS）和端口组。虚拟交换机可将其上行链路连接到多个物理以太网适配器以启用网卡绑定。通过网卡绑定，两个或多个物理适配器可用于分摊流量负载，或者在出现物理适配器硬件故障或网络中断时提供被动故障切换。而端口组是虚拟环境特有的概念。端口组是一种策略设置机制，这些策略用于管理与端口组相连的网络。一个虚拟交换机可以有多个端口组。虚拟机将其虚拟网卡连接到端口组，而不是连接到虚拟交换机上的特定端口。即使与同一端口组相连接的虚拟机各自在不同的物理服务器上，这些虚拟机也都属于虚拟环境内的同一网络。

2.4 VMware vSphere 的安装与配置

2.4.1 安装 ESXi 5.5

在完成第 1 章的准备工作之后，本章开始进行 ESXi 5.5 的安装。

（1）打开 VirtualBox 虚拟化软件，单击“新建”图标，新建一个虚拟机，填写“名称”为 VMware vSphere，在“类型”下拉列表中选择 Linux，在“版本”下拉列表中选择 Other Linux

(64-bit)，单击“下一步”按钮，如图 2-3 所示。

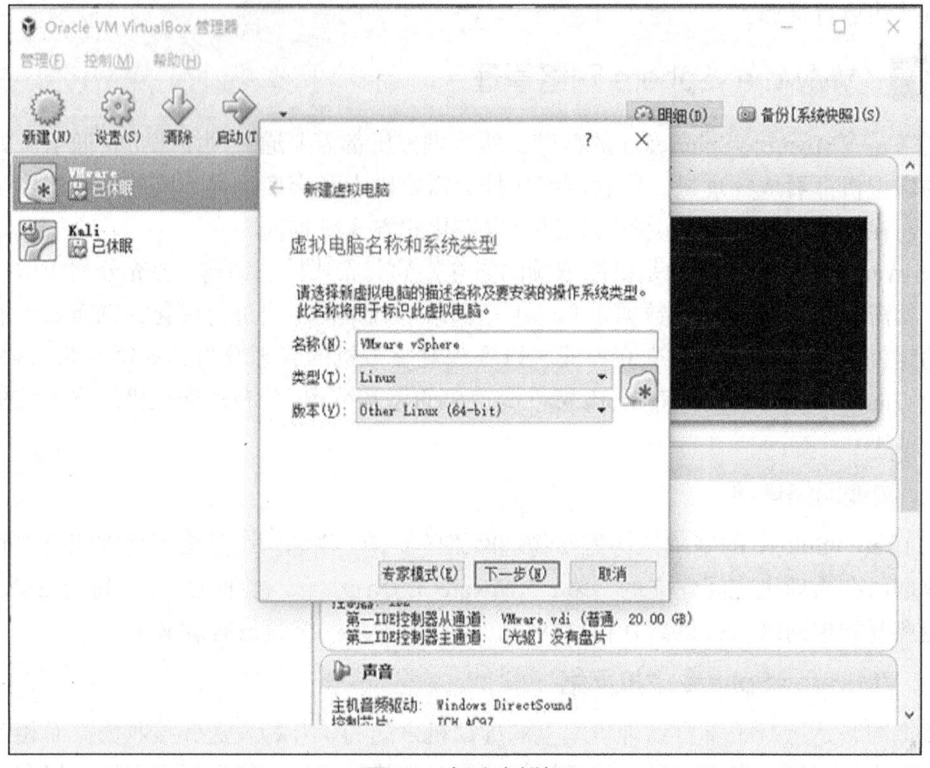

图 2-3　新建虚拟机

（2）选择分配给虚拟计算机的内存为 4GB，可直接输入 4096 或通过滑动按钮调整，如图 2-4 所示。

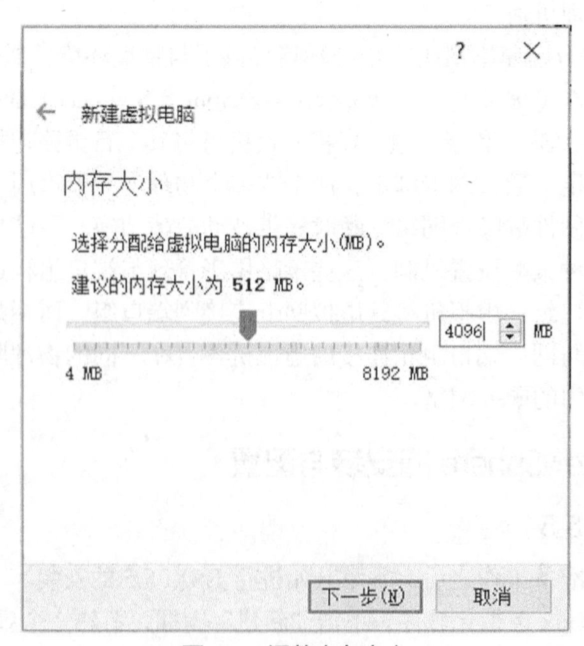

图 2-4　调整内存大小

（3）完成虚拟机的创建之后，单击软件界面上的“设置”图标，如图 2-5 所示。

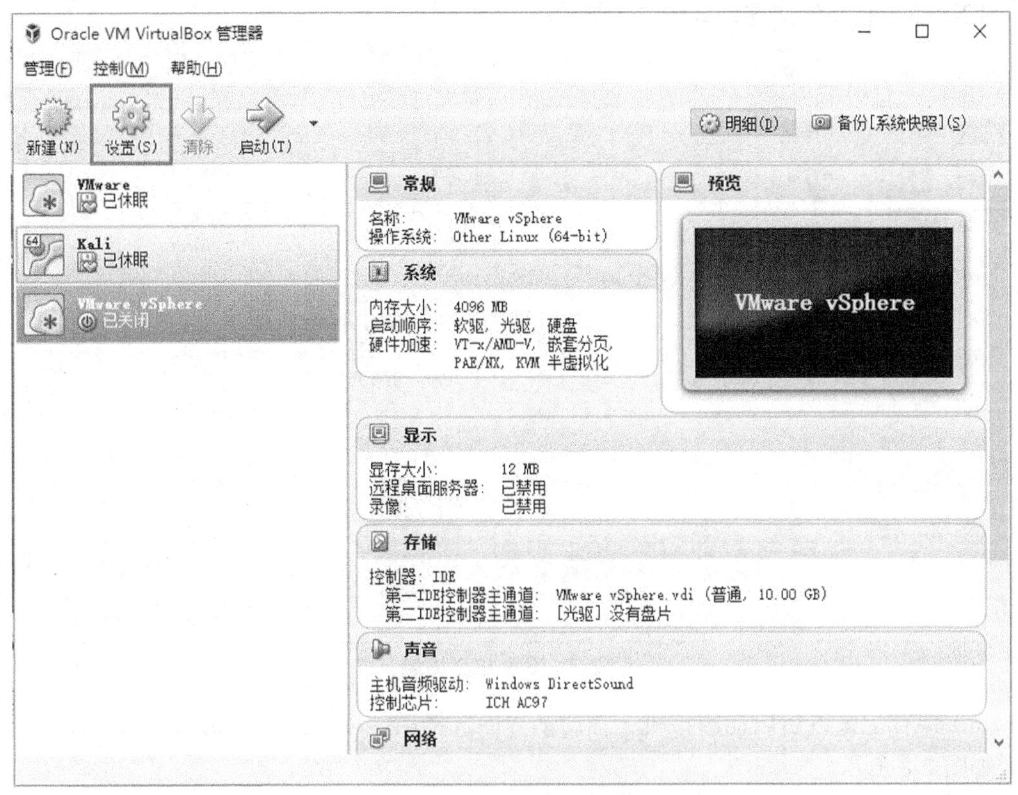

图 2-5　对虚拟机进行设置

（4）依次选择“系统”→“处理器”选项，将“处理器数量”设置为 2，如图 2-6 所示。

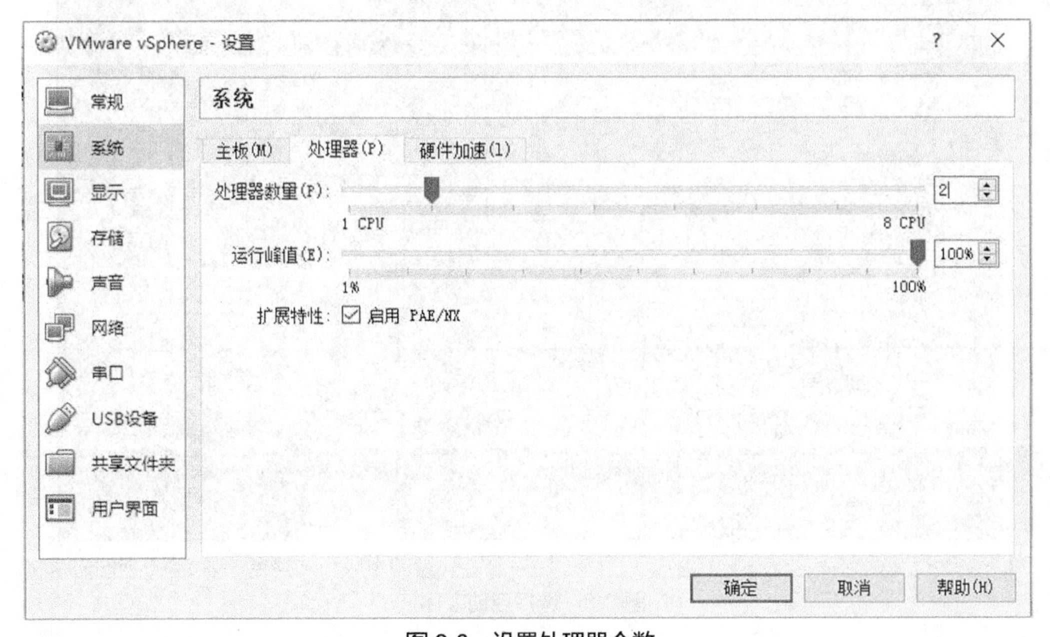

图 2-6　设置处理器个数

（5）选择“存储”选项，在“属性”栏的“分配光驱”下拉列表右侧单击光盘图标，添加 EXSi 5.5 的 ISO 文件，如图 2-7 所示。

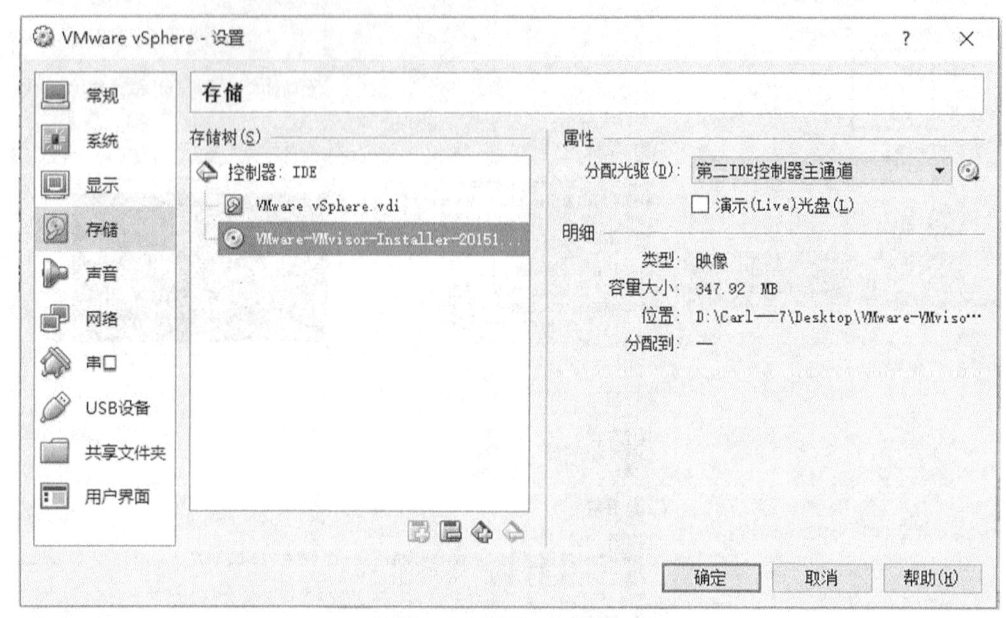

图 2-7　设置 ISO 镜像

（6）保存配置以后启动虚拟机，在启动界面选择第一项，第二个选项是从本地磁盘启动，如图 2-8 所示。

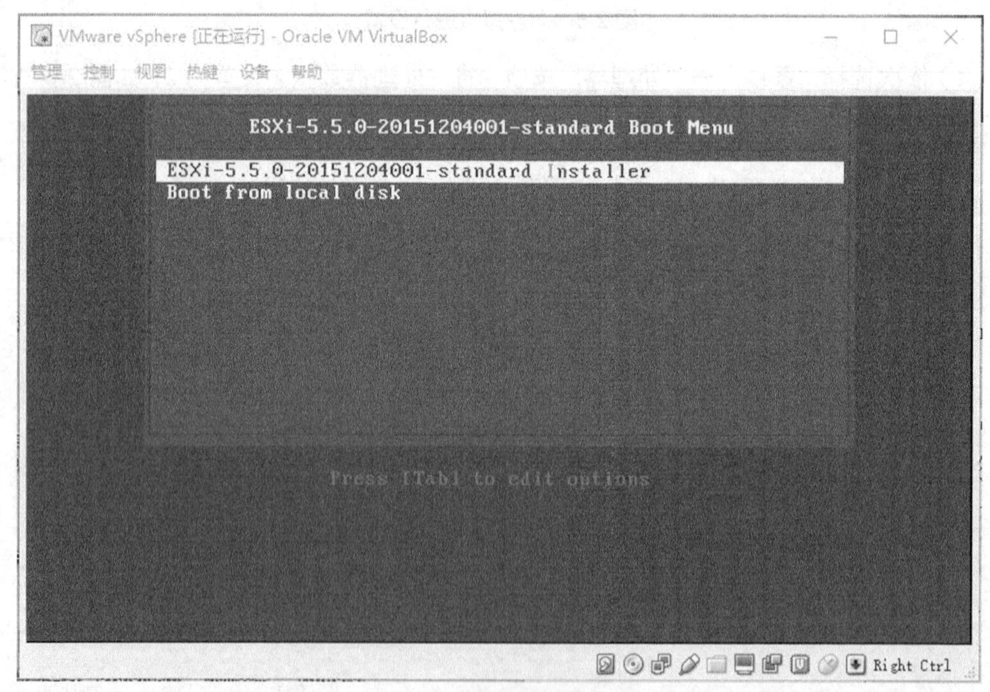

图 2-8　选择启动顺序

（7）选择第一项以后，系统进入安装 ESXi 过程，如图 2-9 所示。

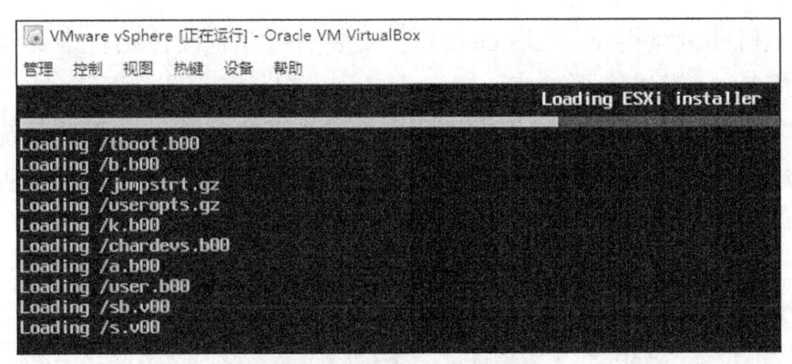

图 2-9　进入安装过程

（8）安装完成，进入 ESCi 的欢迎界面，按 Enter 键继续，如图 2-10 所示。

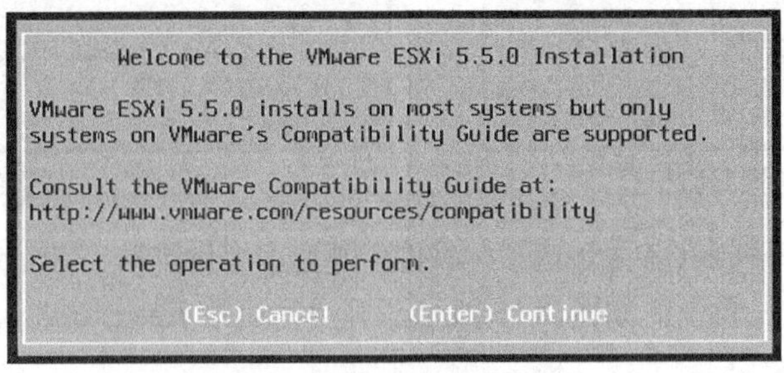

图 2-10　进入欢迎界面

（9）在用户授权使用协议页面，按 F11 键接受许可协议。同意协议后，系统开始扫描本地设备，如图 2-11 所示。

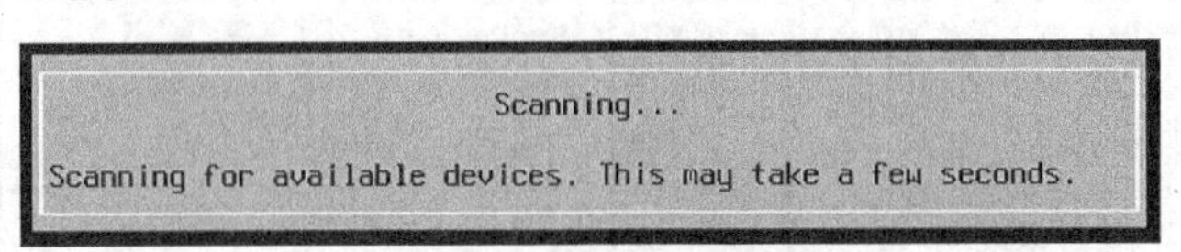

图 2-11　扫描本地设备

（10）在 Select a Disk to Install or Upgrade 界面中为 ESXi 选择安装位置，本次操作中选择了一个 10GB 的硬盘。在实际环境中，可能有多块物理硬盘或者 RAID 卡可供选择，所选择的磁盘可能会被重新分区，这样原有的数据会被抹去，如图 2-12 所示。按 Enter 键进入下一步。

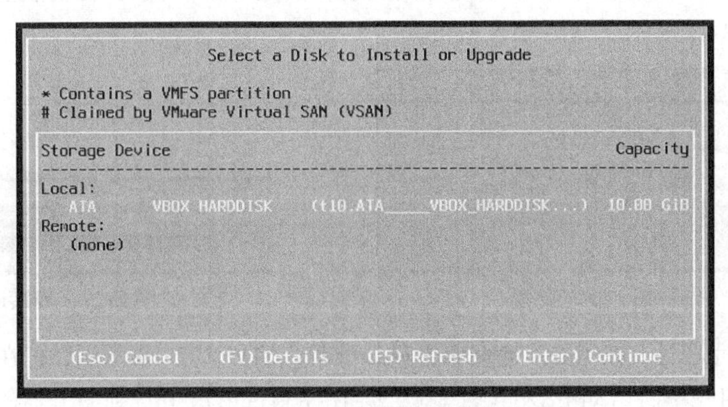

图 2-12　使用本地磁盘

（11）选择主机的键盘类型为 US Default，安装后可在直接控制台中更改键盘类型，如图 2-13 所示。按 Enter 键进入下一步。

（12）输入主机的根密码，可以将密码留空，但为了确保第一次引导系统的安全性，建议输入不少于 7 位字符的密码，安装后可在控制台中更改密码，如图 2-14 所示。设置完密码后按 Enter 键进入下一步。

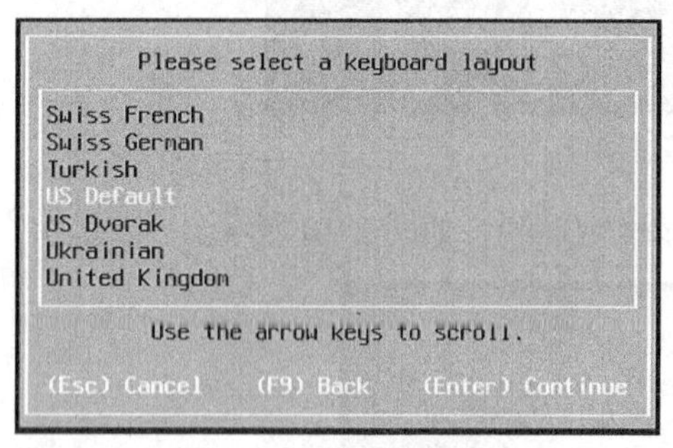

图 2-13　选择键盘布局

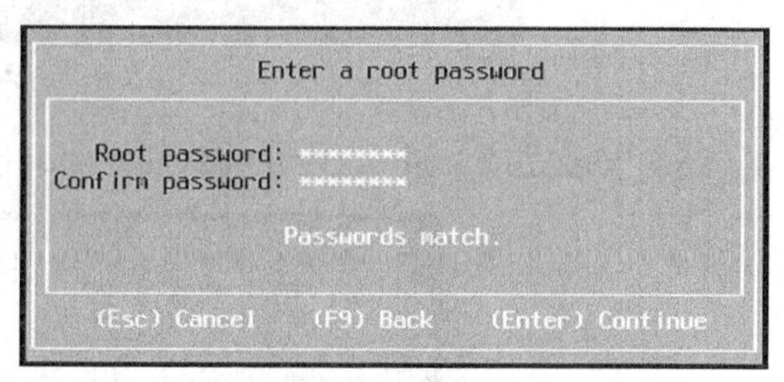

图 2-14　设置密码

（13）需要在计算机 BIOS 中和虚拟化软件中开启虚拟化技术（Virtualization Technology，VT），否则会抛出错误警告，如图 2-15 所示。开启完后按 Enter 键进入下一步。

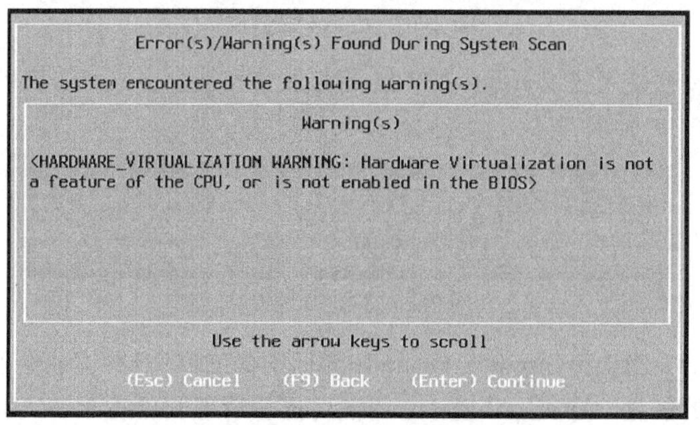

图 2-15　无 VT 支持报错

（14）在确认安装界面中按 F11 键开始安装，如图 2-16 所示，在安装过程中会显示安装进度，如图 2-17 所示。

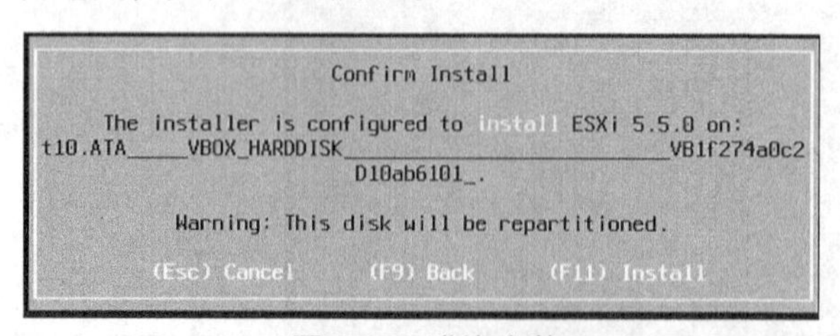

图 2-16　准许安装

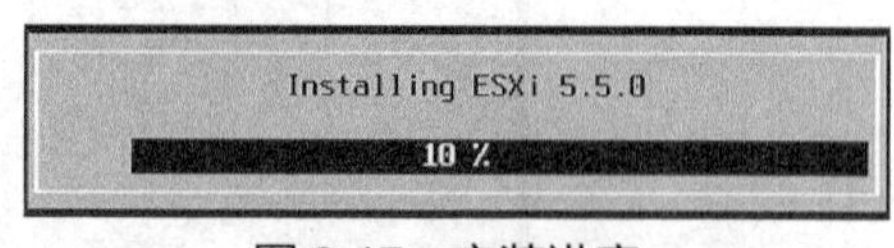

图 2-17　安装进度

（15）安装完成后，按 Enter 键重启主机，准备重启如图 2-18 所示，正在重启如图 2-19 所示。系统重启完毕，启动 ESXi 5.5 系统，会在控制台窗口中看到服务器的信息，如服务器的 CPU、内存的信息及网络 IP 信息，如图 2-20 所示。如果要访问这台主机，可以在浏览器中输入其 IP 地址。

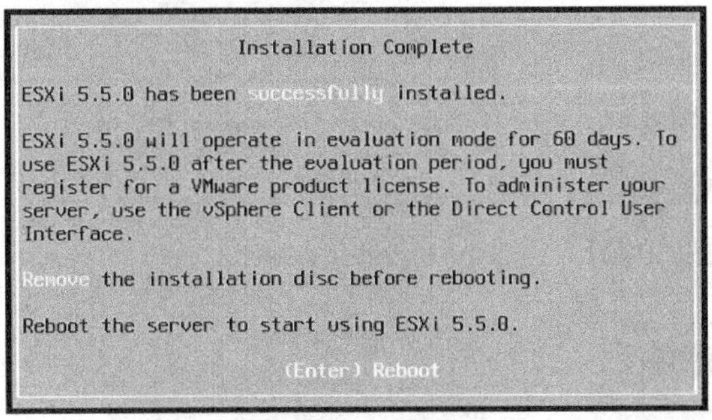

Installation Complete
ESXi 5.5.0 has been successfully installed.
ESXi 5.5.0 will operate in evaluation mode for 60 days. To use ESXi 5.5.0 after the evaluation period, you must register for a VMware product license. To administer your server, use the vSphere Client or the Direct Control User Interface.
Remove the installation disc before rebooting.
Reboot the server to start using ESXi 5.5.0.
(Enter) Reboot

图 2-18 准备重启

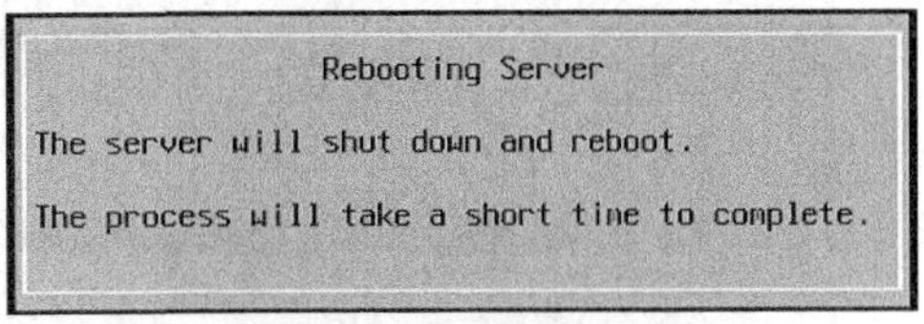

Rebooting Server
The server will shut down and reboot.
The process will take a short time to complete.

图 2-19 正在重启

VMware ESXi 5.5.0 (VMKernel Release Build 3248547)
innotek GmbH VirtualBox
Intel(R) Core(TM) i7-4710MQ CPU @ 2.50GHz
4 GiB Memory
Download tools to manage this host from:
http://10.0.2.15/ (DHCP)
http://[fe80::a00:27ff:fecb:1d75]/ (STATIC)
<F2> Customize System/View Logs
<F12> Shut Down/Restart

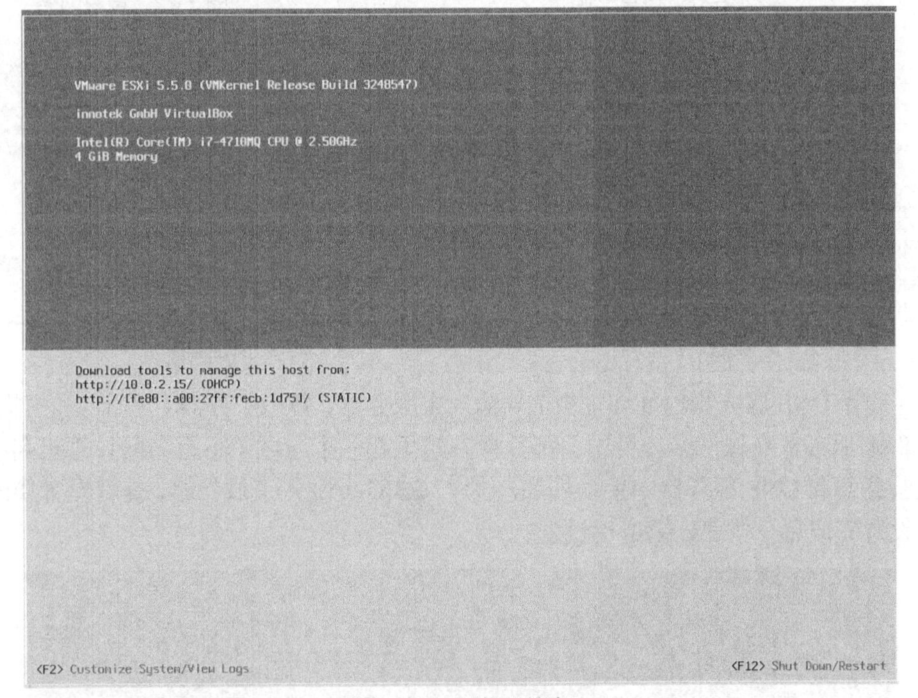

图 2-20 服务器信息

2.4.2 ESXi 的简单配置

要使用刚安装的 ESXi 系统，需要进行一些简单的配置。系统提供了一个表格，表中为 ESXi 5.5 所使用的按键及说明。

2.4.3 为 ESXi 设置 IP 地址

为 ESXi 设置 IP 地址的步骤如下。

（1）在控制台中按 F2 键进行设置。在弹出的窗口中输入安装时设置的根密码，按 Enter 键。认证完成后进入 ESXi 的设置界面即可进行基础设置，如图 2-21 所示。

（2）进入设置菜单后，选择网络 IP 并配置，按 Enter 键，如图 2-22 所示。

（3）在默认情况下，ESXi 使用的是 DHCP 网络，这里进行静态 IP 地址和网络配置，如图

2-23 所示。输入 IP 地址、子网掩码和默认网关，然后按 Enter 键，如图 2-24 所示。

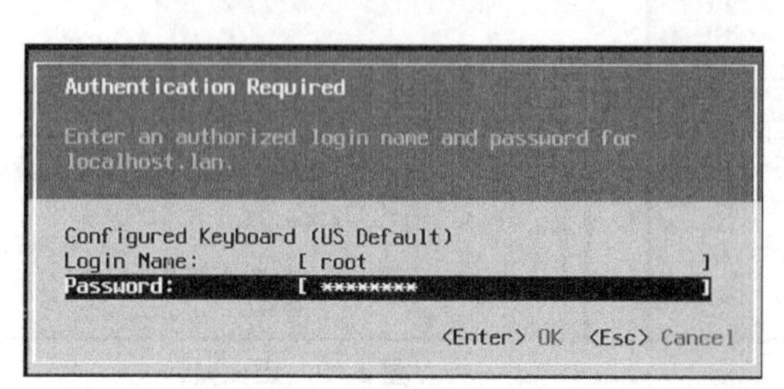

图 2-21 设置密码

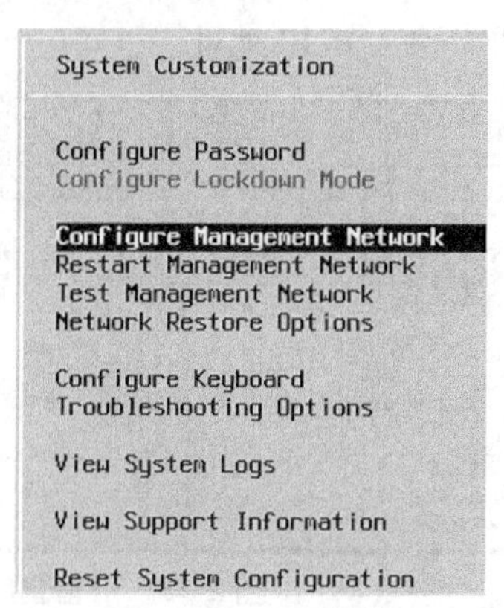

图 2-22 设置网络

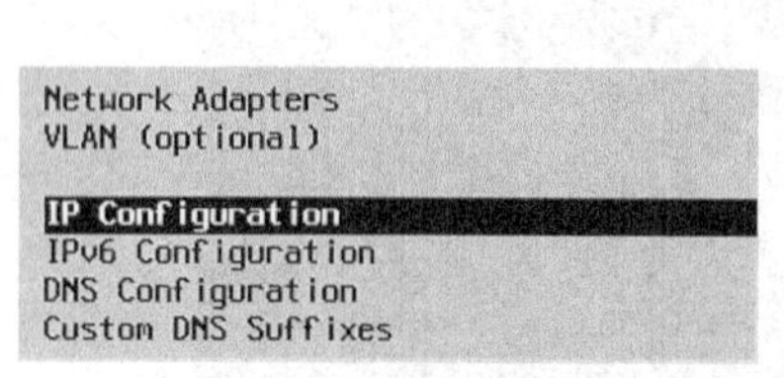

图 2-23 IP 设置

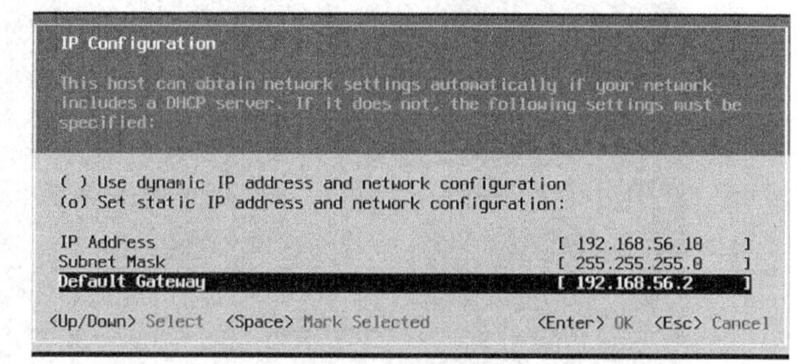

图 2-24 指定静态 IP

（4）选择 DNS 服务器地址和主机名，输入主服务器、备用服务器（可选）和主机名称。如果 ESXi 服务器在域网络环境中，那么要在这里起一个与域中不重名的计算机名称，然后在域服务器和 DNS 服务器中手动添加。这样，ESXi 就加入了域网络，查看设置如图 2-25 所示。设置完成后，按 Esc 键退出设置。

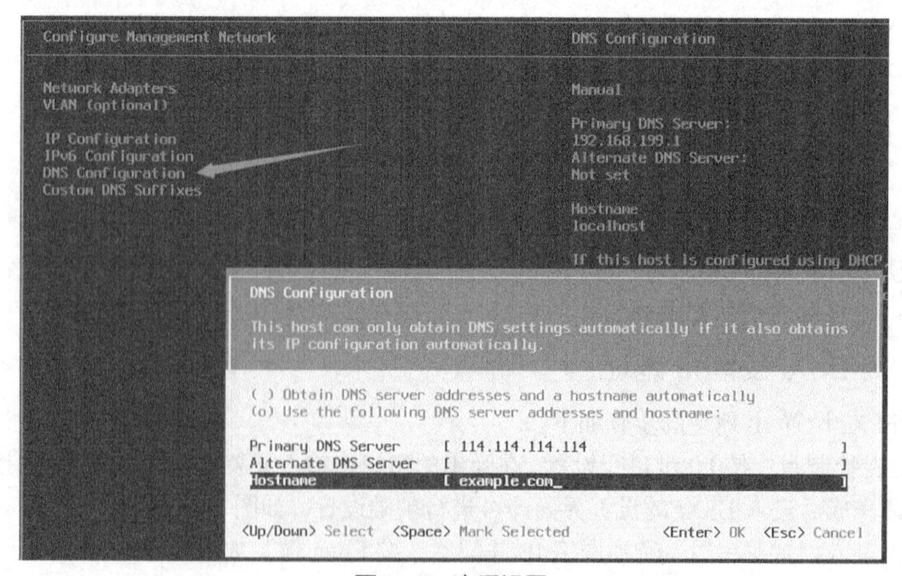

图 2-25 查看设置

（5）系统提示是否重启网络，按 Y 键选择 Yes，则刚才设置的 IP 地址在重启网络后立即生效，如图 2-26 所示。

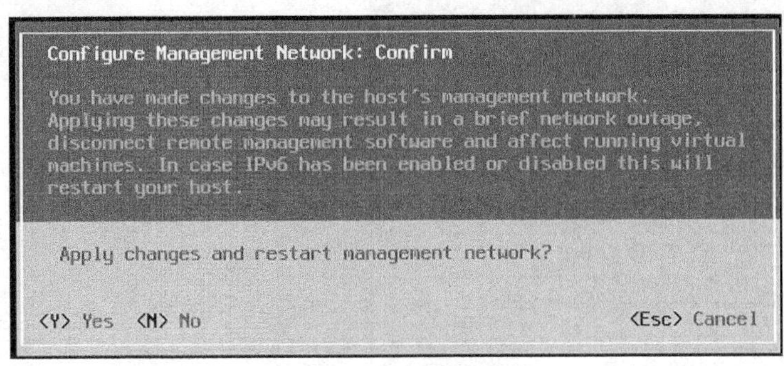

图 2-26　确认重启网络

2.4.4　使用 VMware vSphere Client 连接 ESXi

在创建并安装了 ESXi 5.5 之后，要使用 VMware vSphere Client 来管理 ESXi 5.5。vSphere Client 是一个 Windows 程序，可用于配置主机和运行其虚拟机。用户可以从任何 ESXi 主机下载 vSphere Client。在要安装 VMware vSphere Client 的系统上，先移除以前安装的所有版本的 Microsoft Visual。

（1）在 Windows 计算机中打开 Web 浏览器，在地址栏中输入"https://192.168.56.10/"。由于没有安装这个网站的证书，所以会显示此网站的安全证书有问题，会视为有问题的网站。但不用担心，选中"继续浏览此网站（不推荐）"选项即可，如图 2-27 所示。打开 VMware ESXi 5.5 站点，然后单击下载 vSphere Client 的链接，如图 2-28 所示。

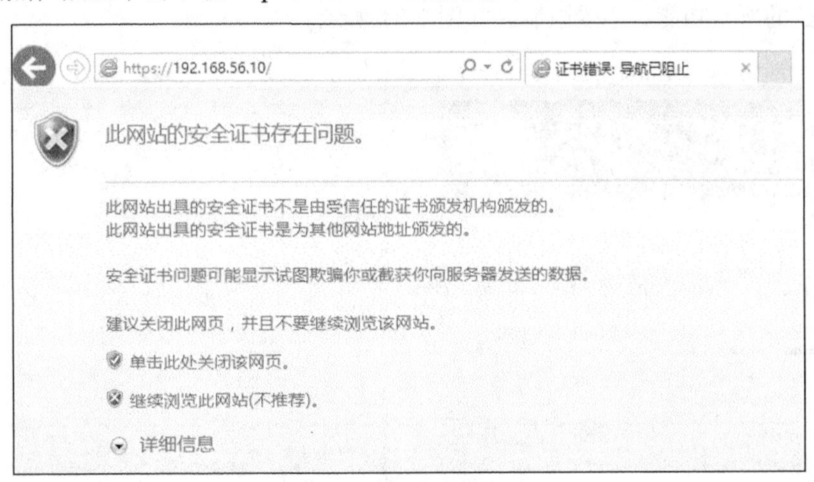

图 2-27　安全证书问题

（2）下载后安装 VMware vSphere Client 5.5，如图 2-29 所示。

（3）成功安装 VMware vSphere Client 5.5 以后，打开 VMware vSphere Client 程序，以 root 用户身份登录 ESXi 主机。输入 IP 地址或主机名，输入用户名 root，输入在直接控制台中设置的密码，然后单击"登录"按钮。此时会显示安全警告，要继续，可单击"忽略"按钮，如图 2-30 所示。

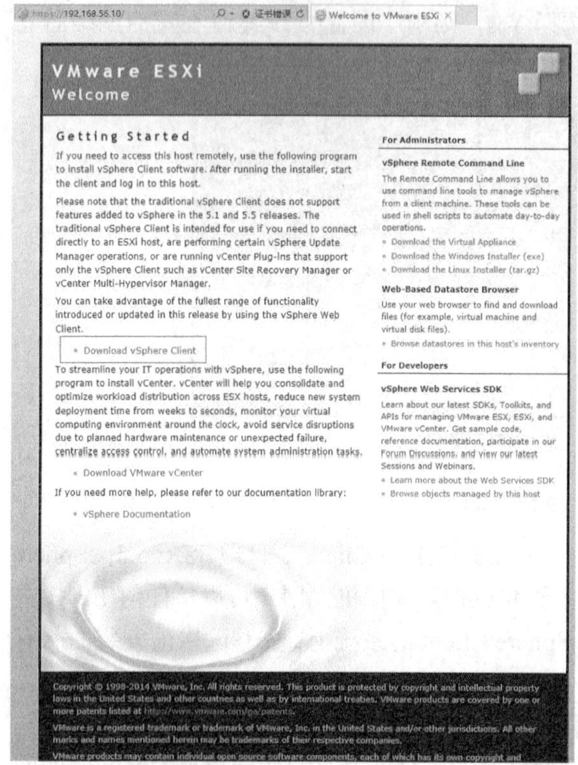

图 2-28　ESXi 下载页面

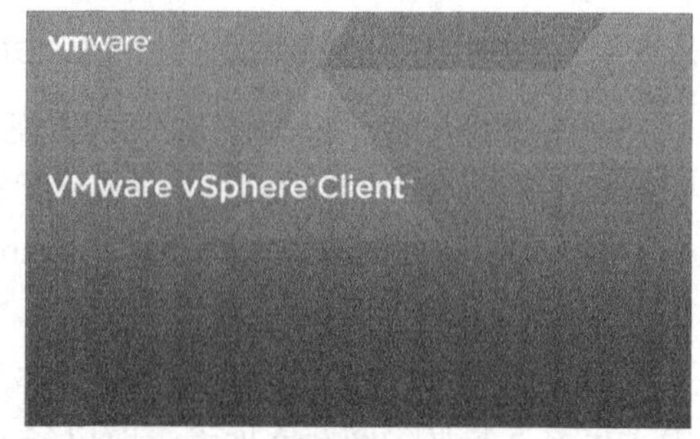

图 2-29　安装 vSphere Client

（4）进入 VMware 后会提示有 60 天的评估许可，在这 60 天的评估许可期内，用户可以获得 ESXi 的所有功能，不受限制，如图 2-31 所示。

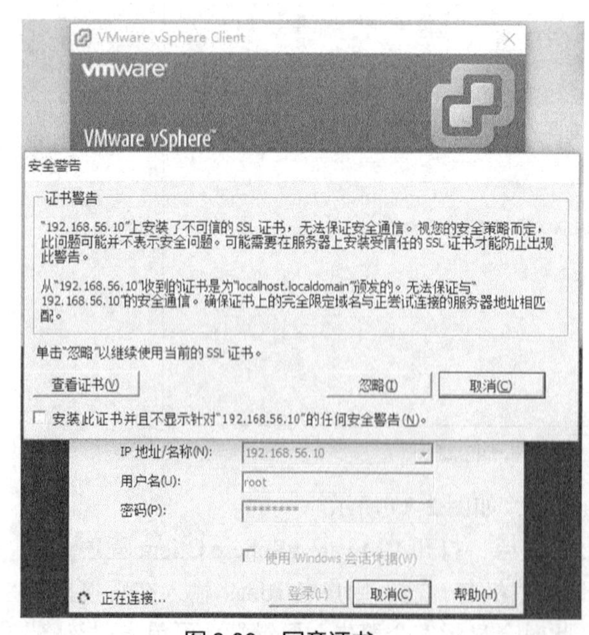

图 2-30　同意证书

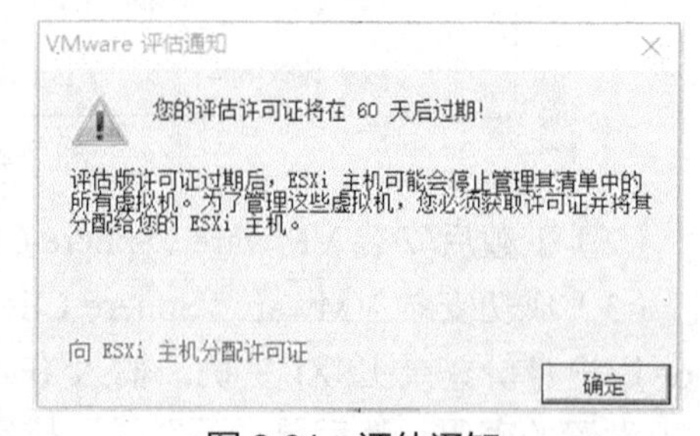

图 2-31　评估通知

（5）进入 VMware vSphere Client，此时已经连接到 ESXi 中了，在这里可以对此服务器进行资源的划分，如图 2-32 所示。

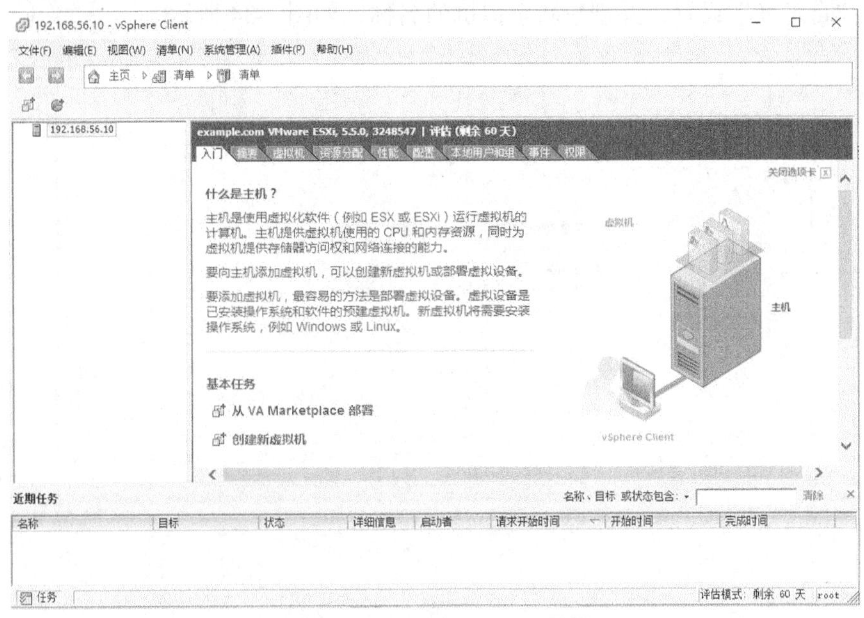

图 2-32　vSphere Client 界面

2.5 ESXi 虚拟机的管理

2.5.1 在 ESXi 上创建第一台虚拟机

虽然使用 VMware vSphere Client 直接管理 ESXi 主机，但是已经可以体现出虚拟化带来的好处了。虚拟机是虚拟基础架构中的关键组件。可以创建单个虚拟机并将其添加到 vSphere 清单中，具体操作步骤如下。

（1）使用 root 登录 vSphere Client，并连接 ESXi 主机。选择“主机”选项，在弹出的菜单中选择“创建新虚拟机”命令。也可以在“清单”菜单中创建新虚拟机，如图 2-33 所示。

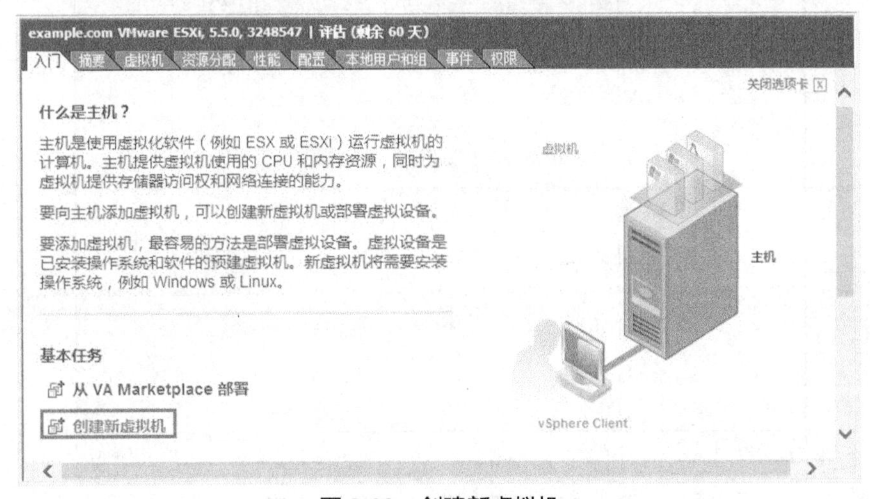

图 2-33　创建新虚拟机

（2）选择新虚拟机的配置选项，其中的“典型”选项可跳过一些很少需要更改其默认值的选项，从而缩短了虚拟机创建过程；“自定义”选项要列出每个需要设置的虚拟硬件。这里选择“自定义”设置，并创建新虚拟机的名称，如图 2-34 所示。

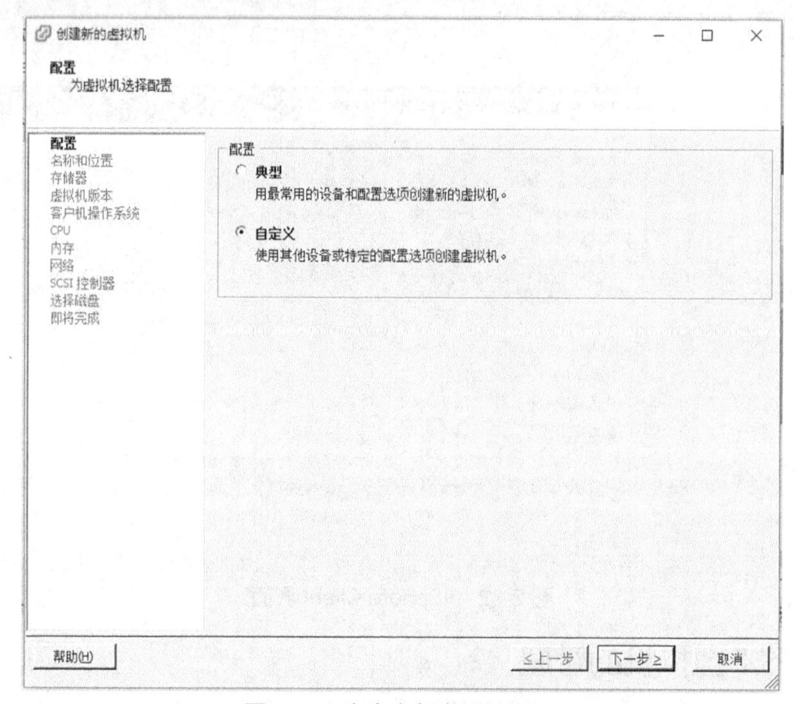

图 2-34　自定义新虚拟机配置

（3）选择虚拟机文件的一个目标存储，单击“下一步”按钮，如图 2-35 所示。

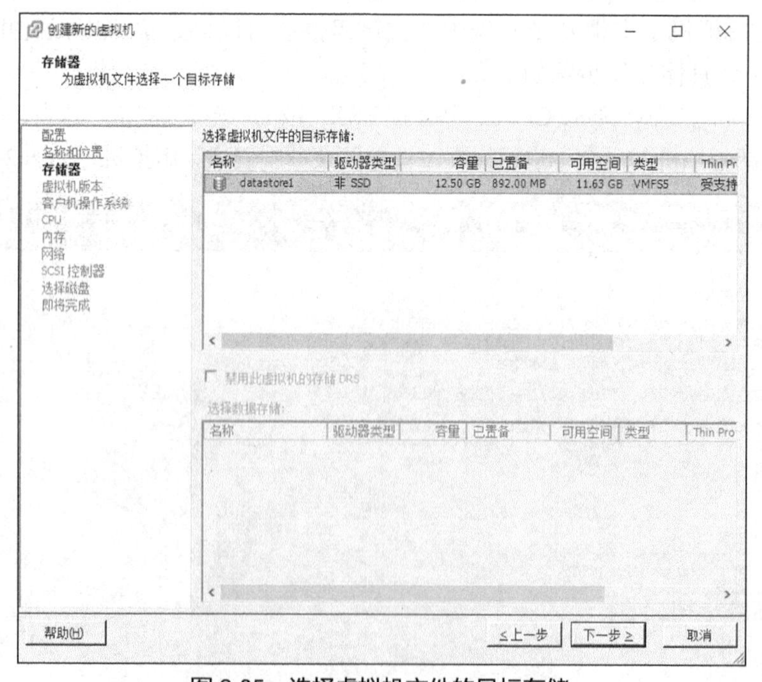

图 2-35　选择虚拟机文件的目标存储

（4）选择虚拟机的版本，选择好后单击“下一步”按钮。这里选择“虚拟机版本：8”选项。虚拟机版本 8 与 ESXi 5.0 或更高版本的主机兼容，能提供最新的虚拟机功能，如图 2-36 所示。

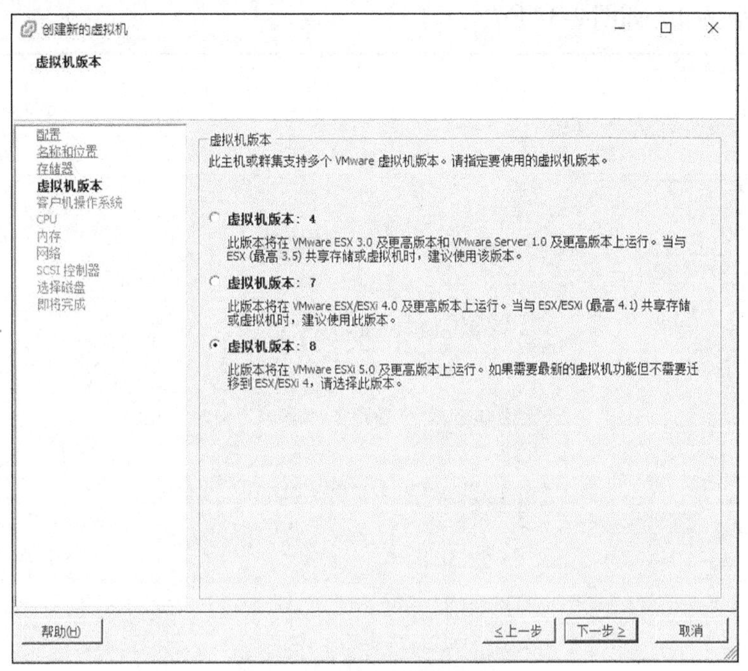

图 2-36 选择虚拟机版本

（5）在“客户机操作系统”选项的“版本”下拉列表中选择“Microsoft Windows 7（64 位）”，VMware vSphere 支持大部分的 Windows 和 Linux 的操作系统，如图 2-37 所示。

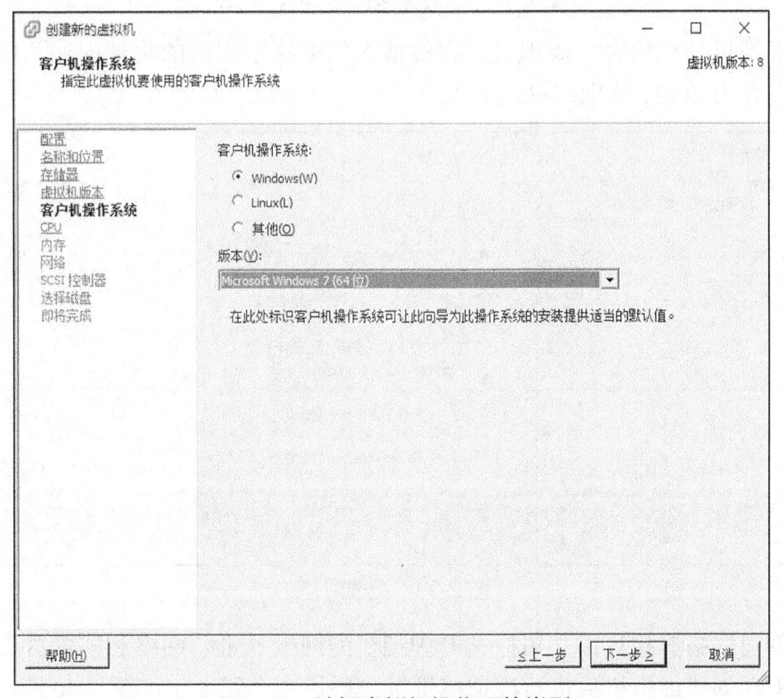

图 2-37 选择虚拟机操作系统类型

（6）设置虚拟机的 CPU 个数，虚拟机最多可配置 32 个虚拟 CPU。主机上许可的 CPU 数量、客户机操作系统支持的 CPU 数量和虚拟机硬件版本决定用户可以添加的虚拟 CPU 数量，这里设置为 1，如图 2-38 所示。

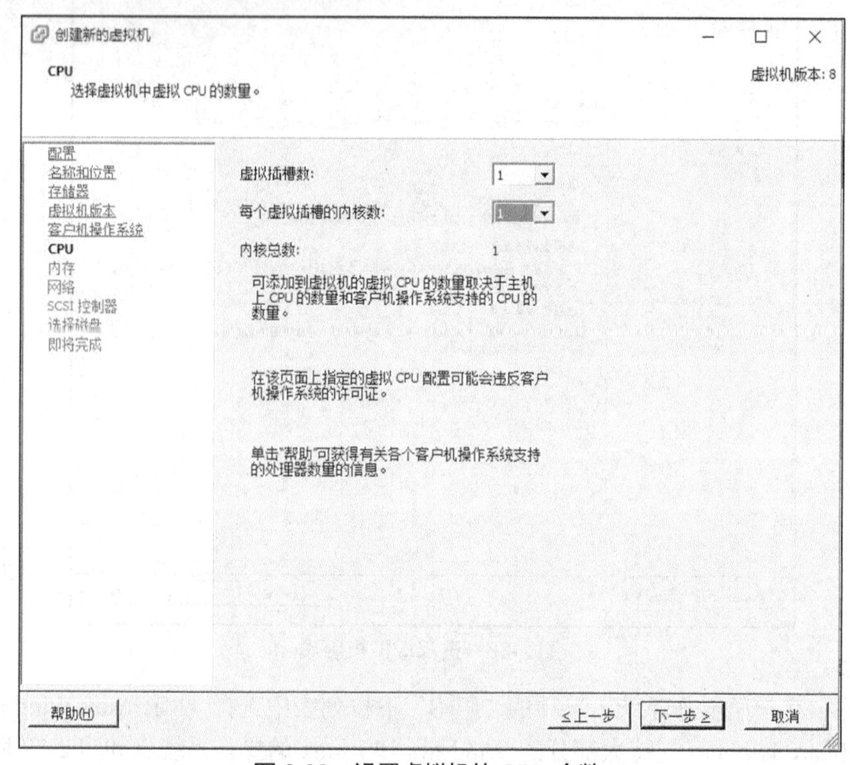

图 2-38　设置虚拟机的 CPU 个数

（7）为虚拟机分配内存，虚拟机内存的最大值取决于主机的物理内存及虚拟机的硬件版本，这里设置为 2GB，如图 2-39 所示。

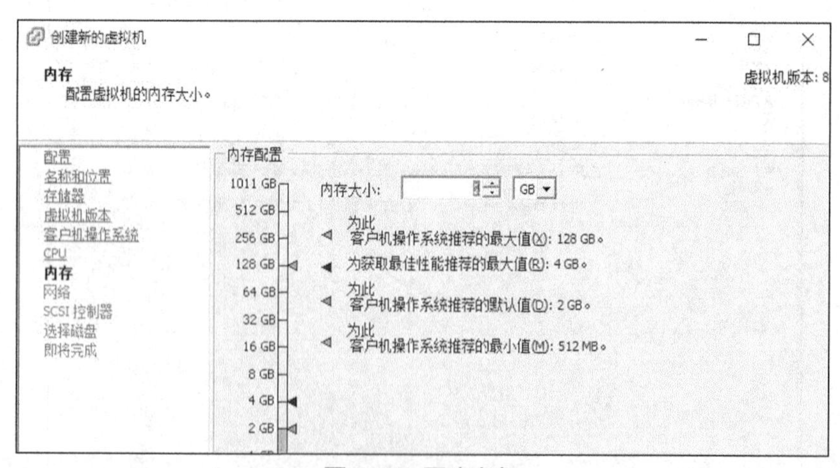

图 2-39　更改内存

（8）在创建网络连接界面上可以选择虚拟机的网卡数量、网络和配置器。最多可选 4 个网卡，这里在创建虚拟机后进行虚拟机设置，添加一个网卡，如图 2-40 所示。

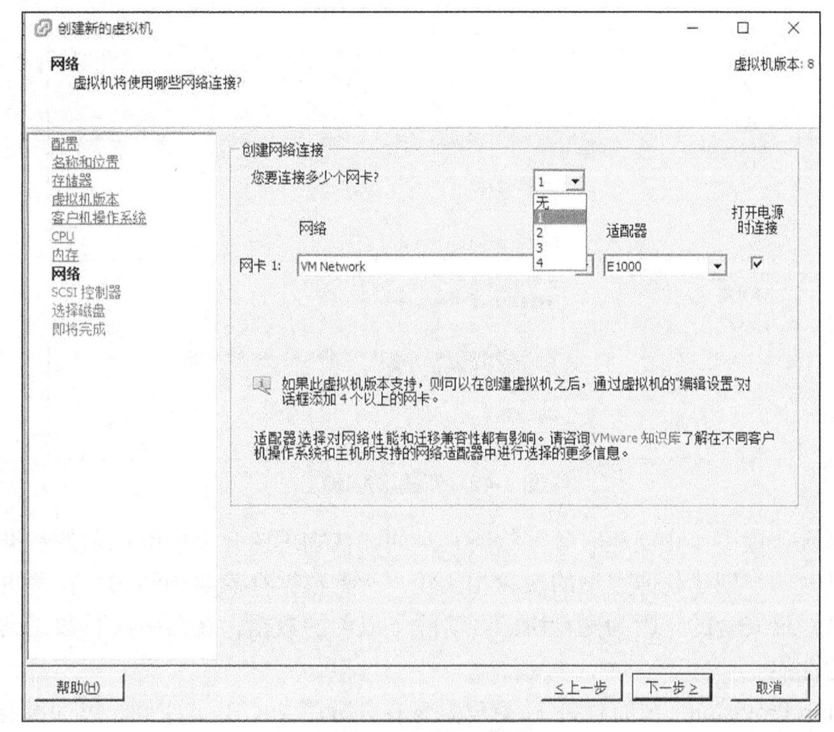

图 2-40　更改网卡数量

（9）在新建虚拟机向导的“SCSI 控制器”界面上可选择 SCSI 控制器类型，如图 2-41 所示。

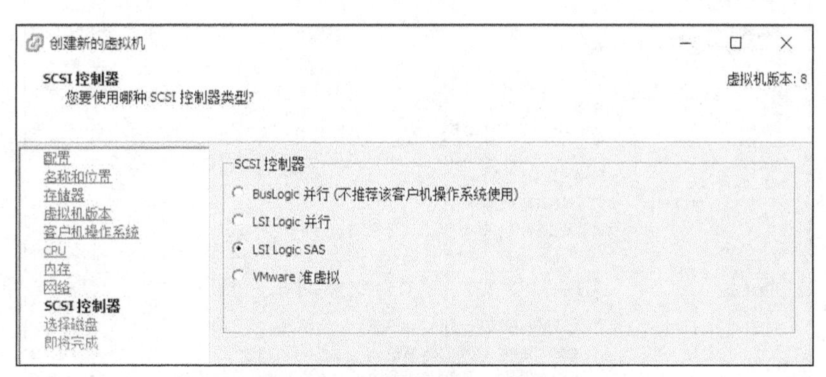

图 2-41　选择存储控制器类型

（10）在选择磁盘类型的界面上，可选择创建新的虚拟磁盘、使用现有虚拟磁盘，或者创建裸机映射。这里只能添加一块硬盘，若想继续添加，则可以在建立虚拟机后在虚拟机设置里添加，如图 2-42 所示。

（11）如图 2-43 所示，设置磁盘的大小、指定磁盘的置备和数据存放的位置。“磁盘置备”包括 3 个选项，其含义分别如下。

- 厚置备延迟置零：以默认的厚格式创建虚拟磁盘。创建过程中为虚拟磁盘分配所需空间。创建时不会擦除物理设备上保留的任何数据，但是以后在虚拟机首次执行写操作时会按需要将其置零。

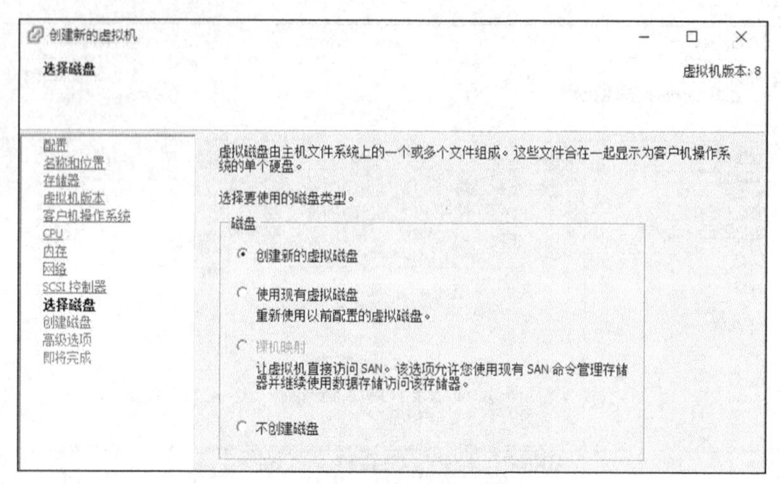

图 2-42　新建虚拟磁盘

● 厚置备置零：在创建时分配给所有空间，在物理媒介上清除以前的数据。另外，在创建磁盘时，与创建其他类型的磁盘相比较，所有数据都需要调到 0，花费更多时间。这样的磁盘是最安全的，因为磁盘块已经清除了以前的数据，在第一次写数据到磁盘块时会有较好的性能。

● Thin Provision（精简置备）：意思是现在划分了 40GB 的空间，里面没有数据，则占用的物理存储是 0。随着磁盘写入块的创建，精简磁盘开始很小，然后增长到预先设置的 40GB 空间。所以说，精简置备的磁盘只使用该磁盘最初所需要的数据存储空间。

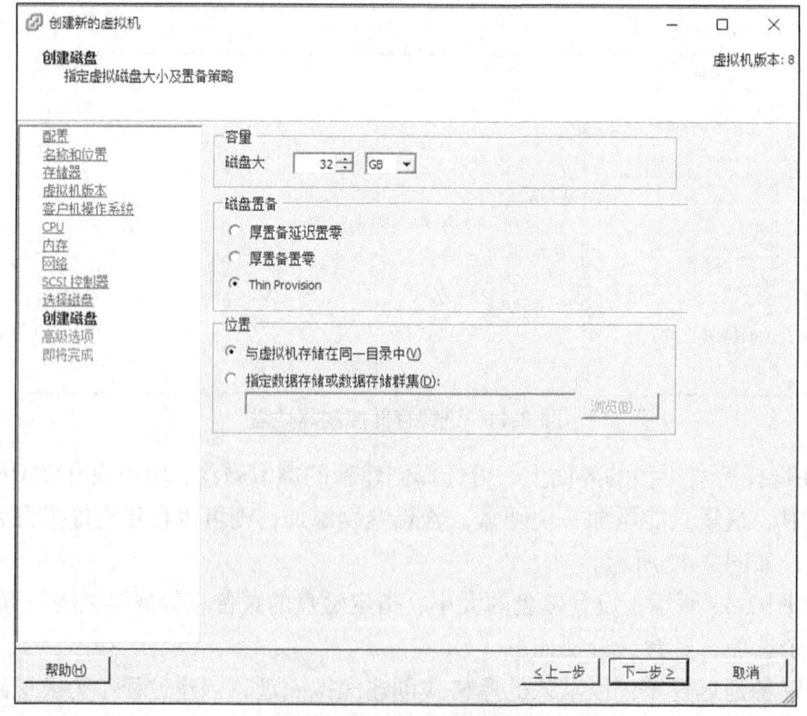

图 2-43　更改磁盘配置

（12）设置高级选项，选择磁盘的设备节点和磁盘受快照影响的模式，如图 2-44 所示。

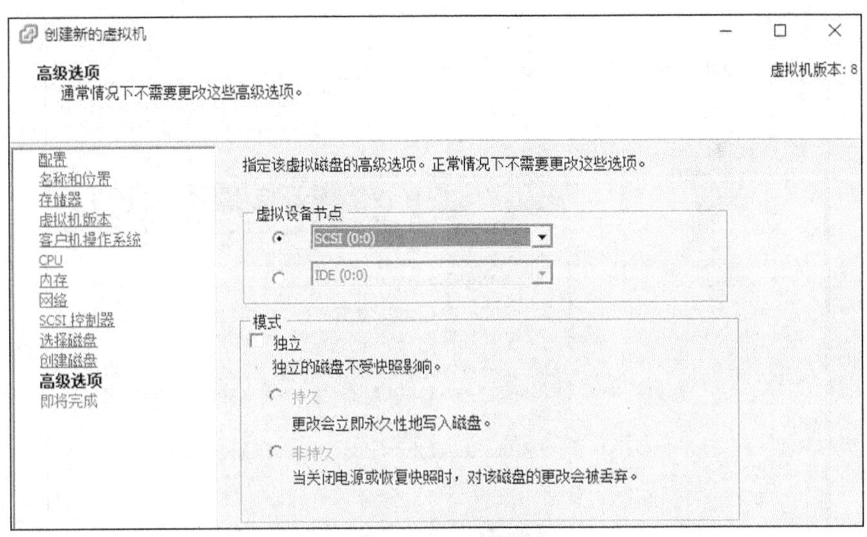

图 2-44　设置高级选项

（13）在“即将完成”页面查看并确认虚拟机配置，单击“完成”按钮，开始虚拟机的建立，如图 2-45 所示。

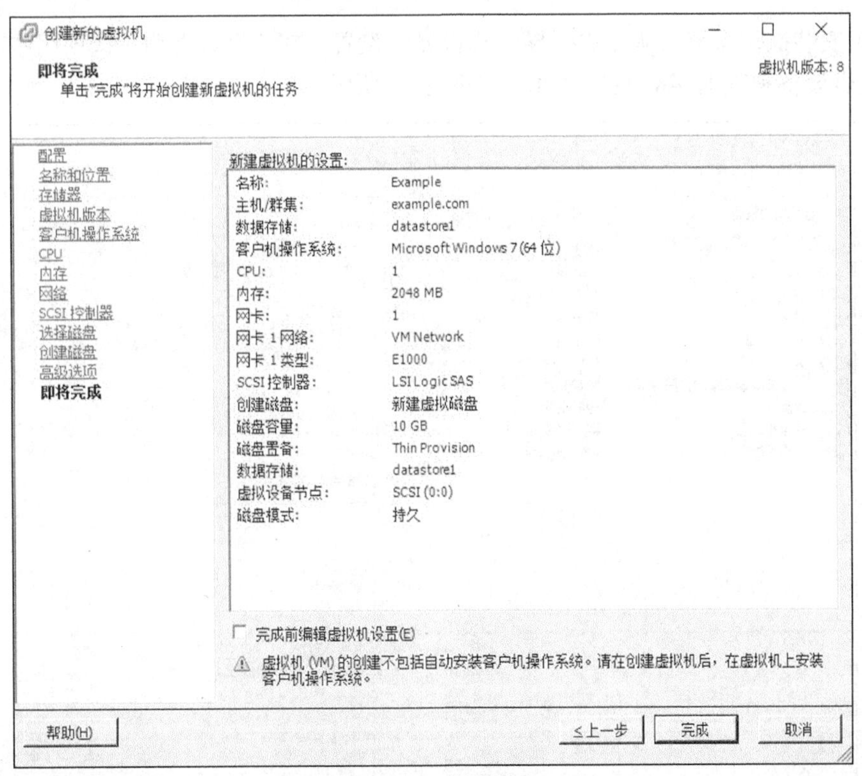

图 2-45　确认配置

（14）创建完虚拟机之后，要继续安装操作系统，就要准备安装光盘或 ISO 文件。如果要修改虚拟机的配置，可以选择“编辑虚拟机设置”选项，对虚拟机的配置进行详细设置，如图 2-46 所示。

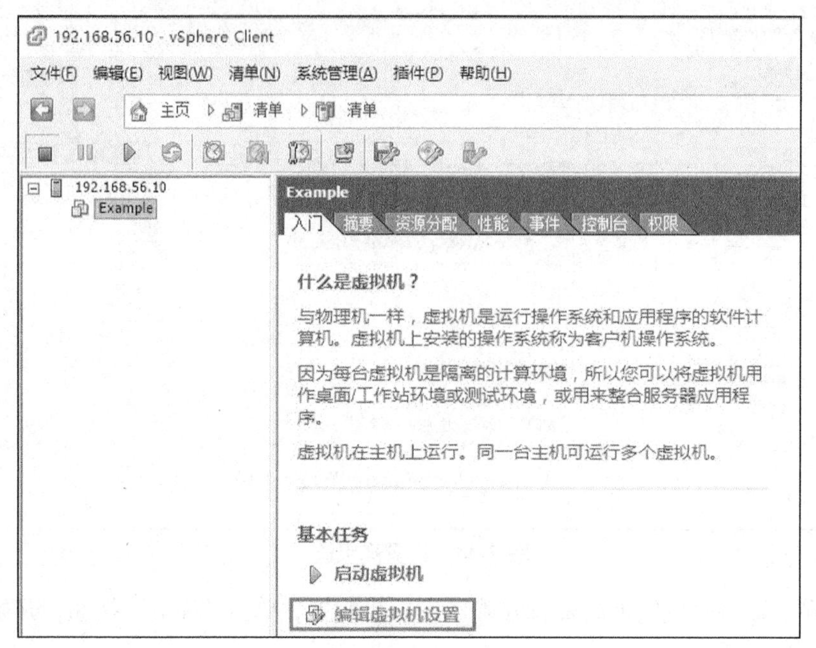

图 2-46　编辑虚拟机配置

（15）安装操作系统，从光驱引导，选择光驱设置，在“设备类型”选项组中有客户端设备、主机设备和数据存储 ISO 文件，如图 2-47 所示。

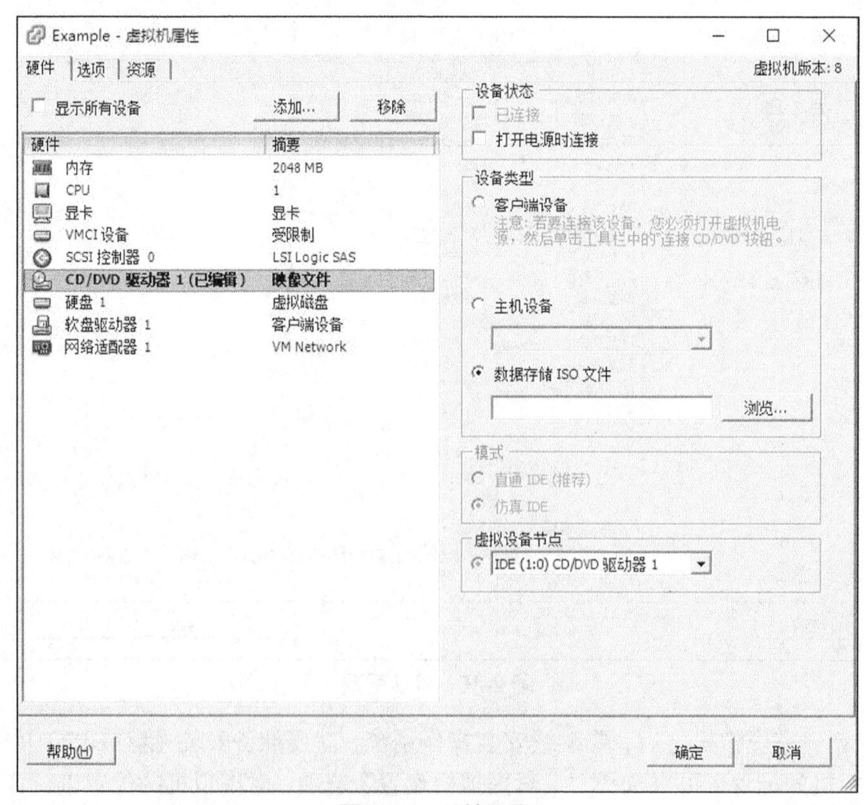

图 2-47　硬件设置

● 客户端设备：指使用 VMware vSphere Client 访问终端的 CD/DVD 驱动设备，连接该设备，就必须先打开虚拟机电源，在工具栏中选择“连接 CD/DVD”选项。

● 主机设备：指在 ESXi 服务器上的光驱设备。

● 数据存储 ISO 文件：指 ESXi 能访问的存储的 ISO 文件，是部署系统最为方便简单的方式。

选择好安装设备类型后，选中“打开电源时连接”复选框。启动后选择光盘引导，就可以读取光盘了。

2.5.2 在 ESXi 上安装操作系统

将操作系统 ISO 放到 ESXi 能访问的存储上，由于是将 ESXi 安装在本地磁盘，并使用本地磁盘作为基本的虚拟机存放位置，在 ESXi 中，本地磁盘被看作是一个默认的存储，所以将操作系统 ISO 文件放置于本地磁盘上。在控制面板中右击 datastorel，在弹出的快捷菜单中选择“浏览数据存储”命令，如图 2-48 所示。

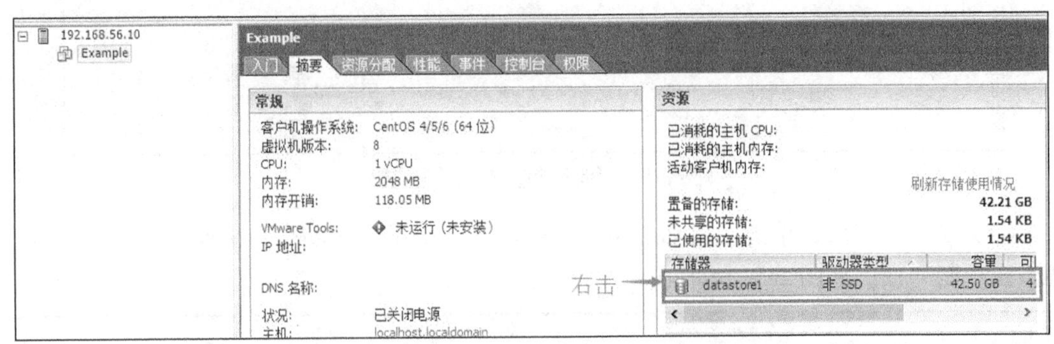

图 2-48 选择 ISO 存储

（1）在这里可以看到之前建立的以虚拟机名称命名的文件夹，里面存放的是虚拟机的文件。我们在这里要新建一个文件夹，命名为 ISO。之后进入这个文件夹，选中上传文件或者上传文件夹，如图 2-49 和图 2-50 所示。

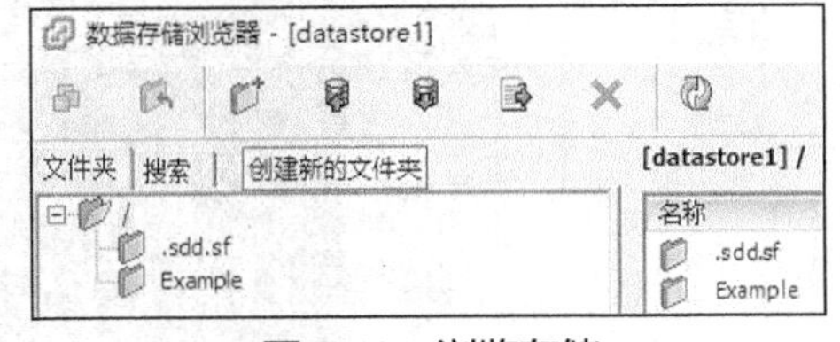

图 2-49 浏览存储

（2）选择要上载的操作系统 ISO 文件或者文件夹后单击“打开”按钮开始上传，如图 2-51 所示。

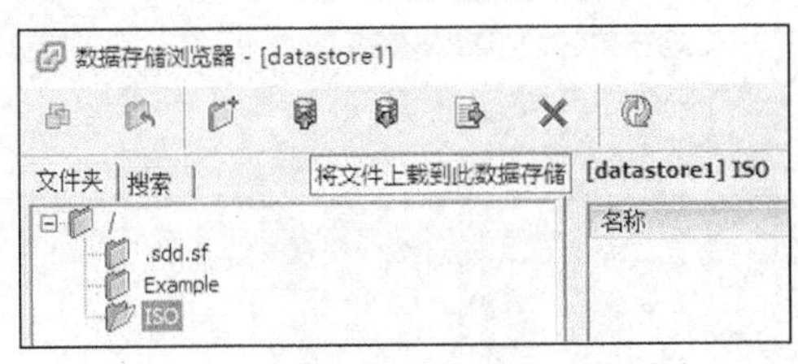

图 2-50 选择上传文件或上传文件夹

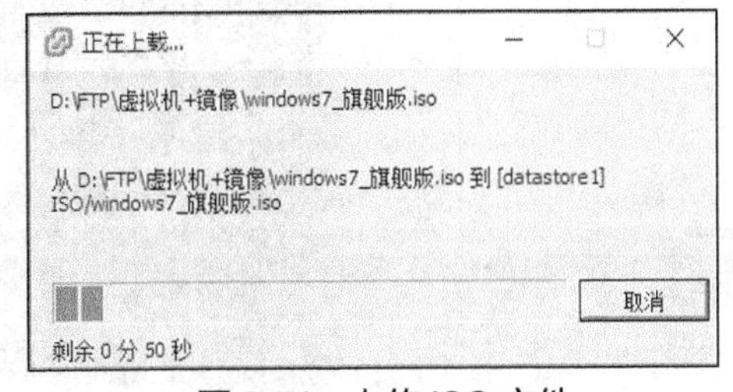

图 2-51 上传 ISO 文件

（3）回到虚拟光驱设置界面，选择“数据存储 ISO 文件”单选按钮，单击“浏览”按钮，选择刚才上传的操作系统 ISO 文件，选中“打开电源时连接”复选框，如图 2-52 所示。

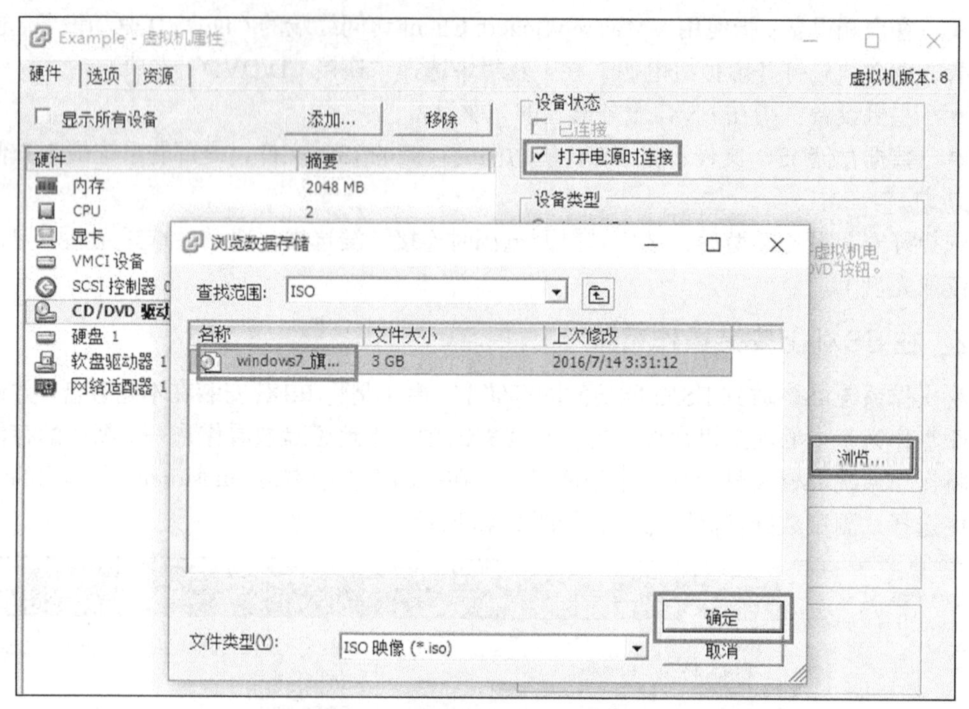

图 2-52　绑定映像文件到虚拟机

（4）设置完成后，单击“启动虚拟机”按钮，再单击“启动虚拟机控制台”按钮打开虚拟机控制界面，如图 2-53 所示。

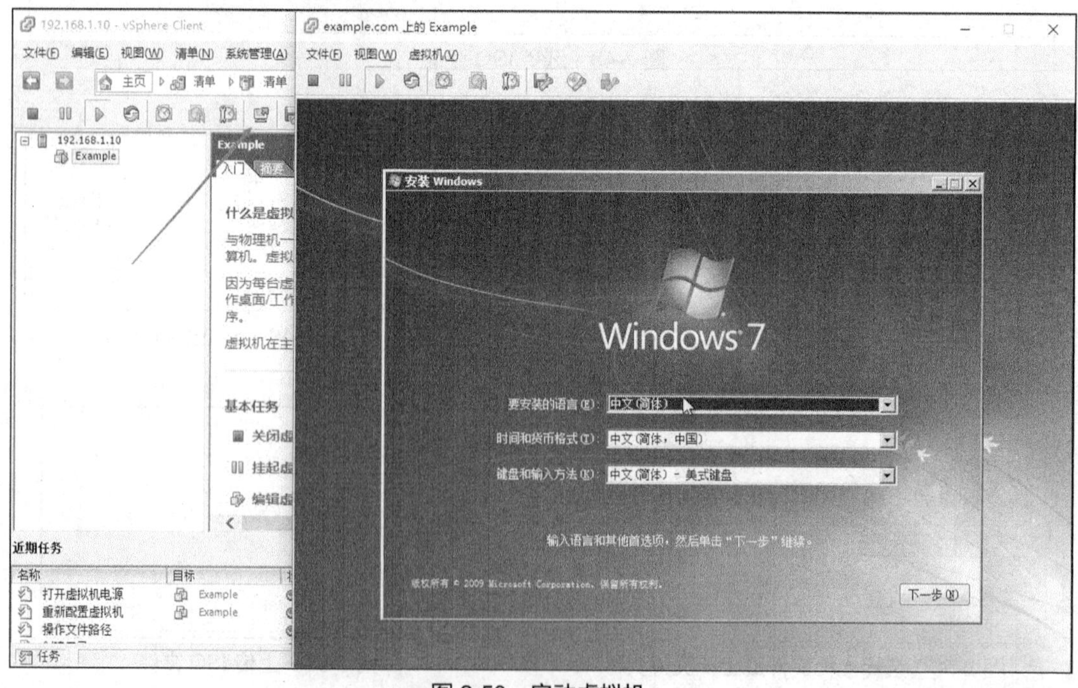

图 2-53　启动虚拟机

（5）在虚拟机中按照提示安装操作系统直至安装完成。若要从虚拟机控制界面释放鼠标，按 Ctrl+Alt 组合键即可，虚拟机控制台如图 2-54 所示。

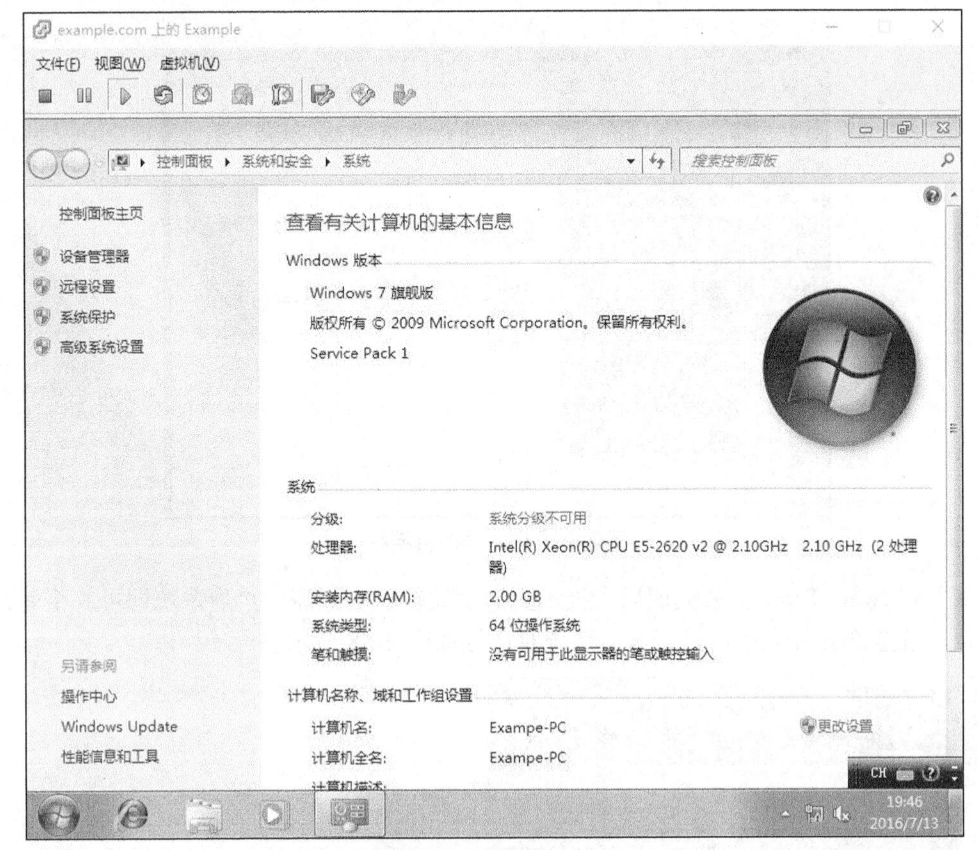

图 2-54　虚拟机控制台

（6）VMware Tools 是 VMware 虚拟机中自带的一种增强工具，提供增强虚拟显卡和硬盘性能及同步虚拟机与主机时钟的驱动程序，可实现主机与虚拟机之间的文件共享，支持自由拖曳的功能。鼠标指针也可以在虚拟机与主机之间自由移动（不再按 Ctrl+Alt 组合键），且虚拟机屏幕也可以实现全屏化。安装 VMware Tools 十分简单，只要在控制面板上依次选择“清单”→“虚拟机”→“客户机”→“安装/升级 VMware Tools”选项即可。它会自动替换 CD/DVD 的 ISO 文件进行安装，如图 2-55 所示。

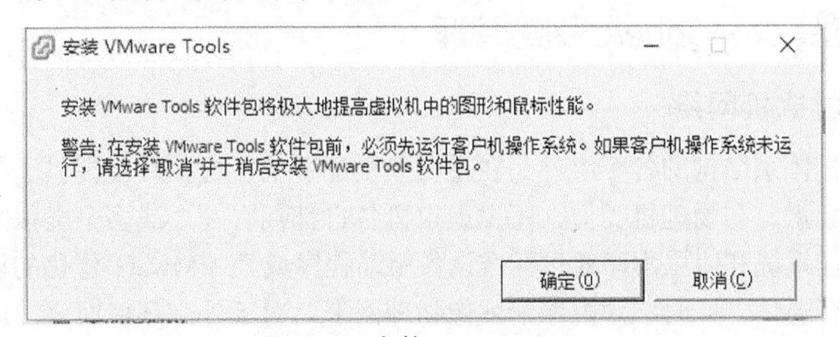

图 2-55　安装 VMware Tools

（7）进入虚拟机系统，开始安装 VMware Tools，如图 2-56 所示。

（8）VMware Tools 有 3 种安装方式，可根据自己的需求来选择，如图 2-57 所示。

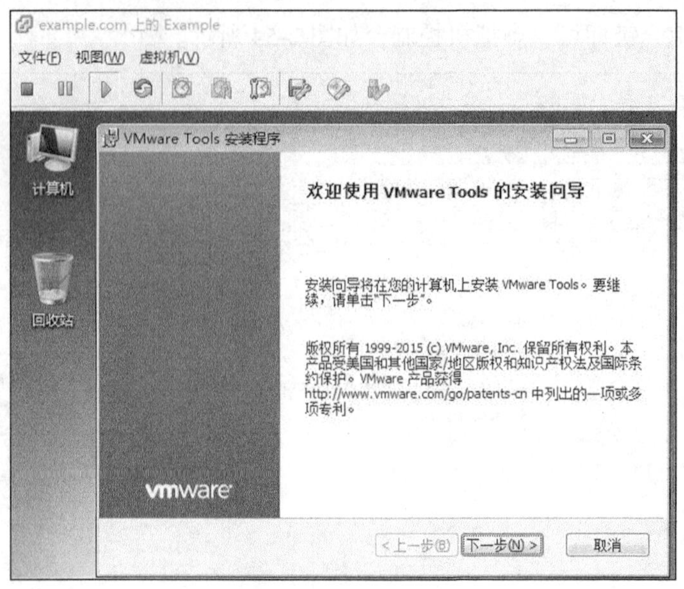

图 2-56 进入虚拟机系统

（9）VMware Tools 安装完成后会提示重启生效，这时只需要重启系统即可。至此，一个虚拟机就全部安装完毕，是否重启系统对话框如图 2-58 所示。

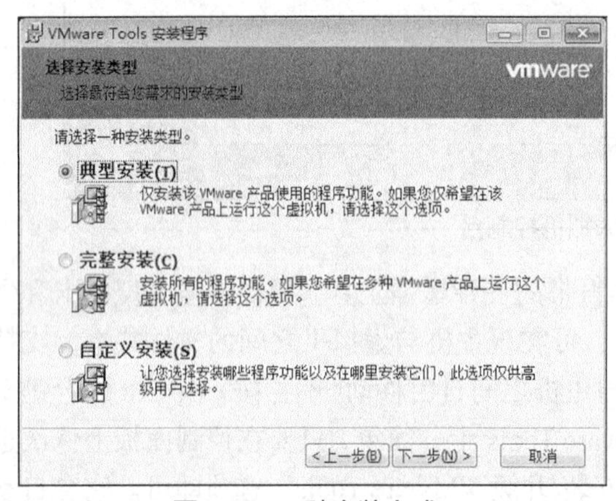

图 2-57 3 种安装方式

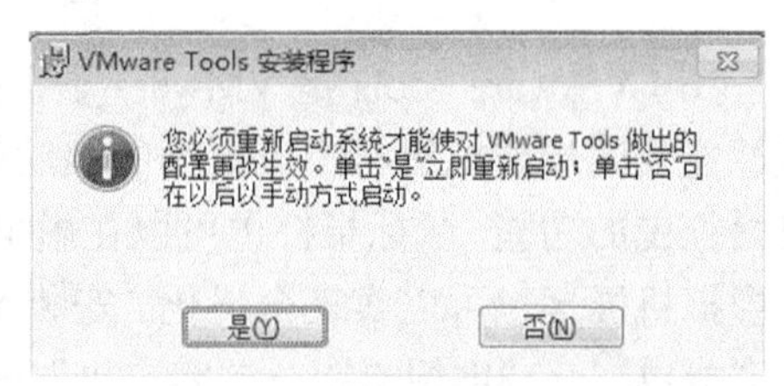

图 2-58 是否重启系统对话框

2.6 VMware vSphere 网络管理

2.6.1 创建虚拟机网络

标准交换机体系结构的各个组件是在主机级别配置的，虚拟环境提供了与物理环境类似的网络连接元素。与物理机类似，每个虚拟机各自都拥有一个或多个虚拟网络适配器或虚拟网卡。操作系统和应用程序通过标准设备驱动程序或经 VMware 优化的设备驱动程序与虚拟网卡进行通信，此时，虚拟网卡就像物理网卡。对于外部环境而言，虚拟网卡具有自己的 MAC 地址以及一个或多个 IP 地址，和物理网卡一样，它也能对标准以太网协议做出准确的响应。具体设置步骤如下。

（1）在清单窗格中选择主机，打开“配置”选项卡，在“网络”选项中可以看到 ESXi

服务器的网络设置。在 ESXi 系统装好后，系统会使用第一块网卡自动创建一个交换机，并且创建两个端口组，其中一个是虚拟机通信端口组，一个是管理 ESXi 的控制通道端口，如图 2-59 所示。

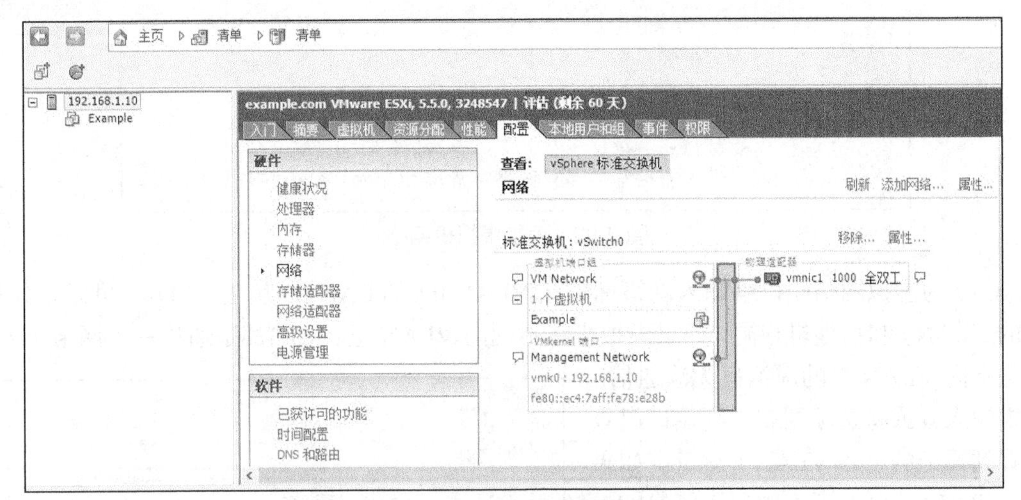

图 2-59　系统自动创建交换机

（2）物理网卡是默认使用的服务器的第一块网卡 vmnic0，并且使用这块网卡的 vSwitch0 为默认的交换机。黑色部分为虚拟交换机，右边为物理网络，左边为上行线路虚拟机网络，如图 2-60 所示。

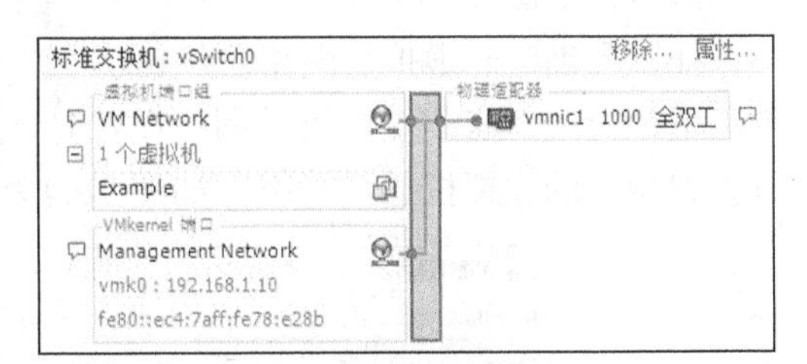

图 2-60　虚拟交换机

（3）下面就在 vSwitch0 上创建一个虚拟机端口组。在标准交换机右边单击“属性”按钮，在弹出的属性窗口中，可以看到虚拟交换机的基本信息，如图 2-61 所示。

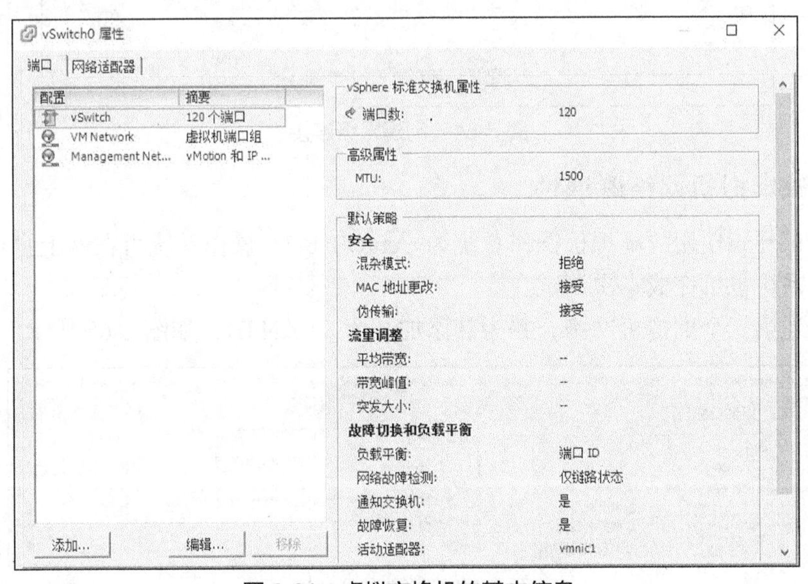

图 2-61　虚拟交换机的基本信息

（4）在“端口”选项卡中，单击“添加”按钮，在弹出的对话框中选择虚拟机，添加有标记的网络，以处理虚拟机网络流量。VMkernel 网络接口为主机提供网络连接，并且处理 VMware vMotion、IP 存储器和 Fault Tolerance。选中“虚拟机”单选按钮，如图 2-62 所示。

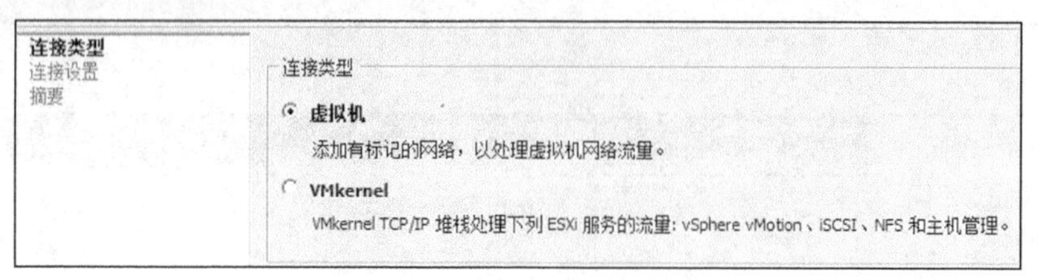

图 2-62　添加虚拟机网络

（5）为虚拟网络端口组输入网络标签和 VLAN ID。VLAN ID 从 1～4094，可以划分不同的 VLAN。和物理机相同，如果虚拟机在不同的 VLAN 里，虽然都是通过一个网卡出入，但是不同 VLAN 里的虚拟机无法通信。如果输入 0 或将选项留空，则端口组只能看到标记的（非 VLAN）流量。如果输入 4095，端口组可检测到任何 VLAN 上的流量，如图 2-63 所示。

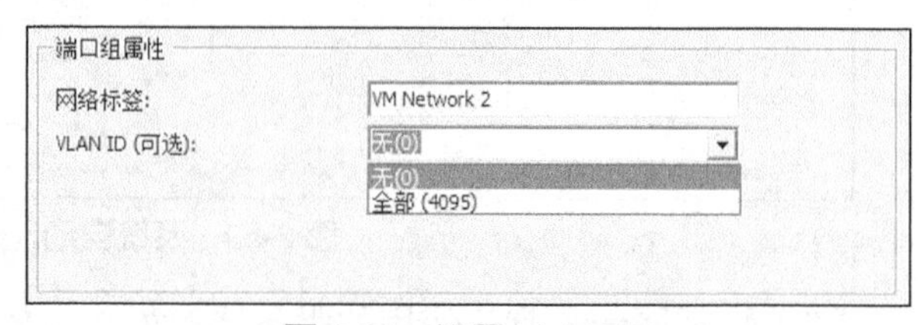

图 2-63　设置 VLAN ID

（6）当创建好虚拟机网络后，再次创建虚拟机或者修改虚拟机的网络设置时，就能看到创建的 VM Network 2 网络端口组，可以设置相应的虚拟机通信网络，如图 2-64 所示。

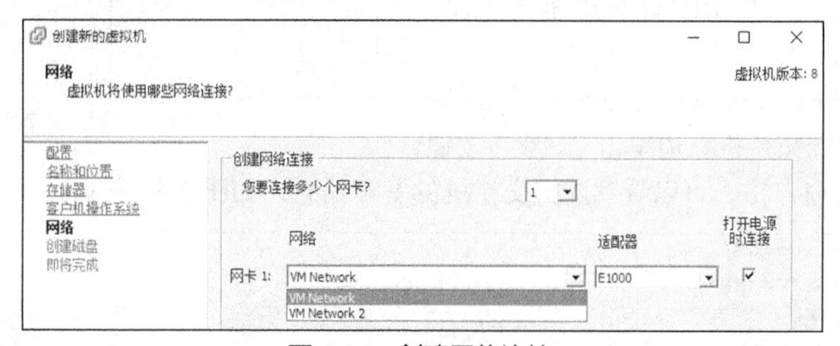

图 2-64　创建网络连接

2.6.2　测试虚拟机网络联通性

本次测试环境使用的虚拟机操作系统为 CentOS 6.7，操作系统可在网上自行下载，使用其他操作系统也可完成本次测试。

（1）创建第三个虚拟机网络，并为其添加一个 VLAN ID，如图 2-65 所示。

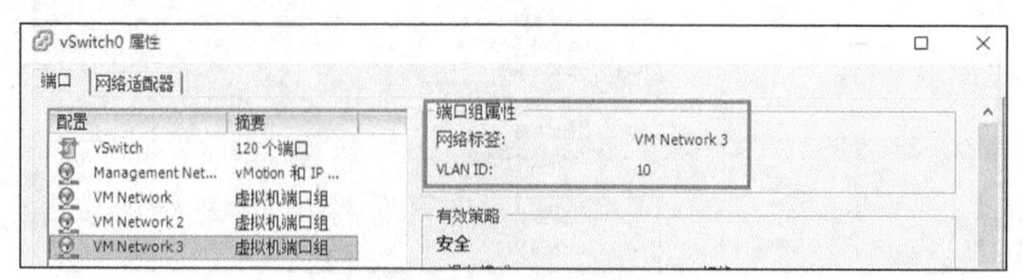

图 2-65　添加 VLAN ID

（2）创建 3 个使用不同的虚拟机网络的虚拟机，一个使用 VM Network，一个使用之前创建的 VM Network 2，还有一个虚拟机使用 VM Network 3，其网卡属性配置如图 2-66～图 2-68 所示。

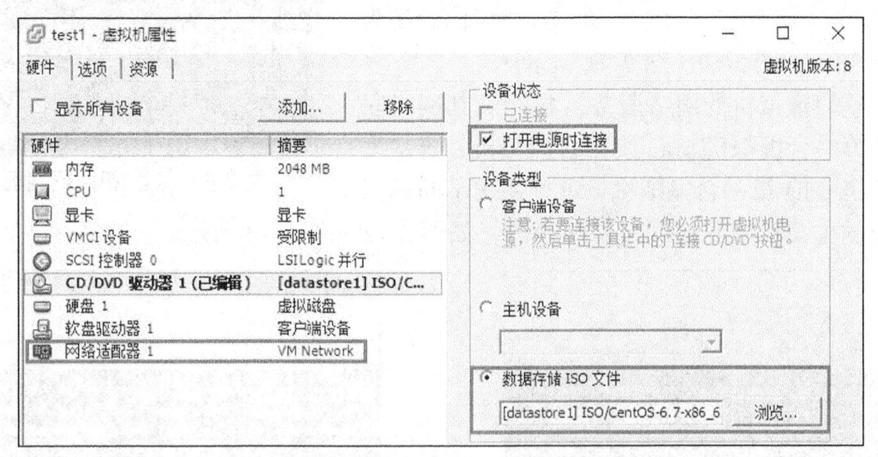

图 2-66　配置虚拟机 1 网卡属性

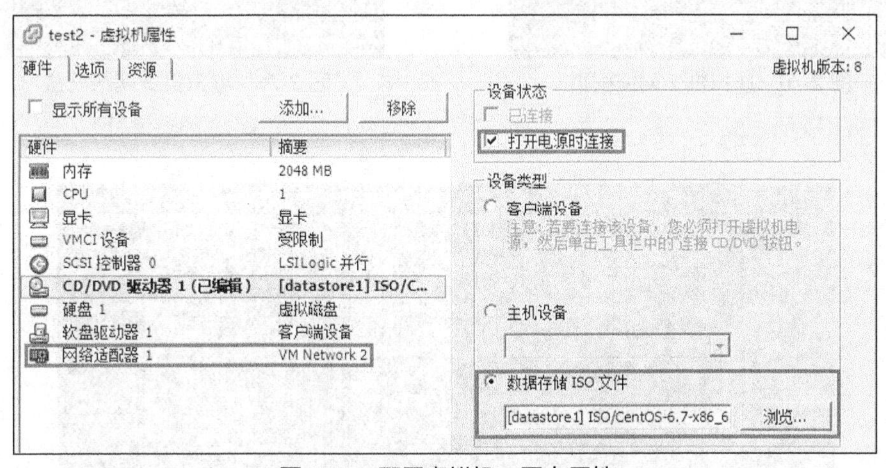

图 2-67　配置虚拟机 2 网卡属性

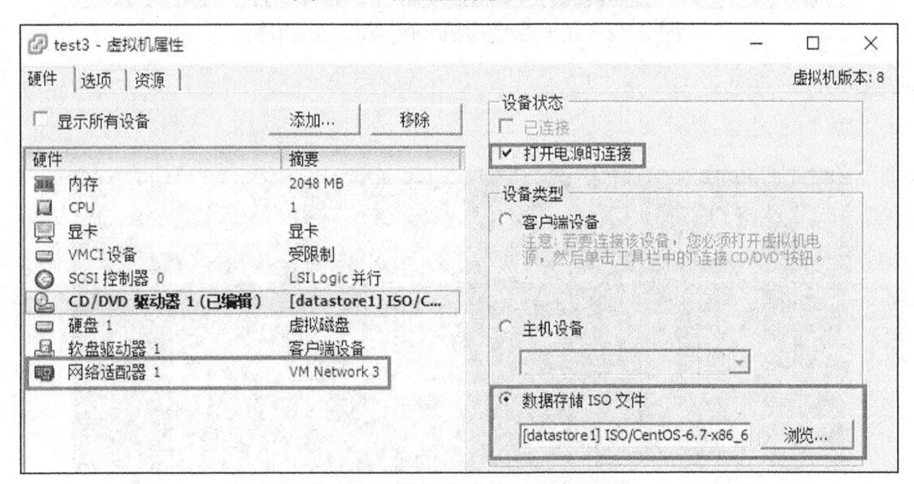

图 2-68　配置虚拟机 3 网卡属性

（3）安装完 CentOS 6.7 操作系统以后，首先对 3 台虚拟机进行网络的配置，将第一台虚拟机 IP 地址配置为 192.168.1.11，将第二台虚拟机 IP 地址配置为 192.168.1.22，将第三台虚拟机 IP 地址配置为 192.168.1.33，如图 2-69～图 2-71 所示。

（4）重启虚拟机的网络服务，再测试其网络联通性。从第一台虚拟机 ping 第二台虚拟机，再从第二台虚拟机 ping 第一台虚拟机，可见使用不同虚拟机端口组的虚拟机之间的网络是互通的，如图 2-72 和图 2-73 所示。

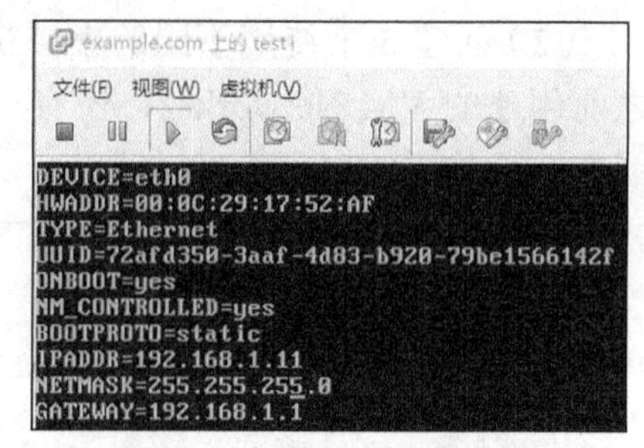

图 2-69　虚拟机 1 网络配置

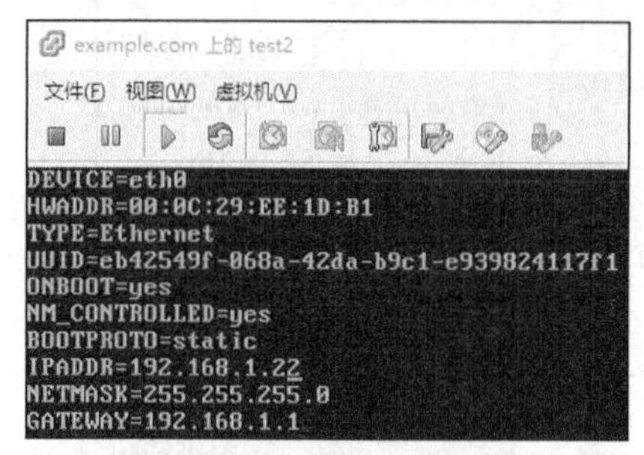

图 2-70　虚拟机 2 网络配置

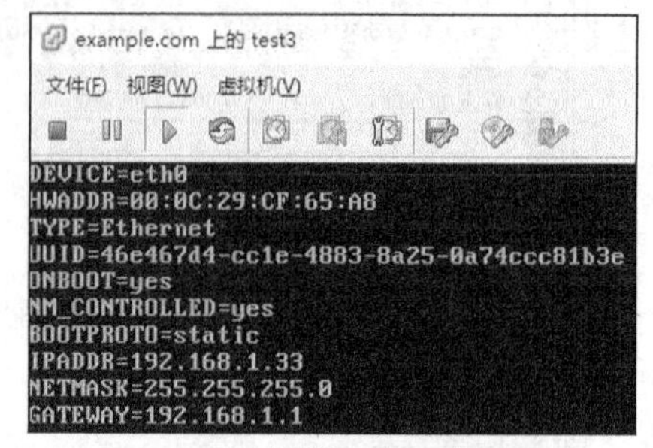

图 2-71　虚拟机 3 网络配置

```
service network restart
```

```
[root@test1 ~]# service network restart
Shutting down interface eth0:                              [  OK  ]
Shutting down loopback interface:                          [  OK  ]
Bringing up loopback interface:                            [  OK  ]
Bringing up interface eth0:  Determining if ip address 192.168.1.11 is already i
n use for device eth0...
                                                           [  OK  ]
[root@test1 ~]# ping 192.168.1.22
PING 192.168.1.22 (192.168.1.22) 56(84) bytes of data.
64 bytes from 192.168.1.22: icmp_seq=1 ttl=64 time=0.478 ms
64 bytes from 192.168.1.22: icmp_seq=2 ttl=64 time=0.223 ms
64 bytes from 192.168.1.22: icmp_seq=3 ttl=64 time=0.189 ms
64 bytes from 192.168.1.22: icmp_seq=4 ttl=64 time=0.174 ms
^C
--- 192.168.1.22 ping statistics ---
4 packets transmitted, 4 received, 0% packet loss, time 3705ms
rtt min/avg/max/mdev = 0.174/0.266/0.478/0.123 ms
[root@test1 ~]# _
```

图 2-72　第一台虚拟机 ping 第二台虚拟机

```
service network restart
ping 192.168.1.11
```

```
[root@test2 ~]# service network restart
Shutting down loopback interface:                          [  OK  ]
Bringing up loopback interface:                            [  OK  ]
Bringing up interface eth0:  Determining if ip address 192.168.1.22 is already i
n use for device eth0...
                                                           [  OK  ]
[root@test2 ~]# ping 192.168.1.11
PING 192.168.1.11 (192.168.1.11) 56(84) bytes of data.
64 bytes from 192.168.1.11: icmp_seq=1 ttl=64 time=0.242 ms
64 bytes from 192.168.1.11: icmp_seq=2 ttl=64 time=0.194 ms
64 bytes from 192.168.1.11: icmp_seq=3 ttl=64 time=0.223 ms
64 bytes from 192.168.1.11: icmp_seq=4 ttl=64 time=0.211 ms
^C
--- 192.168.1.11 ping statistics ---
4 packets transmitted, 4 received, 0% packet loss, time 3424ms
rtt min/avg/max/mdev = 0.194/0.217/0.242/0.022 ms
[root@test2 ~]# _
```

图 2-73　第二台虚拟机 ping 第一台虚拟机

（5）接着测试带有 VLAN ID 的虚拟机端口组网络的虚拟机与没有 VLAN ID 的虚拟机端口组网络的互通情况。从第一台虚拟机 ping 第三台虚拟机，再从第三台虚拟机 ping 第一台、第二台虚拟机，可以看出，被 VLAN 隔离的网络与不带 VLAN ID 的网络之间是不能通信的，如图 2-74 和图 2-75 所示。

```
ping 192.168.1.33
```

```
[root@test1 ~]# ping 192.168.1.33
PING 192.168.1.33 (192.168.1.33) 56(84) bytes of data.
From 192.168.1.11 icmp_seq=2 Destination Host Unreachable
From 192.168.1.11 icmp_seq=3 Destination Host Unreachable
From 192.168.1.11 icmp_seq=4 Destination Host Unreachable
^C
--- 192.168.1.33 ping statistics ---
6 packets transmitted, 0 received, +3 errors, 100% packet loss, time 5056ms
pipe 3
[root@test1 ~]# _
```

图 2-74 第一台虚拟机 ping 第三台虚拟机

```
service network restart
ping 192.168.1.11
ping 192.168.1.22
```

```
[root@test3 ~]# service network restart
Shutting down loopback interface:                          [  OK  ]
Bringing up loopback interface:                            [  OK  ]
Bringing up interface eth0:  Determining if ip address 192.168.1.33 is already i
n use for device eth0...
                                                           [  OK  ]
[root@test3 ~]# ping 192.168.1.11
PING 192.168.1.11 (192.168.1.11) 56(84) bytes of data.
From 192.168.1.33 icmp_seq=2 Destination Host Unreachable
From 192.168.1.33 icmp_seq=3 Destination Host Unreachable
From 192.168.1.33 icmp_seq=4 Destination Host Unreachable
^C
--- 192.168.1.11 ping statistics ---
4 packets transmitted, 0 received, +3 errors, 100% packet loss, time 3664ms
pipe 3
[root@test3 ~]# ping 192.168.1.22
PING 192.168.1.22 (192.168.1.22) 56(84) bytes of data.
From 192.168.1.33 icmp_seq=2 Destination Host Unreachable
From 192.168.1.33 icmp_seq=3 Destination Host Unreachable
From 192.168.1.33 icmp_seq=4 Destination Host Unreachable
^C
--- 192.168.1.22 ping statistics ---
4 packets transmitted, 0 received, +3 errors, 100% packet loss, time 3866ms
pipe 3
[root@test3 ~]# _
```

图 2-75 第三台虚拟机 ping 第一台、第二台虚拟机

2.7 VMware vSphere 存储管理

2.7.1 通过 ISCSI 挂载共享存储

通过 ISCSI 挂载共享存储的具体步骤如下。

（1）选择一台虚拟机，编辑虚拟机的配置，添加一块新的硬盘，如图 2-76 所示。

（2）指定磁盘的大小，并将“磁盘置备”设置为“厚置备置零”，如图 2-77 所示。

（3）将模式设置为“独立”→“持久”，如图 2-78 所示。

（4）完成磁盘添加后，在弹出的虚拟机属性中修改 SCSI 控制器总线共享方式为“虚

拟”，如图 2-79 所示。

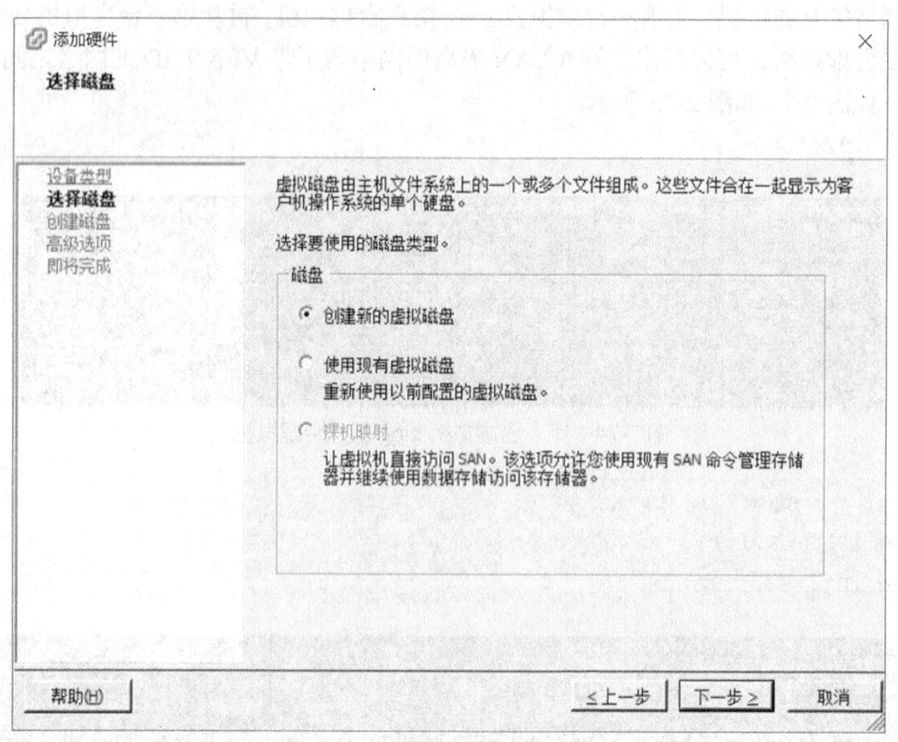

图 2-76　添加虚拟机的虚拟磁盘

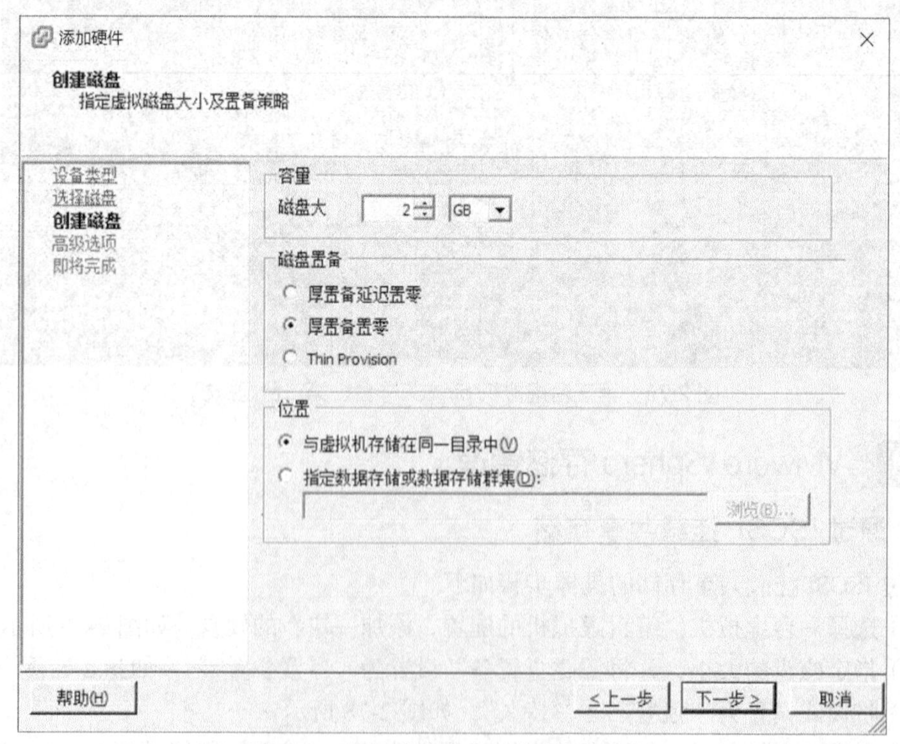

图 2-77　设置磁盘大小及磁盘置备类型

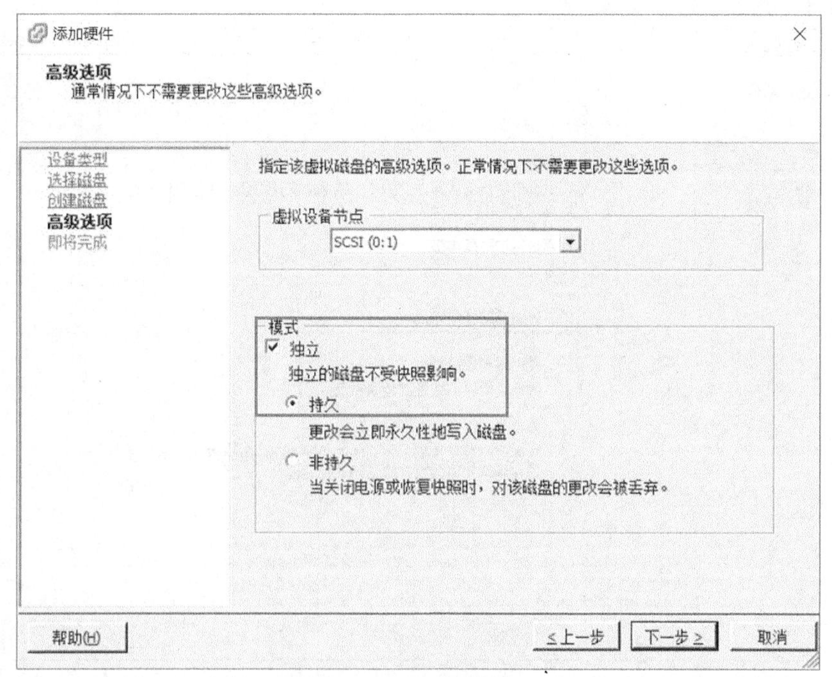

图 2-78　选择磁盘模式

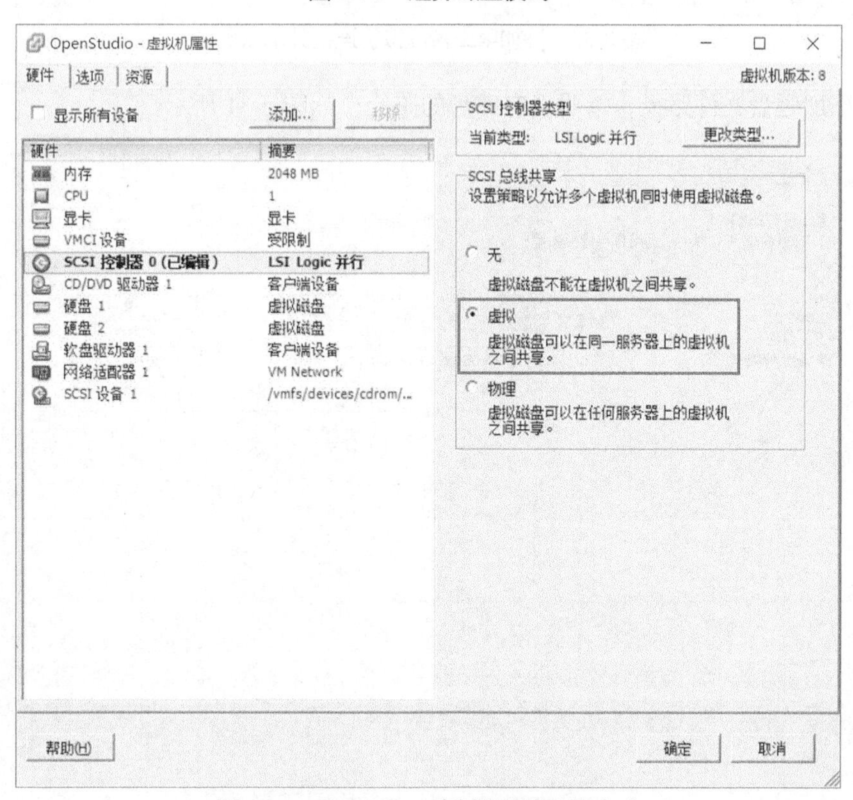

图 2-79　修改 SCSI 控制器总线共享方式

（5）添加第二台虚拟机连接共享磁盘，添加硬盘时选择“使用现有虚拟磁盘”单选按钮，如图 2-80 所示。

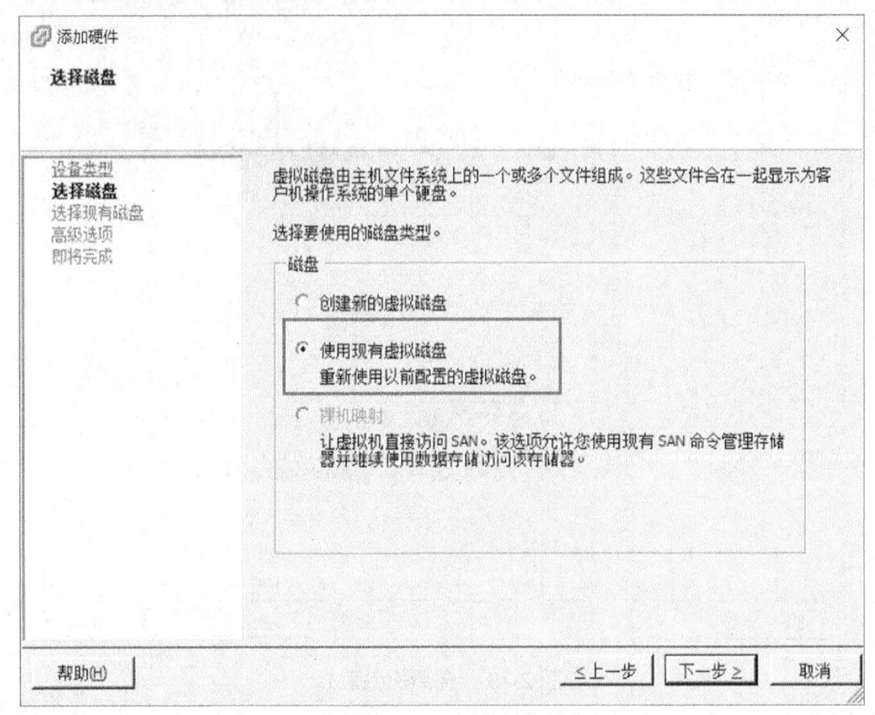

图 2-80　添加第二台虚拟机连接共享磁盘

（6）添加磁盘文件路径，指明现有磁盘的路径，如图 2-81 所示。

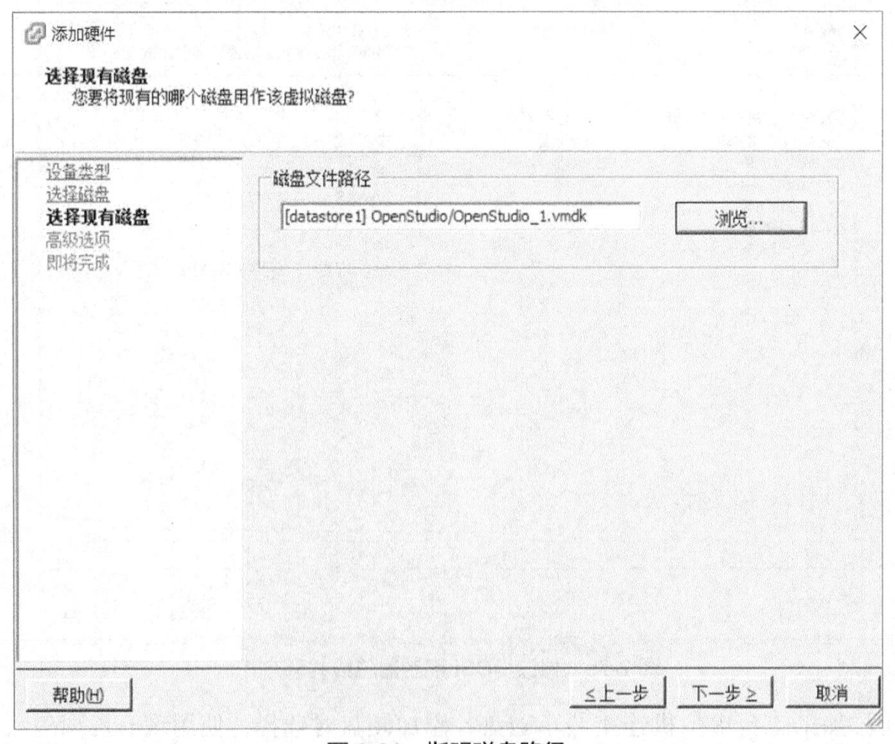

图 2-81　指明磁盘路径

（7）完成磁盘添加后，在弹出的虚拟机属性中，在“SCSI 总线共享”选项组中设置 SCSI 模式为“虚拟”，如图 2-82 所示。

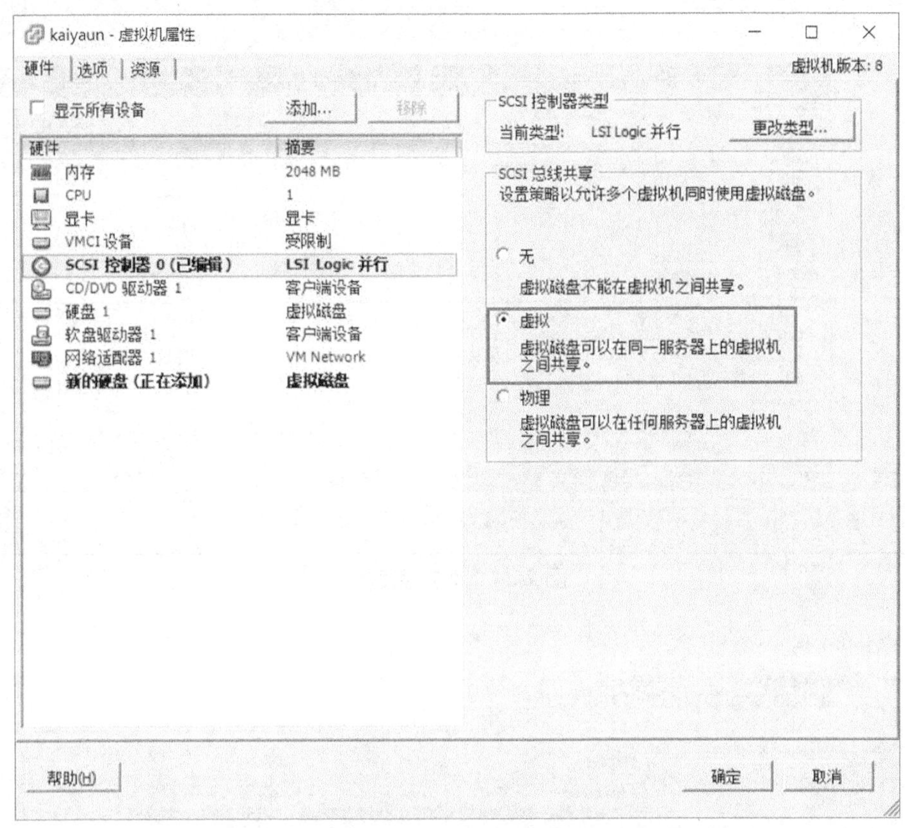

图 2-82　设置 SCSI 模式

到此为止，挂载虚拟磁盘的操作就结束了。验证的方法也很简单，直接打开虚拟机的电源，没有出现报错或者警告，就说明已经配置成功，如图 2-83 所示。

近期任务

名称	目标	状态	详细信息	启动者	请求开始时间	开始时间	完成时间
打开虚拟机电源	OpenStudio	已完成		root	2016/12/26 18:22:05	2016/12/26 18:22:05	2016/12/26 18:22:07
打开虚拟机电源	kaiyaun	已完成		root	2016/12/26 18:21:55	2016/12/26 18:21:55	2016/12/26 18:21:58
重新配置虚拟机	kaiyaun	已完成		root	2016/12/26 18:21:02	2016/12/26 18:21:02	2016/12/26 18:21:03

图 2-83　验证虚拟磁盘挂载

2.7.2　通过 NFS 挂载共享存储

通过 NFS 挂载共享存储的具体步骤如下。

（1）单击“配置”选项卡中的“硬件”选项组中的“存储器”选项，在“数据存储”区域选择“添加存储器”选项，如图 2-84 所示。

（2）在弹出的“添加存储器”对话框中选择存储器类型为“网络文件系统”，如图 2-85 所示。

（3）指定网络系统文件的服务器地址，以及所在的具体位置，同时也可以为数据存储器命名，如图 2-86 所示。设置完成后单击“下 ·步”按钮。

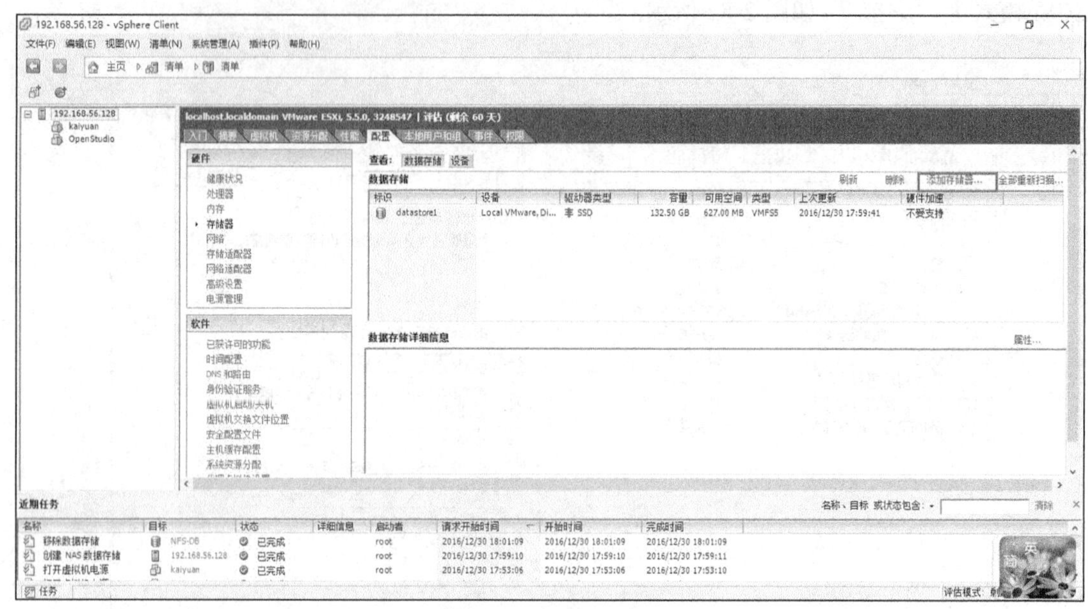

图 2-84　添加存储器

图 2-85　选择存储器类型

（4）单击“完成”按钮，完成 NFS 的挂载，如图 2-87 所示。

（5）查看 NFS 是否挂载成功，挂载成功后可以查看 NFS 的详细信息，如图 2-88 所示。

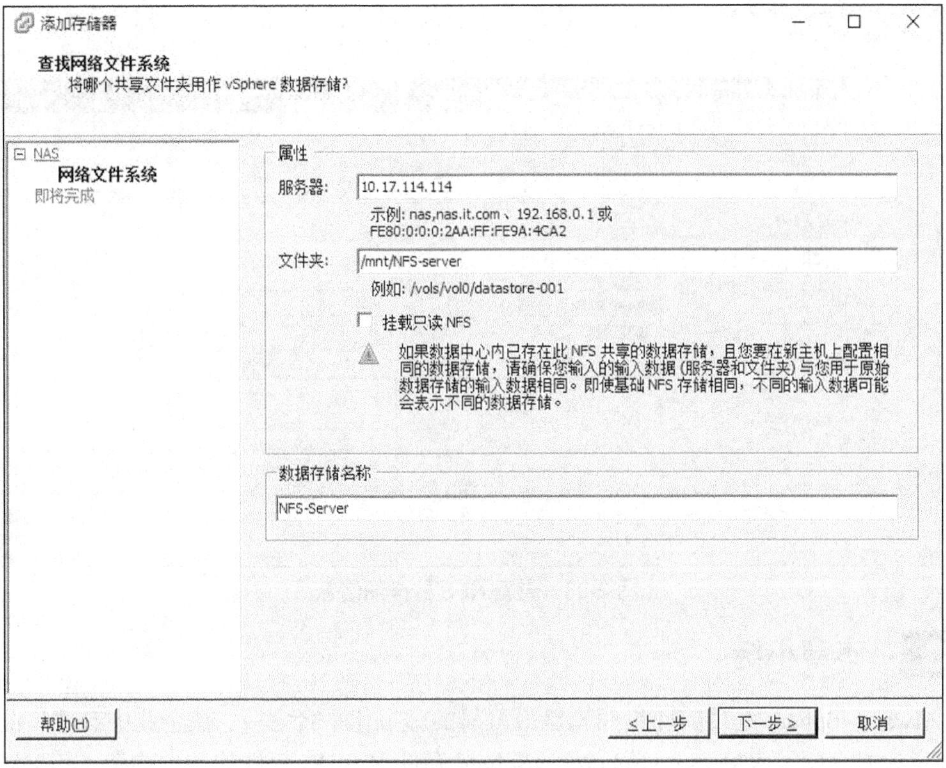

添加存储器
查找网络文件系统
将哪个共享文件夹用作 vSphere 数据存储?
NAS
网络文件系统
即将完成
属性
服务器:
10.17.114.114
示例: nas,nas.it.com、192.168.0.1 或
FE80:0:0:0:2AA:FF:FE9A:4CA2
文件夹:
/mnt/NFS-server
例如: /vols/vol0/datastore-001
挂载只读 NFS
如果数据中心内已存在此 NFS 共享的数据存储，且您要在新主机上配置相同的数据存储，请确保您输入的输入数据 (服务器和文件夹) 与您用于原始数据存储的输入数据相同。即使基础 NFS 存储相同，不同的输入数据可能会表示不同的数据存储。
数据存储名称
NFS-Server
帮助(H)
≤上一步
下一步≥
取消

图 2-86 设置网络文件系统

添加存储器
网络文件系统
以下网络文件系统将作为共享的 VMFS 数据存储添加
NAS
即将完成
检查该摘要并单击"完成"。
服务器: 10.17.114.114
文件夹: /mnt/NFS-server
卷标: NFS-Server
帮助(H)
≤上一步
完成(F)
取消

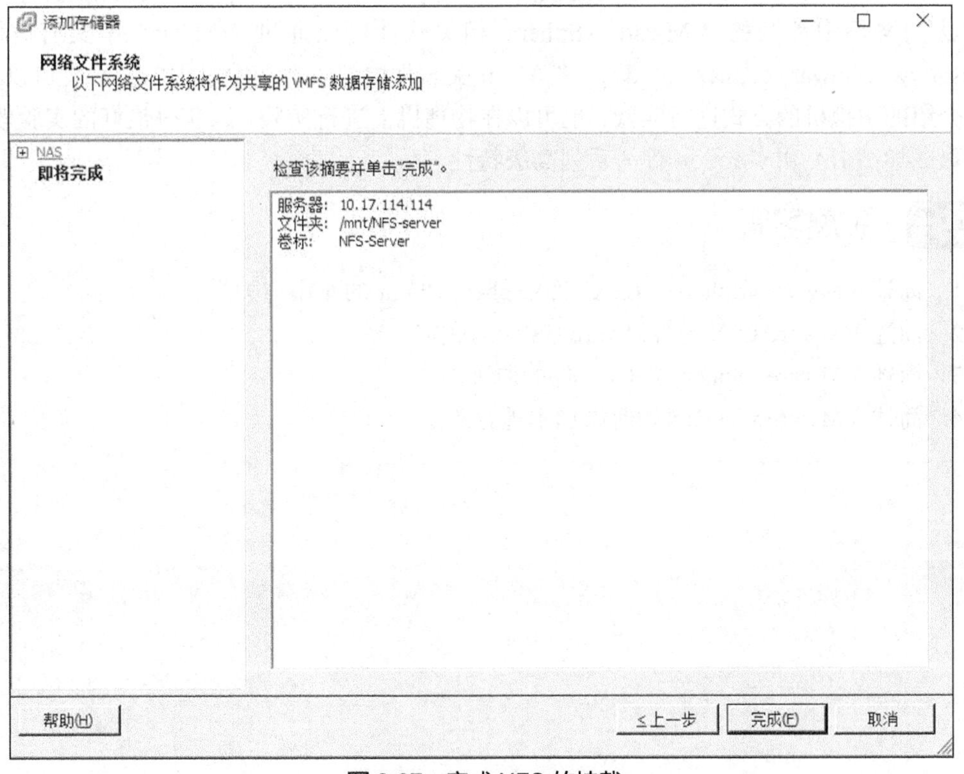

图 2-87 完成 NFS 的挂载

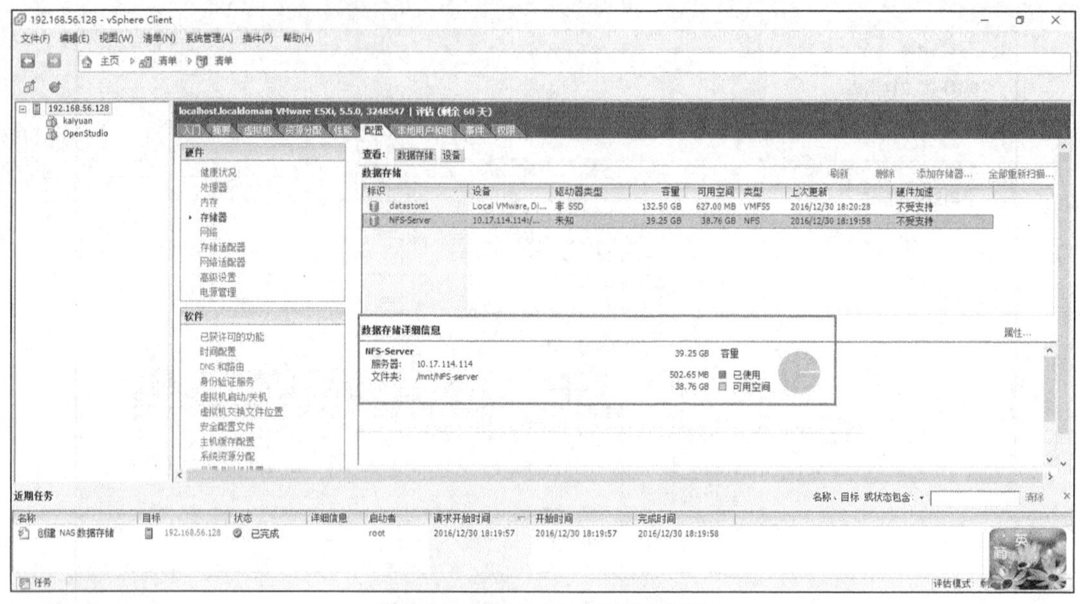

图 2-88　查看 NFS 的详细信息

2.8 本章小结

VMware vSphere 是目前业界领先且最可靠的虚拟化平台之一，在企业中有着广泛的应用。本章先是介绍了 VMware vSphere、vSphere 套件中 ESXi 套件的基本构架。其次详细讲解了 ESXi 安装方法，以及客户端的连接方式、基础的 VMware vSphere 网络管理和存储管理方法。案例中涉及的 VMware vSphere 相关软件可以通过 VMware 中文官方网站（https://www.vmware.com.cn）下载，并遵守相关软件协议。在实验过程中，读者可以通过本书介绍的虚拟机的方式进行实验，也可以在物理机上进行实验，以获得最好的实验效果，并且可以尝试 HA 和 vMotion 等一系列高级特性。

2.9 扩展习题

1. 简述 VMware vSphere、ESXi 及 vSphere Client 的作用与关系。
2. 简述 VMware ESX 与 VMware ESXi 的区别。
3. 简述 VMware vSphere DRS 组件的原理。
4. 简述 VMware vSphere 如何添加本地存储。

第3章 XenServer虚拟化技术

Citrix XenServer 服务器虚拟化系统通过更快的应用交付、更高的 IT 资源可用性和利用率，让数据中心变得更加灵活、高效。XenServer 在提供关键工作负载（操作系统、应用和配置）所需的先进功能的同时，不会牺牲大规模部署所必需的易于操作的特点。利用独特的流技术，XenServer 可通过虚拟化或物理服务器快速交付各种工作负载，成为企业每台服务器的理想虚拟化平台。本章主要介绍 Citrix XenServer 服务器虚拟化，从各个方面去介绍除 VMware vSphere 虚拟化平台以外的另一个虚拟化平台。

本章教学重点

- 虚拟化平台 XenServer 7.0 简介
- XenServer 7.0 网络管理
- XenServer 实践

3.1 Citrix XenServer 简介

XenServer 是除 VMware vSphere 外的另一种服务器虚拟化平台，其功能强大、丰富，具有卓越的开放性架构、性能、存储集成和总拥有成本。Citrix XenServer 是基于开源 Xen Hypervisor 的免费虚拟化平台，该平台引进了多服务器管理控制台 XenCenter，具有关键的管理能力。通过 XenCenter 可以管理虚拟服务器、虚拟机（Virtual Machine, VM）模板、快照、共享存储支持、资源池和 XenMotion 实时迁移。Citrix XenServer 是 Citrix 推出的完整服务器虚拟化平台。XenServer 软件包中包含创建与管理在 Xen（性能接近本机性能的开源半虚拟化虚拟机管理程序）上运行的虚拟 x86 计算机部署所需的全部内容。XenServer 已针对 Windows 和 Linux 虚拟服务器进行了优化。Citrix XenServer 是一种全面的企业级虚拟化平台，用于实现虚拟数据中心的集成、管理和自动化。一整套服务器虚拟化工具可在整个数据中心内节约成本，更高的数据中心灵活性和可靠性可为企业提供高性能支持。此外，多种新特性可以有效地管理虚拟网络，将所有虚拟机连接在一起，并为各应用用户分配虚拟机管理接入权限。

3.1.1 XenServer 功能特性

从管理基础架构到优化长期 IT 运营，从实现关键流程的自动化到交付 IT 服务，XenServer 都能够提供必要的功能来满足企业的 IT 要求，帮助企业将数据中心转变为 IT 服务交付中心。

1. 利用 XenServer 实现数据中心业务连续性

利用 Citrix XenServer，可以自动完成关键 IT 流程，来改进虚拟环境中的服务交付，提高业务连续性，节约时间和成本，同时提供响应更灵敏的 IT 服务。XenServer 的业务连续性包括以下几点。

（1）站点恢复。为虚拟环境提供站点间的灾难恢复规划和服务。站点恢复易于设置，恢复操作非常快速，而且可以定期测试，以确保灾难恢复计划的有效性。

（2）动态工作负载均衡。可在一个资源池中的两台虚拟机之间自动均衡负载，进而提高系统利用率和应用性能。工作负载均衡可对应用要求和可用的硬件资源进行匹配，进而智能地将虚拟机放置到资源池中最适当的主机上。

（3）高可用性。当虚拟机、虚拟机管理系统或服务器发生故障时自动重启虚拟机。这种自动重启功能可以保护所有虚拟化应用，同时为企业带来更高的可用性。

（4）主机电源管理。利用嵌入式硬件特性，动态地将虚拟机整合到数量更少的系统中，在服务需求波动时关闭未得到充分利用的服务器，进而降低数据中心的功耗。

（5）自动 VM 保护和恢复。利用简便易用的设置向导，管理员可以创建快照并对策略进行存档。定期快照可在出现虚拟机故障时帮助防止数据丢失。制定的策略基于快照类型、频率、所保存的历史数据量及归档位置。只需选择最后一个良好的已知归档就可以删除虚拟机。

（6）内存优化。在主机服务器上的虚拟机之间共享未使用的服务器内存，进而降低成本，提高应用性能，并实现更有效的保护。

2. 利用 XenServer 实现高级集成和管理

有了 Citrix XenServer 的增强版，还可以利用多种先进的功能实现物理和虚拟资源的全面集成，并打造可以更细粒度地进行管理的虚拟环境。XenServer 的高级集成和管理包括以下几点。

（1）StorageLink。Citrix StorageLink 可提供与领先网络存储平台的集成，使存储管理员可以利用现有的数据管理工具和统一的管理流程来管理物理及虚拟环境。主要数据管理流程可从单一 StorageLink 界面上启动。

（2）带可授权管理功能的 Web 管理控制台。Web Self Service（网页自服务）可以为 IT 管理员提供一个简单的 Web 控制台，将各虚拟机的管理权限分配给应用所有者，同时提供一种方法来帮助应用所有者轻松地管理虚拟机的日常运行。

（3）应用置备服务。通过创建一系列黄金镜像来降低存储要求。这些黄金镜像能够传输到物理和虚拟服务器上，实现快速、一致而可靠的应用部署。

（4）IntelliCache。XenServer 优化可降低 XenDesktop 安装的总体成本并提高性能。XenServer 使用本地存储作为启动镜像和非持续性或临时数据的存储库，因此可缩短虚拟桌面启动时间，减少网络流量，并节约 XenDesktop 安装的总体存储成本。

（5）分布式虚拟交换。创建一个多住户、高度安全且异常灵活的网络架构，使虚拟机可以在网络中自由移动，同时确保出色的安全性和控制。分布式虚拟交换可以将不同子网桥接起来，在不同的网络、现场网络和云网络之间实现虚拟机的状态迁移，而不需要任何人工干预。

（6）异构池。它可使资源池包含使用不同处理器类型的服务器，并支持全面的XenMotion、高可用性、工作负载均衡和共享存储功能。

（7）基于角色的管理。基于角色的管理可提高安全性，使用分层访问结构和不同的权限级别实现对 XenServer 资源池的可授权访问、控制和使用。

（8）性能报告和预警。迅速接收通知和虚拟机性能历史报告，快速识别和诊断虚拟基础架构中的故障。

3. 高性能虚拟基础架构

搭建完整的虚拟基础架构，包括支持实时迁移的 64 位系统管理程序。虚拟基础架构提供的特性包括面向虚拟机和主机的集中管理控制台，以及一整套可快速构建并运行虚拟环境的工具。XenServer 的虚拟基础架构包括以下几点。

（1）XenServer。XenServer 基于 Xen 的开源设计，是一种高度可靠、可用且安全的虚拟化平台，利用 64 位架构提供接近本地的应用性能和无与伦比的虚拟机密度。XenServer 可通过一种直观的向导工具，帮助用户轻松完成服务器、存储设备和网络设置。磁盘快照及恢复可创建虚拟机和数据的定期快照，在出现故障的情况下轻松地恢复到已知的工作状态。磁盘快照还可以复制，以加快系统置备。

（2）转换工具。转换物理和虚拟服务器（P2V 和/或 V2V），加快设置和迁移，帮助快速完成向 XenServer 的转型。XenServer 中包含的转换工具可以将任何物理服务器、桌面工作负载及现有的虚拟机转换为 XenServer 虚拟机。

（3）XenCenter 多服务器管理。Citrix XenServer 可通过单一界面提供所有虚拟机监控、管理和一般管理功能，包括配置、补丁管理和虚拟机软件库等。IT 人员可以从一个安装在任何 Windows 桌面上的集中、高可用性管理控制台上轻松管理数百台虚拟机。Resilient Distributed Management Architecture（弹性分布式管理架构）可将服务器管理数据分配到资源池中的服务器上，确保没有管理故障单点。如果某台管理服务器发生故障，资源池中的任何其他服务器都可以接替它的管理功能。

（4）XenMotion。Citrix XenMotion 允许将活动虚拟机迁移到新主机上而不导致应用中断或停机，彻底避免计划外停机。

3.1.2 XenServer 系统架构

XenServer 架构与 VMware 完全不同，因为 XenServer 是利用虚拟化感知处理器和操作系统进行开发的。XenServer 的核心是开源 Xen Hypervisor。在基于 Hypervisor 的虚拟化中，有两种实现服务器虚拟化的方法：一种方法是将虚拟机器产生的所有指令都翻译成 CPU 能识别的指令格式，这会给 Hypervisor 带来大量的工作；另一种方法（VMware ESX Server 采用的就是这种方法）是直接执行大部分子机 CPU 指令，直接在主机物理 CPU 中运行指令，性能负担很小。XenServer 采用了超虚拟化和硬件辅助虚拟化技术。客户机操作系统清楚地了解它们是基于虚拟硬件运行的。操作系统与虚拟化平台的协作进一步简化了系统管理程序开发，同时改善了性能。Linux 发行版是第一批采用 Xen 进行超虚拟化的操作系统，XenServer 为许多 Linux 发行版提供超虚拟化支持，包括 Red Hat Enterprise Linux、Novell

SUSE、Debian、Oracle Enterprise Linux 和 CentOS。对于不能完全进行超虚拟化的客户机操作系统，如 Windows，XenServer 将采用硬件辅助虚拟化技术（如 Inter VT 和 AMD-V 处理器）来进行虚拟化。

在 Xen 环境中，主要有两个组成部分。一个是虚拟机监控器（VMM），又称 Hypervisor。Hypervisor 层在硬件与虚拟机之间，是必须最先载入到硬件的第一层。Hypervisor 载入后，就可以部署虚拟机了。在 Xen 中，虚拟机又称 Domain。在这些虚拟机中，其中一个扮演着很重要的角色，就是 Domain0，它具有很高的管理权限。通常，在虚拟机之前安装的操作系统才有这种权限。

Domain0 负责一些专门的工作。由于 Hypervisor 中不包含任何与硬件对话的驱动，也没有与管理员对话的接口，因此这些驱动就由 Domain0 来提供了。通过 Domain0，管理员可以利用一些 Xen 工具来创建其他虚拟机（Xen 术语为 DomainU）。这些 DomainU 也称为无特权 Domain。这是因为在基于 x86 的 CPU 架构中，它们绝不会享有最高优先级，只有 Domain0 才可以。在 Domain0 中，还会载入一个 xend 进程，这个进程会管理所有其他虚拟机，并提供这些虚拟机控制台的访问。在创建虚拟机时，管理员使用配置程序与 Domain0 直接对话。

XenServer 的设备驱动方式也与 VMware 迥异。采用 XenServer，所有虚拟机与硬件的互操作行为都通过 Domain0 控制域进行管理，而 Domain0 控制域本身就是基于 Hypervisor 运行的、具有特定权限的虚拟机。Domain0 运行的是安全加固型和优化型 Linux 操作系统。对管理员来说，Domain0 是整个 XenServer 系统的一部分，不需要任何安装或管理。正因为如此，XenServer 可采用任意标准的开源 Linux 设备驱动，从而实现对各种硬件的广泛支持。

3.2 XenServer 网络管理

每个托管服务器都有一个或多个网络。XenServer 网络使用的是虚拟的以太网交换机，它可以连接到外部接口（带或不带 VLAN 标记），或者是单个服务器或池内部完全虚拟的网络。在物理服务器上安装 XenServer 后，系统将为该服务器上的每个物理 NIC 创建一个网络。该网络虚拟机上的虚拟网络接口（VIF）在主机服务器上的网络接口卡（NIC）所关联的物理网络接口（PIF）之间起到桥接的作用。

将托管服务器移至资源池中时，这些默认网络将合并，这样，设备名称相同的所有物理 NIC 都将连接到同一个网络。通常，只有当希望创建内部网络、使用现有 NIC 设置新 VLAN 或创建 NIC 绑定时，才需要添加一个新网络。最多可为每个托管服务器配置 16 个网络，或者最多配置 16 个绑定的网络接口。

使用巨型帧可以优化存储通信的性能。可以在新建网络向导中为新服务器网络设置最大传输单元（MTU），或者在属性窗口中为现有网络设置最大传输单元，以允许使用巨型帧。MTU 值的允许范围为 1500～9216。

在 XenServer 内创建新网络时，有 4 种不同的物理（服务器）网络类型可供选择。

1. 单服务器专用网络

这种网络类型属于内部网络，与物理网络接口没有关联，仅在指定服务器上的虚拟机之间提供连接，不与外部连接。

2. 跨服务器专用网络

这种网络类型属于池级别的网络，在一个池中的各 VM 之间提供专用连接，但不与外部连接。跨服务器专用网络将单服务器专用网络的隔离属性与跨资源池的功能结合在一起，从而可以对连接跨服务器专用网络的 VM 使用 VM 的各种功能。尽管 VLAN 也提供类似功能，但与 VLAN 不同的是，跨服务器专用网络通过使用通用路由封装（GRE）IP 隧道协议来提供隔离功能，而无须配置物理交换机结构。要创建跨服务器专用网络，必须满足一些条件，包括池中的所有服务器必须使用 XenServer 5.6 Feature Pack 1 或更高版本，所有服务器必须使用 Open vSwitch 来进行网络连接，必须配置 vSwitch 控制器来处理 vSwitch 连接所需的初始化和配置任务（必须在 XenServer 外部完成）。

先前版本的 XenServer 允许创建单服务器专用网络，该网络允许同一台主机上运行的 VM 彼此通信。跨服务器专用网络功能，对单服务器专用网络这一概念进行了扩展，允许不同主机上的 VM 彼此通信。跨服务器专用网络将单服务器专用网络的相同隔离属性与在资源池中分布主机的额外功能结合在一起。实现这种结合后，可以通过连接跨服务器专用网络来使用各种 VM 的灵活功能。跨服务器专用网络是彻底隔离的。未连接该专用网络的 VM 无法探查通信流或将通信流注入到网络中，即使它们位于同一个物理主机上，并且通过同一个基础物理网络设备（PIF）上的虚拟网口连接到网络。

3. 外部网络

这种类型的网络与物理网络接口关联，在 VM 与外部网络之间起到桥接作用，从而使 VM 能够通过服务器的物理网络接口卡连接外部资源。

4. 绑定网络

此类网络的构成方式是将两个 NIC 绑定到一起，以创建连接 VM 与外部网络的高性能单一通道。NIC 绑定可以通过将两个物理 NIC 看成一个 NIC 来提高 XenServer 主机的恢复能力。具体而言，NIC 绑定是一种用来增加恢复能力及带宽的方法。在此方法中，管理员可以将两个 NIC 配置在一起，使其在逻辑上充当一块网卡。这两个 NIC 具有相同的 MAC 地址，对于管理接口来说，则具有一个 IP 地址，如图 3-1 所示。

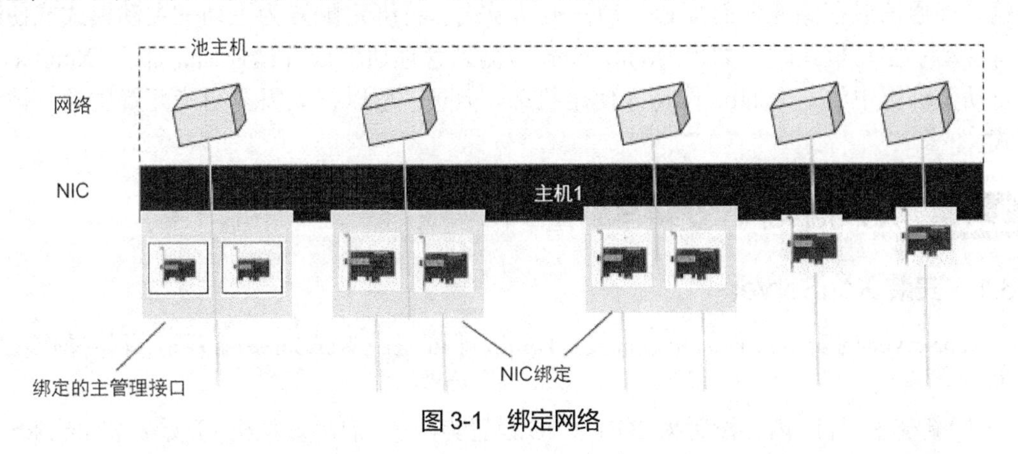

图 3-1 绑定网络

具体而言，可以将下列类型的两个网卡绑定在一起。

（1）主管理接口。可以将主管理接口绑定到另一个网卡上，以便该网卡为管理通信提供故障转移。但是，网卡绑定不会实现管理通信的负载平衡。

由 XenServer 绑定 NIC（非管理），专用于 VM 通信的网卡。绑定这些网卡不仅可提供恢复能力，而且还会在网卡之间平衡来自多个 VM 的通信。

（2）其他管理接口。可以绑定已配置为管理接口的网卡（例如，用于存储）。但是，对于大多数 iSCSI 软件发起程序存储，Citrix 建议配置多路径，而不是网卡绑定，因为绑定管理接口仅提供故障转移，而不提供负载平衡。应当注意的是，某些 iSCSI 存储阵列（如 Dell EqualLogic）必须使用绑定。

如果需要冗余需求，则可以将绑定中的每个 NIC 连接到同一个或不同的交换机。如果将其中一个 NIC 连接到另一个冗余的交换机，则在某个 NIC 或交换机出现故障时，通信将故障转移到另一个 NIC。绑定的网卡连接到两个交换机时，这两个交换机必须以堆栈配置模式运行。

网络绑定支持两种绑定模式：主动—主动（主动—备份）和主动—被动（主动—备份）。

① 主动—主动。

在此模式下，将在两个绑定的 NIC 之间平衡通信，如果绑定的一个 NIC 出现故障，则主机的所有网络通信将自动通过另一个 NIC 进行路由。此模式可以在绑定的两个物理 NIC 之间实现虚拟机通信的负载平衡。尽管 NIC 绑定可以为来自多个 VM 的通信提供负载均衡，但是不能为单个 VM 提供两个虚拟网卡通信通路。任何给定虚拟网卡一次只能使用绑定中的一个链接。当 XenServer 重新平衡通信时，虚拟网卡不会永久分配给绑定中的某个特定网卡。但是，对于具有高吞吐量的虚拟网卡，周期性重新平衡可确保链接上的负载基本相等。

② 主动—被动（主动—备份）。

在此模式下，只有一个绑定的 NIC 处于活动状态；当且仅当活动 NIC 发生故障时，非活动 NIC 才变为活动状态，从而实现热备用功能。主动—主动模式是 XenServer 中的默认绑定配置，如果要使用主动—被动模式，必须配置该模式。用户不必仅仅因为网络传输管理通信或存储通信而配置主动—被动模式。将绑定配置为主动—主动模式或使其保持主动—主动模式时，如果 XenServer 检测到管理通信或存储通信，那么 XenServer 会自动使绑定中的一个 NIC 保持未使用状态。但是，可以根据需要明确配置主动—被动模式。

3.3 XenServer 的安装与配置

3.3.1 安装 XenServer

XenServer 的安装过程简单、直接，10min 即可完成 XenServer 部署，具体操作步骤如下。

（1）新建虚拟机，内存设置为 2GB，CPU 设置为两个。启动虚拟机，开始安装 XenServer

系统，如图 3-2 所示。

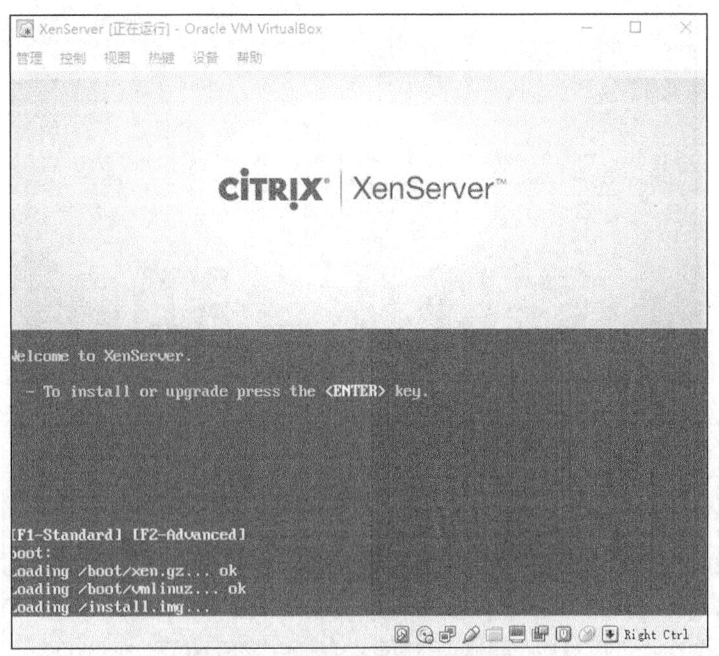

图 3-2　安装 XenServer 系统

（2）选择键盘布局，之后会显示 Welcome to XenServer Setup（欢迎使用 XenServer 安装系统）界面。告知用户在安装 XenServer 时会重新格式化本地硬盘，原来的数据都会丢失，单击 Ok 按钮开始安装，如图 3-3 和图 3-4 所示。

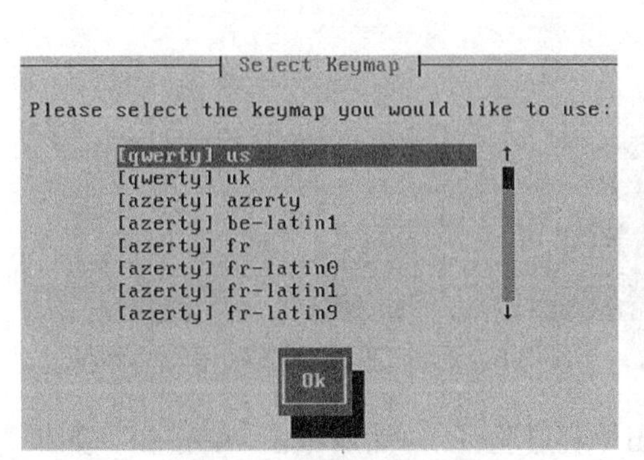

图 3-3　选择键盘布局

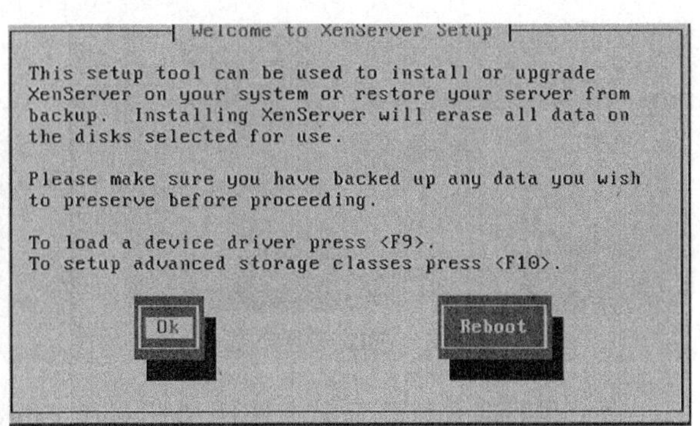

图 3-4　Welcome to XenServer Setup 界面

（3）在 Citrix 用户协议中，单击 Accept EULA 按钮，阅读并接受 XenServer 最终用户许可协议（EULA）。因为 Xen 的内核版本是 Linux 开源系统，所以必须同意用户许可协议，如图 3-5 所示。

（4）如果拥有多个本地硬盘，可选择主磁盘进行安装。接着开启本地 cache 功能，能够减少存储的压力。在 DDC 服务器配置中，选择 host 时也要对应开启才行，主要是针对 Citrix 的虚拟桌面，如图 3-6 所示。单击 Ok 按钮进入下一步。

（5）在选择安装介质中，选择 Local media（本地介质）作为安装源，如图 3-7 所示。

单击 Ok 按钮进入下一步。

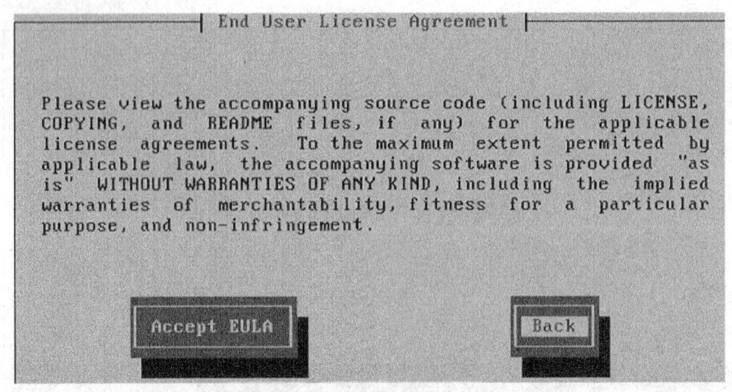

图 3-5　用户许可协议

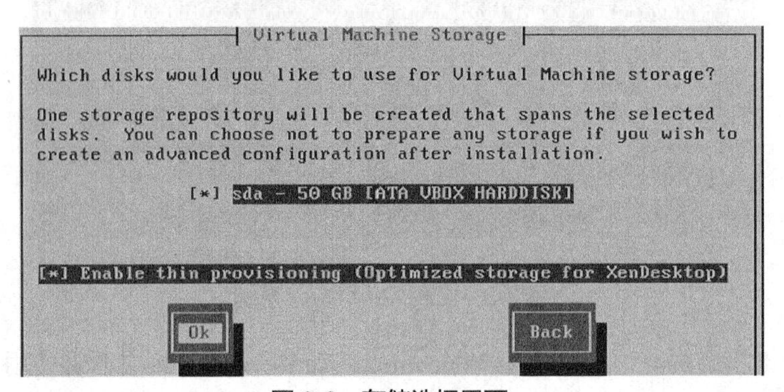

图 3-6　存储选择界面

（6）当系统询问是否希望安装任何增补包时，单击 No 按钮，如图 3-8 所示。

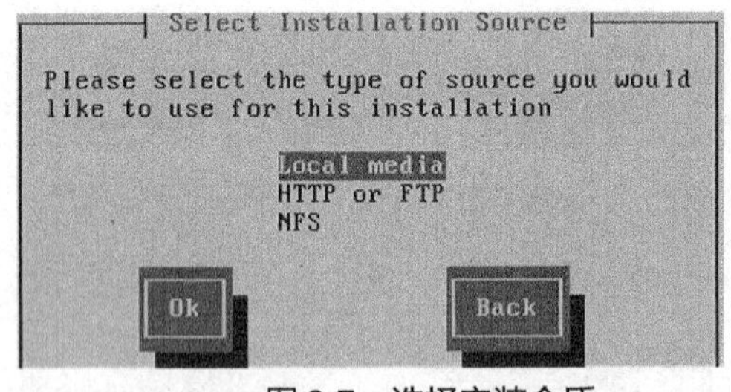

图 3-7　选择安装介质

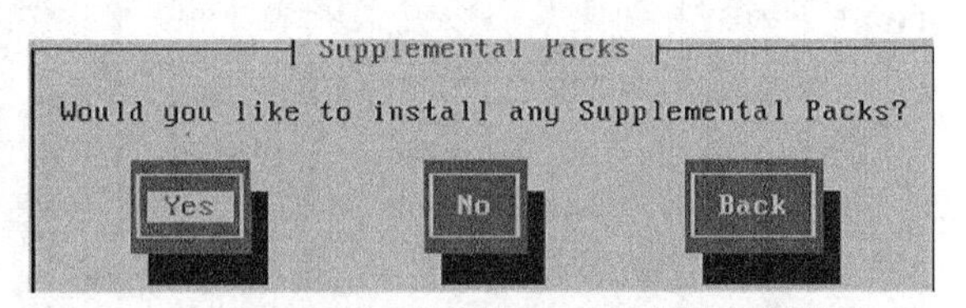

图 3-8　系统询问是否安装任何增补包

（7）在验证安装源界面中选择 Skip verification（跳过验证），然后单击 Ok 按钮。如果在安装过程中遇到问题，建议选择验证安装源，如图 3-9 所示。

（8）设置并确认 root 用户密码，XenCenter 应用程序将使用此密码连接 XenServer 主机，如图 3-10 所示。单击 Ok 按钮进入下一步。

（9）将 XenServer 的 IP 地址配置为静态 IP 地址或使用 DHCP。手动指定或通过 DHCP 自动指定主机名和 DNS 配置，如图 3-11 所示。单击 Ok 按钮进入下一步。

（10）如果手动配置 DNS，在提供的字段中输入主要（必需）、二级（可选）和三级（可选）DNS 服务器的 IP 地址，如图 3-12 所示。单击 Ok 按钮进入下一步。

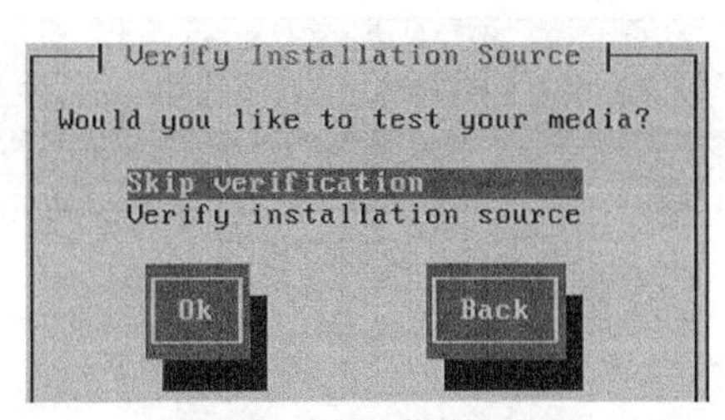

图 3-9　验证安装源界面

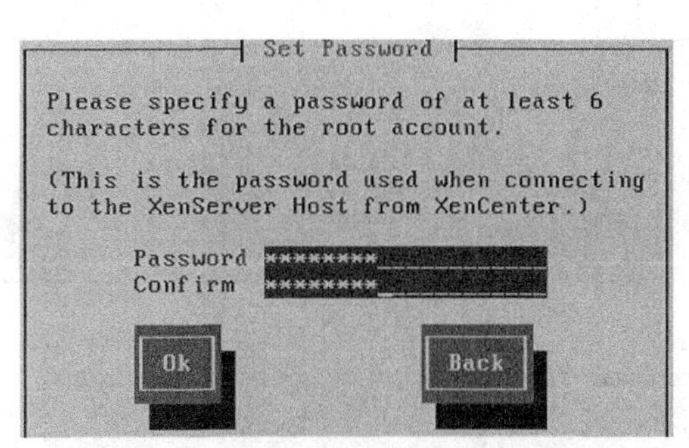

图 3-10　设置并确认 root 用户密码

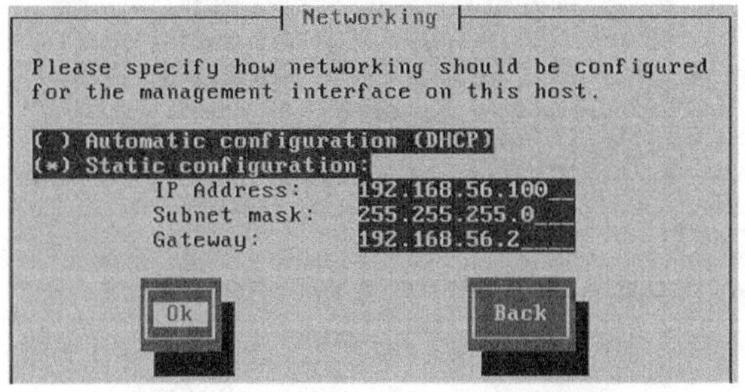

图 3-11　XenServer 的 IP 地址配置

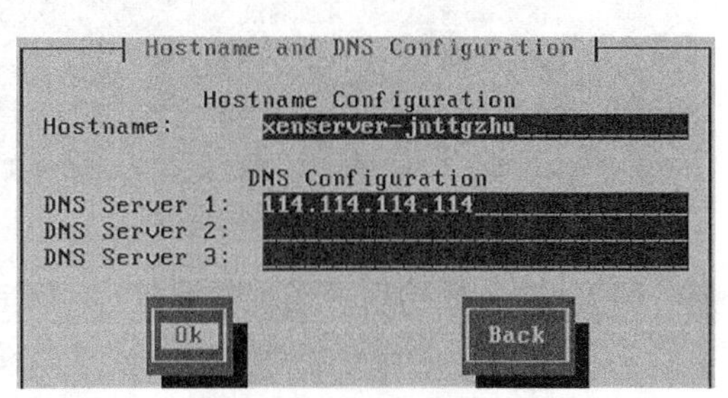

图 3-12　手动配置 DNS

（11）选择时区，先选择地理区域，然后选择城市，如图 3-13 所示。单击 Ok 按钮进入下一步。

（12）指定服务器在确定本地时间时所用的方法：使用 NTP 或手动输入时间。如果使用 NTP，可以指定是由 DHCP 设置时间服务器，还是在下面的字段中至少输入一个 NTP 服务器名称或 IP 地址，如图 3-14 所示。单击 Ok 按钮进入下一步。

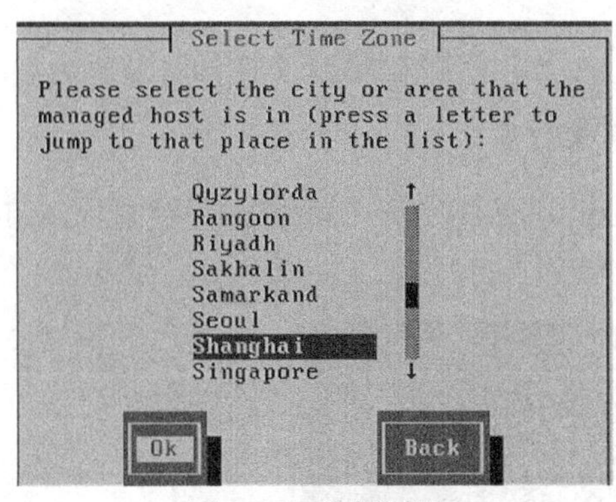

图 3-13　选择时区

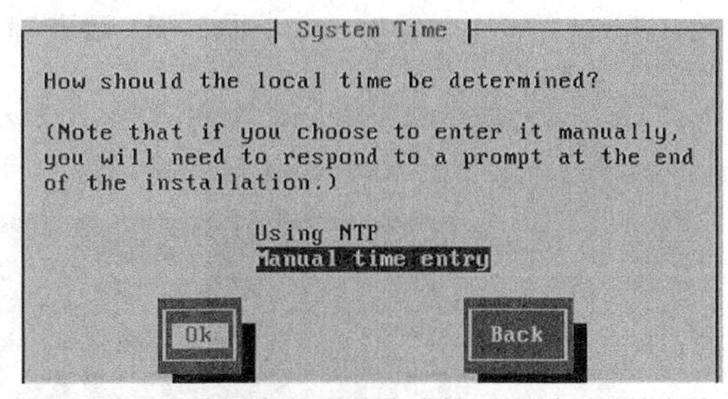

图 3-14　指定服务器在确定本地时间时所用的方法

（13）设置完成后单击 Install XenServer 按钮开始安装，如图 3-15 所示。

（14）XenServer 进行安装，显示安装过程，如图 3-16 所示。

（15）如果选择了手动设置日期和时间，系统会提示输入本地时间信息，如图 3-17 所示。设置完后单击 Ok 按钮。

（16）在 Installation Complete（完成安装）屏幕中，单击 OK 按钮重新引导服务器，如图 3-18 所示。

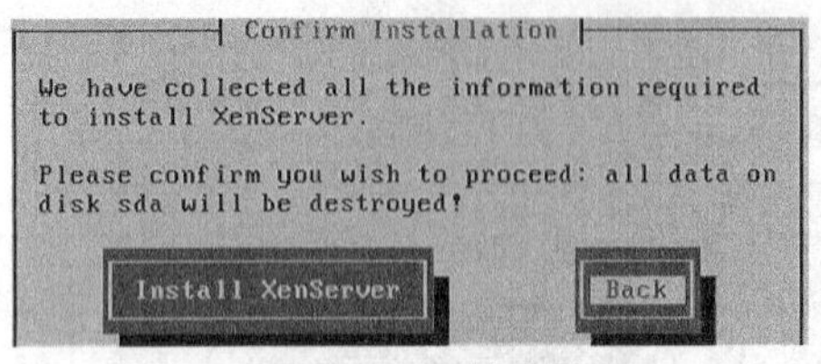

图 3-15 开始安装

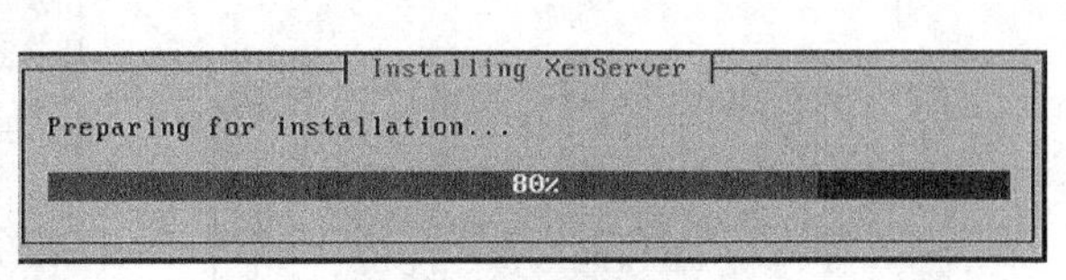

图 3-16 安装过程

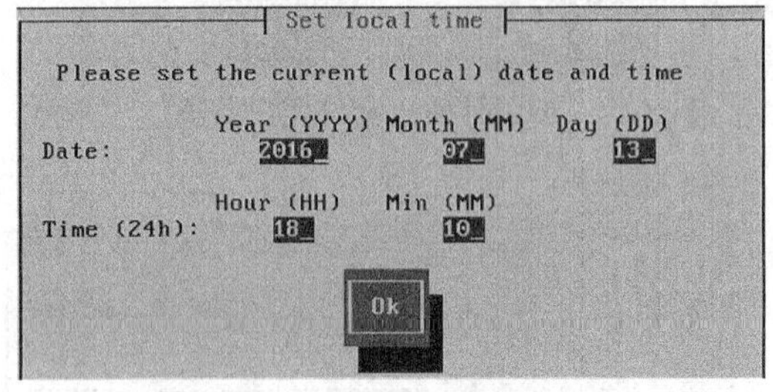

图 3-17 手动设置日期和时间

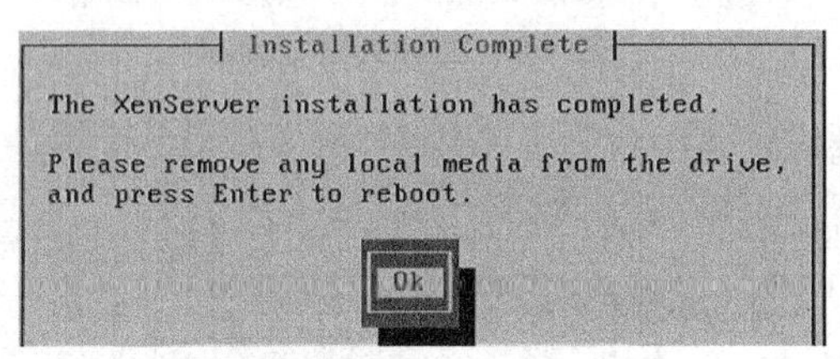

图 3-18 重新引导服务器

（17）安装成功后，系统会要求启动 Citrix XenServer，如图 3-19 所示。

图 3-19 启动 Citrix XenServer

（18）服务器重新引导后，XenServer 将显示 xsconsole，这是一个系统配置控制台，如图 3-20 所示。到此，XenServer 安装结束。

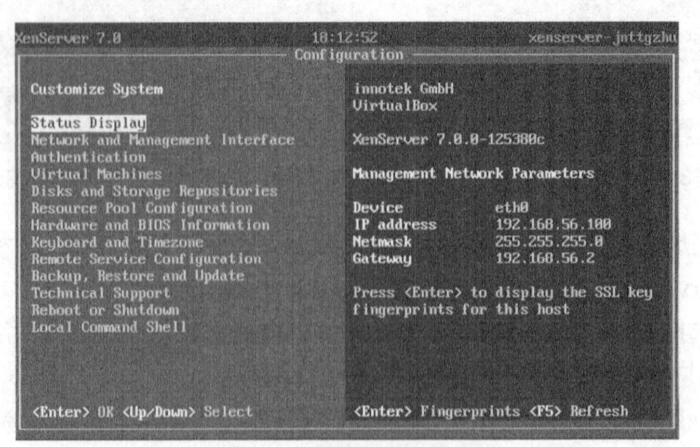

图 3-20 系统配置控制台

3.3.2 XenServer 的简单设置

系统配置控制台可以通过控制台的选项来进行简单的设置。由于 XenServer 基于 Linux 内核，所以可以使用 XenServer 的命令行界面（CLI）。CLI 支持通过编写脚本来自动完成系统管理任务，并允许将 XenServer 集成到现有 IT 基础结构中。

（1）在网络和管理界面，可以配置管理界面（Configure Management Interface）、显示 DNS 服务（Display DNS Server）、设置网络时间（NTP）、测试网络（Test Network）和显示网卡（Display NICs），如图 3-21 所示。

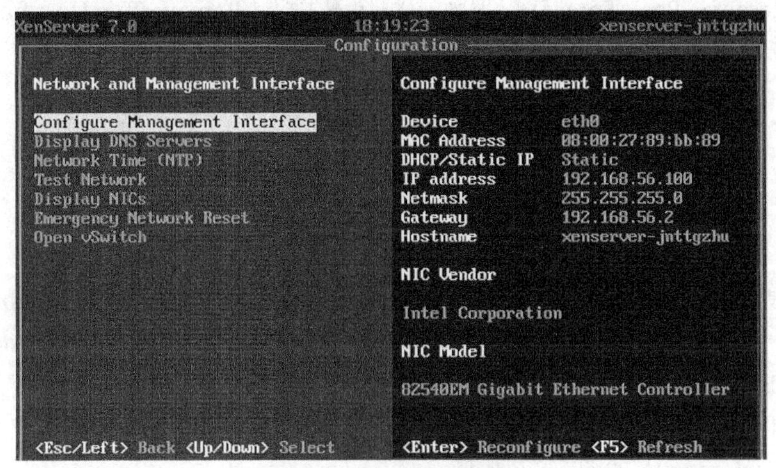

图 3-21 网络和管理界面

（2）在认证服务设置里，可以登入/退出（Log In/Log Out）、修改当前登入用户的密码（Change Password）、更改自动注销时间（Change Auto-Logout Time），如图 3-22 所示。

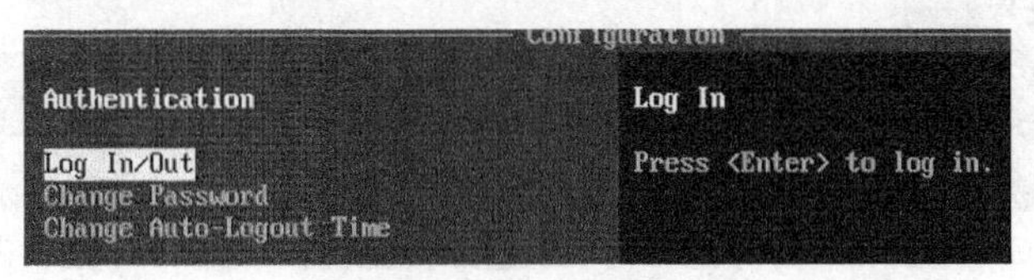

图 3-22 认证服务

（3）在虚拟机选项设置里，可以查看在该主机上运行的虚拟机（VMs Running On This Host），包括主机性能信息（Host Performance Information）和所有虚拟机（All VMs），如图 3-23 所示。

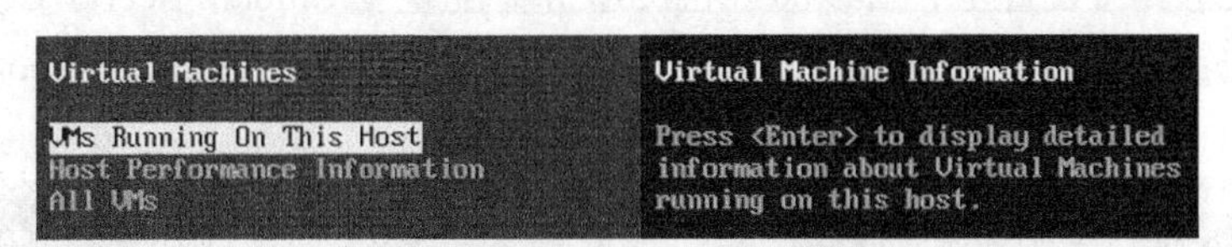

图 3-23 虚拟机选项设置

（4）在存储设置里，可以设置磁盘和存储库（Current Storage Repositories）、查看目前存储库（Attach Existing Storage Repositories）、创建新的存储库（Create New Storage Repository）、附上现有的存储库（Specify Suspend SR）和 SR 的设置（Specify Crash Dump

SR），如图 3-24 所示。

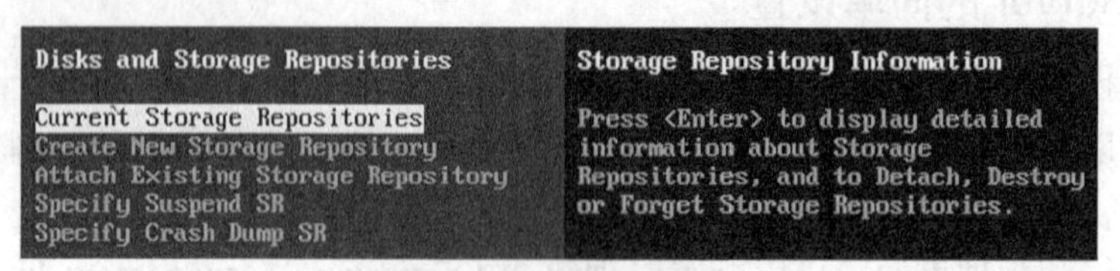

图 3-24　存储设置

（5）在资源池设置中，可以设置加入资源池（Join a Resource Pool）、加入资源池（强制）(Join a Resource Pool (Forced))、从池中删除该主机（Remove This Host from the Pool）和指定一个新的池主（Designate a New Pool Master），如图 3-25 所示。

图 3-25　资源池设置

（6）在硬件和 BIOS 信息里面，可以查看系统描述（System Description）、处理器（Processor）、系统内存（System Memory）、本地存储控制器（Local Storage Controllers）和 BIOS 信息（BIOS Information），如图 3-26 所示。

（7）在键盘和时区设置里，可以设置键盘布局（Keyboard Language and Layout）和设置时区（Set Timezone），如图 3-27 所示。

（8）在远程服务设置里，可以设置远程日志记录（系统日志）(Remote Logging(syslag)）和启用/禁用远程 Shell（Enable/Disable Remote Shell），如图 3-28 所示。

图 3-26　硬件和 BIOS 信息

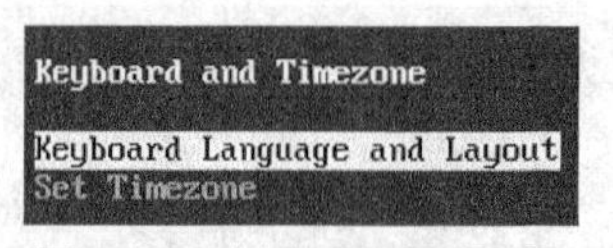

图 3-27　键盘和时区设置

图 3-28　远程服务设置

（9）在备份、恢复和更新设置里，可以调度虚拟机数据（Schedule Virtual Machine Metadata）、备份虚拟机元数据（Backup Virtual Machine Metadata）和恢复虚拟机元数据（Restore Virtual Machine Metadata），如图 3-29 所示。

（10）在技术支持设置里，可以验证检测服务器配置（Validate Server Configuration）、上传服务器错误报告（Upload Bug Report）、保存错误报告（Save Bug Report），如图 3-30 所示。

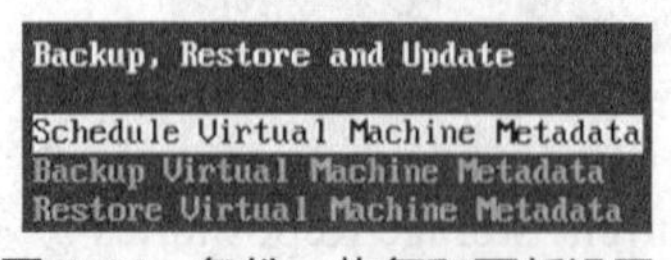

图 3-29　备份、恢复和更新设置

图 3-30　技术支持设置

（11）在重新开机或关机设置里，可以进入/退出维护模式（Enter/Exit Maintenance

Mode）、重新启动 XenServer 服务器（Reboot Server）或者关闭服务器（Shutdown Server），如图 3-31 所示。

（12）进入本地命令 Shell 的设置，输入 root 的管理元密码，进入 Shell，通过命令行界面（CTL）来配置 Citrix XenServer，如图 3-32 所示。

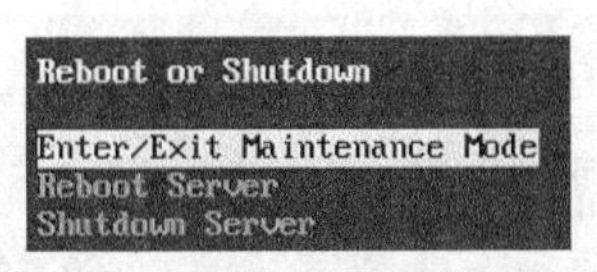

图 3-31　重新开机或关机设置

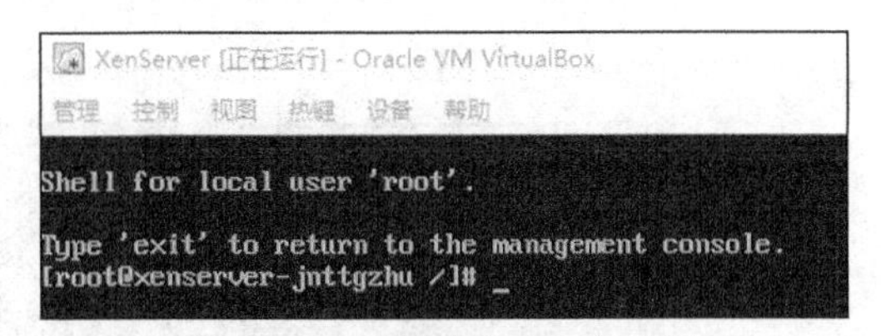

图 3-32　本地命令 Shell 设置

3.3.3　安装 XenCerver 并连接到 XenServer 主机

安装 XenCerter 要求操作系统为 Windows7、Windows XP、Windows Vista、Windows Server 2003 等版本。

通过 XenCenter，可以从 Windows 桌面计算机管理 XenServer 环境，并部署、管理和监视虚拟机。通过 XenCenter 监视和管理服务器上的活动，需要将该服务器添加到 XenCenter 的"托管"资源集合中。首次连接服务器时（通过工具栏上的添加新服务器或服务菜单），该服务器会添加到 XenCenter 窗口左侧的资源窗格中，具体操作如下。

（1）根据安装向导安装 Citrix XenCenter，如图 3-33 所示。

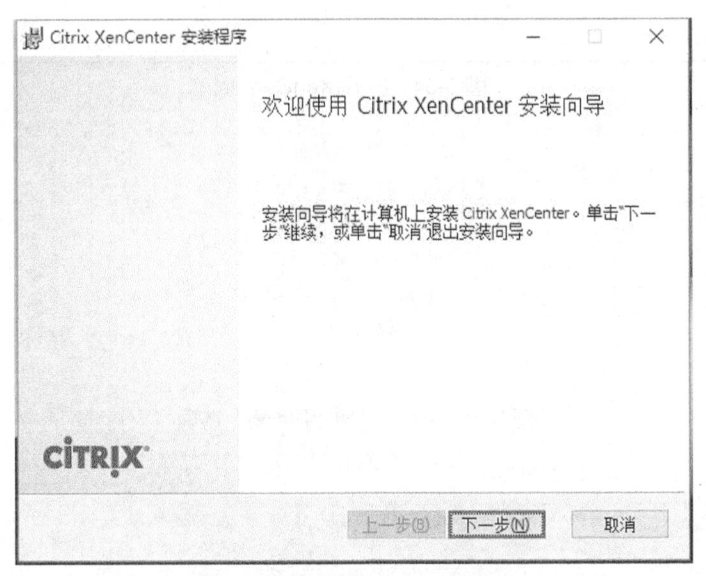

图 3-33　安装 Citrix XenCenter

（2）安装完成后打开 XenCenter，如图 3-34 所示。

（3）单击"添加服务器"选项，打开添加服务器对话框，如图 3-35 所示。

（4）在"添加新服务器"对话框中，输入要添加的服务器的 IP 地址或 DNS 名称。如果有多个 XenServer 服务器，通过在"服务器"组合框中输入用分号分隔的名称或 IP 地址，可以添加具有相同登录凭证的多个服务器。输入在 XenServer 安装期间设置的用户名和密码。如果在 XenServer 环境中启用了 Active Directory（AD）授权，可以在此处输入 AD 凭据。单击“添加”按钮，将显示连接监视器，如图 3-36 所示。

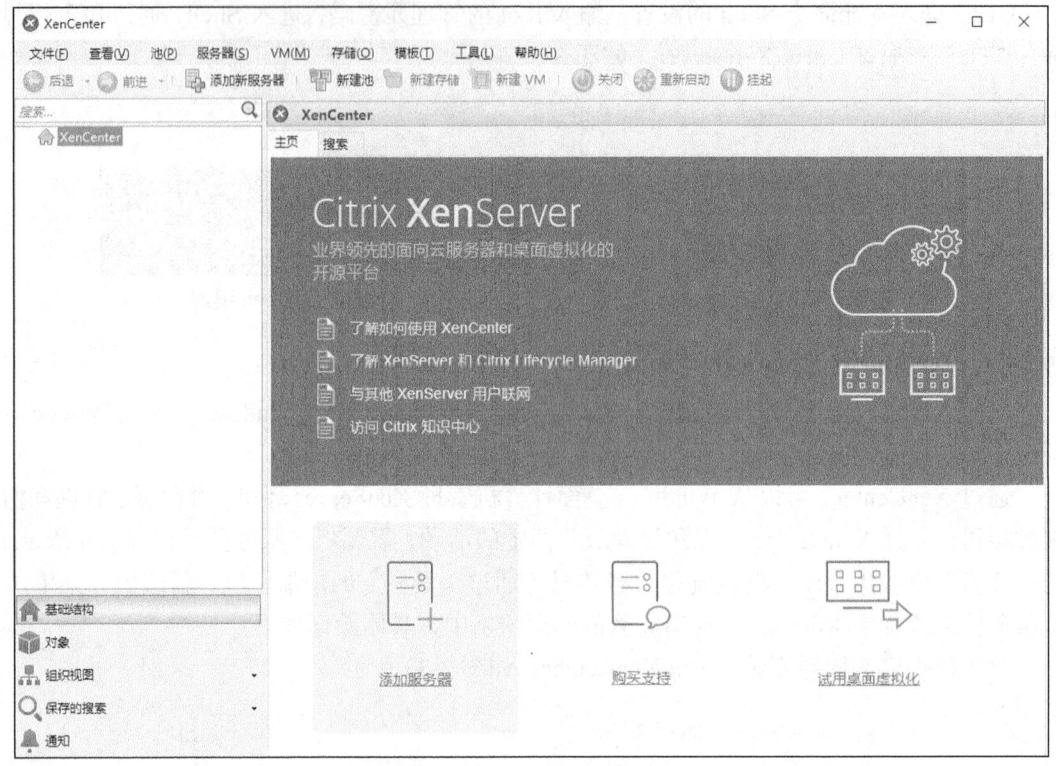

图 3-34　打开 XenCenter

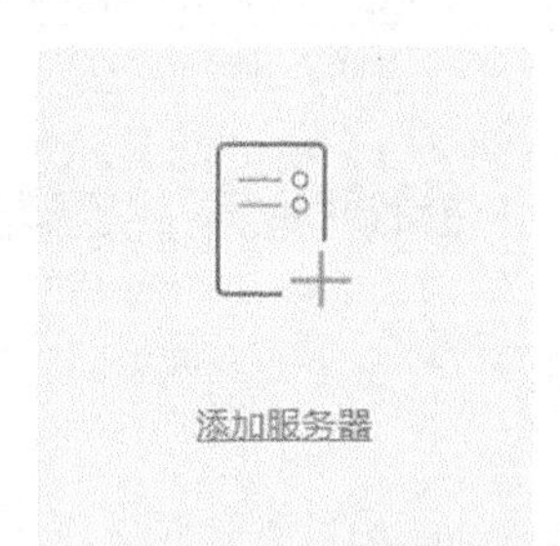

图 3-35　单击“添加服务器”选项

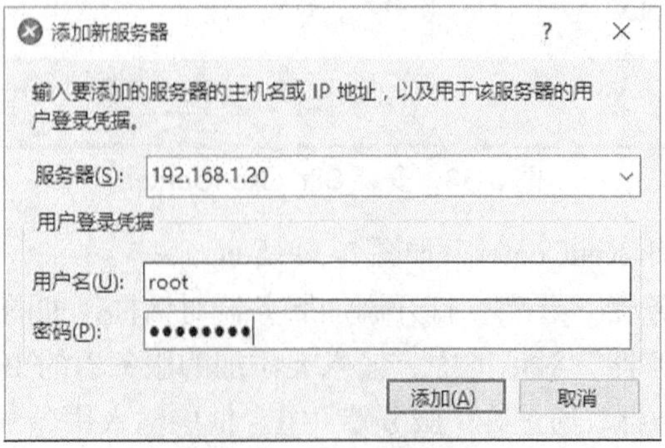

图 3-36　添加新服务器

（5）成功添加 XenServer 服务器后，可以看到 XenServer 服务器中的信息和虚拟机，如图 3-37 所示。

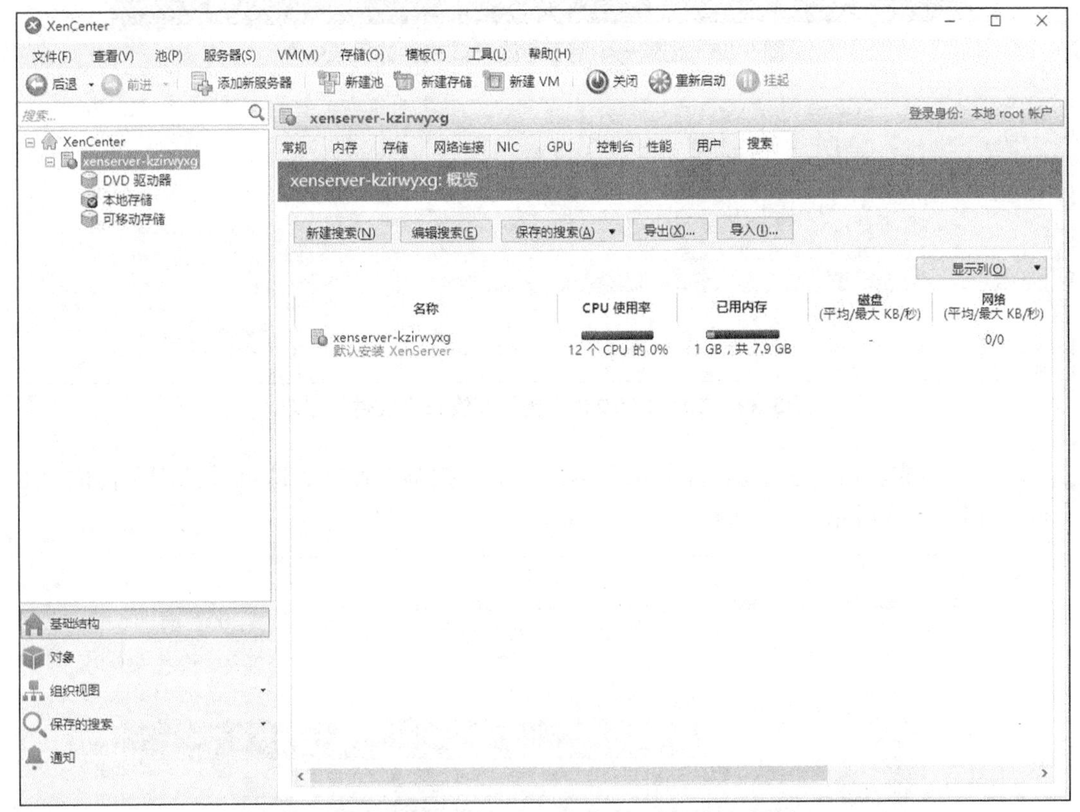

图 3-37　查看 XenServer 服务器中的信息和虚拟机

3.3.4　在 XenServer 上建立第一台虚拟机

在 XenServer 上可以创建 Windows 和 Linux 等虚拟机，XenServer 支持大部分的主流操作系统，可以使用 XenCenter 或 Xen CLI 复制相应的模板。对于适用于各系统的模板，已经设置了用来定义虚拟硬件配置的预定义平台标志，所有 Windows VM 安装都支持 ACPI 硬件抽象层（HAL）模式。如果后来将其中一个 VM 更改为包含多个虚拟 CPU，Windows 会自动将 HAL 切换为多处理器模式。必须在每个 VM 上安装 XenServer Tools。XenServer 不支持运行不包含 XenServer Tools 的虚拟机。

下面介绍如何创建安装虚拟机。

（1）要创建虚拟机，需要准备一个操作系统的 ISO 镜像文件。进入 XenServer 的服务器控制台中创建一个用于存放 ISO 文件的目录，并建立该 ISO 文件夹对应的 SR（存储库），成功后会在 XenCenter 中显示出来，如图 3-38 所示。创建 SR 的命令如下。

```
xe sr-create name-label=iso type=iso device-config:location=/var/opt/xen/iso
device-config:legacy_mode=true content-type=iso
```

（2）用 WinSCP 软件将本地 ISO 文件上传至在 XenServer 服务器中刚刚创建的文件夹目录中，如图 3-39 所示。

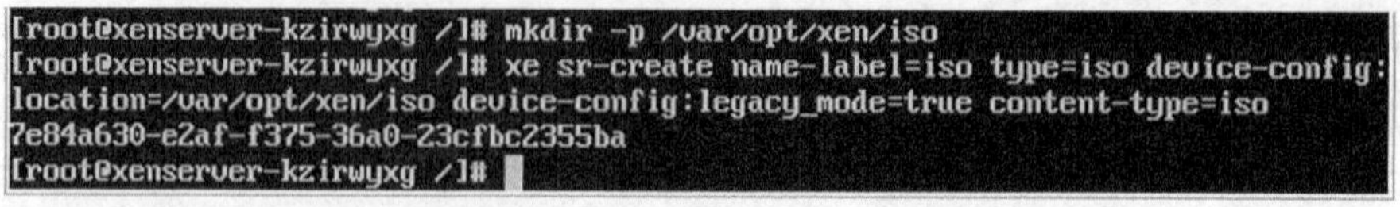

```
[root@xenserver-kzirwyxg /]# mkdir -p /var/opt/xen/iso
[root@xenserver-kzirwyxg /]# xe sr-create name-label=iso type=iso device-config:
location=/var/opt/xen/iso device-config:legacy_mode=true content-type=iso
7e84a630-e2af-f375-36a0-23cfbc2355ba
[root@xenserver-kzirwyxg /]#
```

图 3-38 创建一个用于存放 ISO 文件的目录中

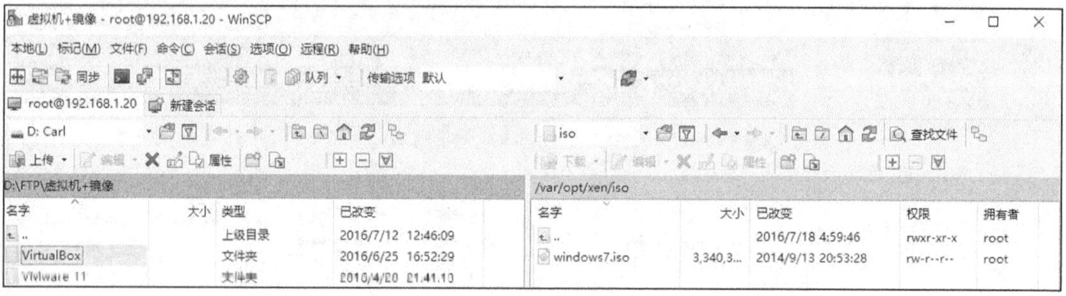

图 3-39 本地 ISO 文件上传至存放 ISO 文件的目录

（3）上传成功后，选中新建的 SR，单击“重新扫描”按钮，即可看到刚上传的 ISO 文件，如图 3-40 所示。

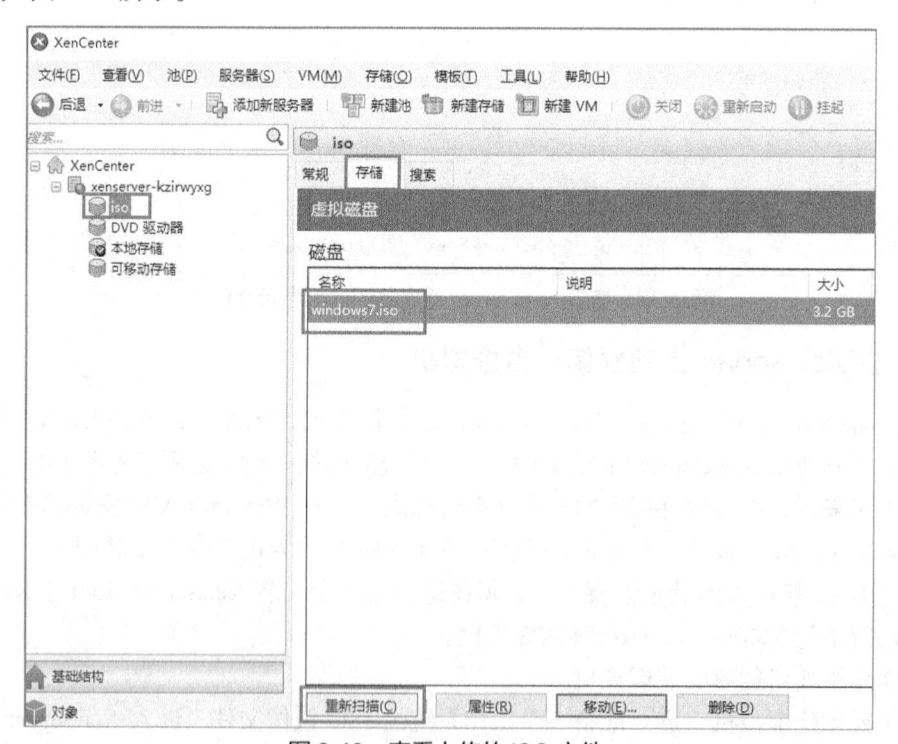

图 3-40 查看上传的 ISO 文件

（4）在 XenServer 工具栏上单击“新建 VM”按钮，打开“新建 VM”向导，如图 3-41 所示。

（5）选择 VM 模板并单击“下一步”按钮。每个模板都包含创建具有特定操作系统和最佳存储的新 VM 所需的设置信息。此列表列出了 XenServer 当前支持的模板。XenServer 支持大部分主流操作系统，如图 3-42 所示。

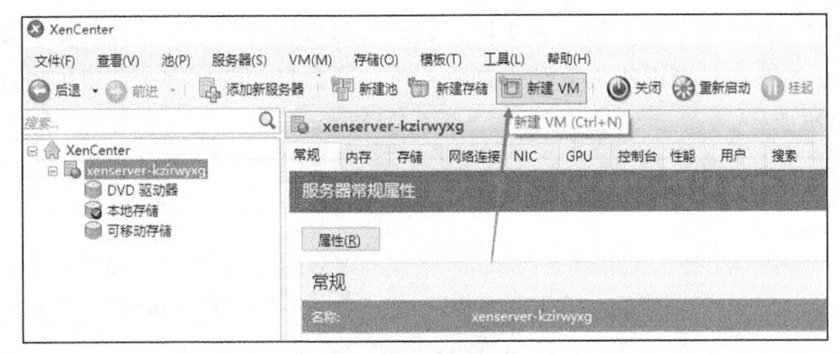

图 3-41 新建 VM

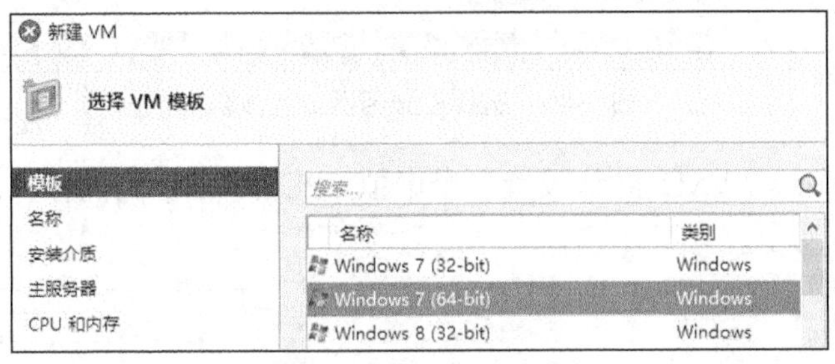

图 3-42 选择 VM 模板

（6）为新 VM 输入名称及说明，然后单击“下一步”按钮，如图 3-43 所示。

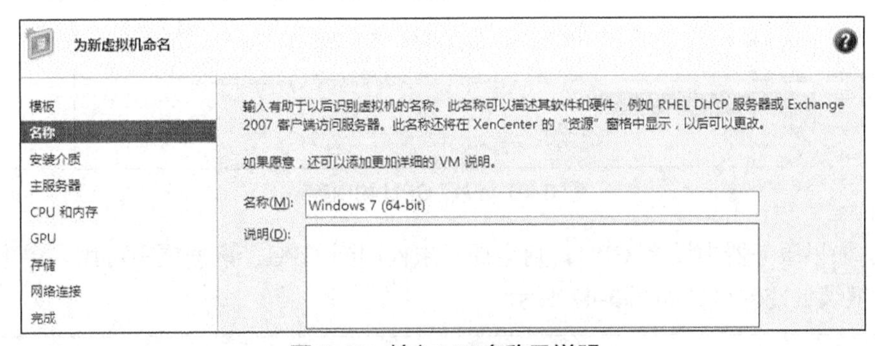

图 3-43 输入 VM 名称及说明

（7）为安装在新 VM 上的操作系统选择安装源，通过 CD/DVD 安装是最简单的入门方法，但本步骤选择使用之前上传的本地 ISO 镜像文件，如图 3-44 所示。

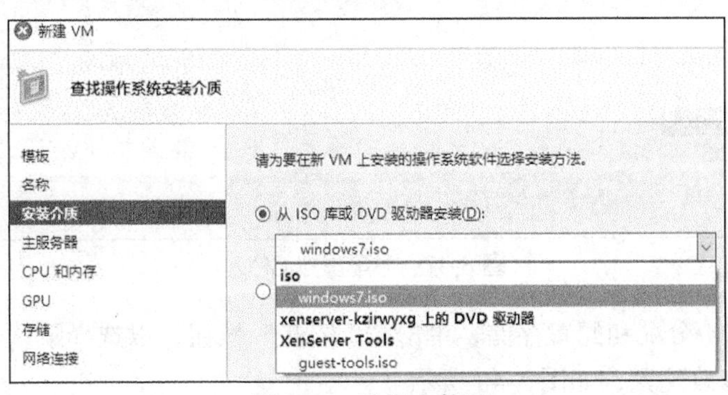

图 3-44 选择安装源

（8）为虚拟机选择主服务器或者集群，如果为虚拟机指定主服务器，则只要该服务器可用，虚拟机始终在该虚拟机上启动；如果不行，则会自动选择同一池中的备用服务器，如图 3-45 所示。

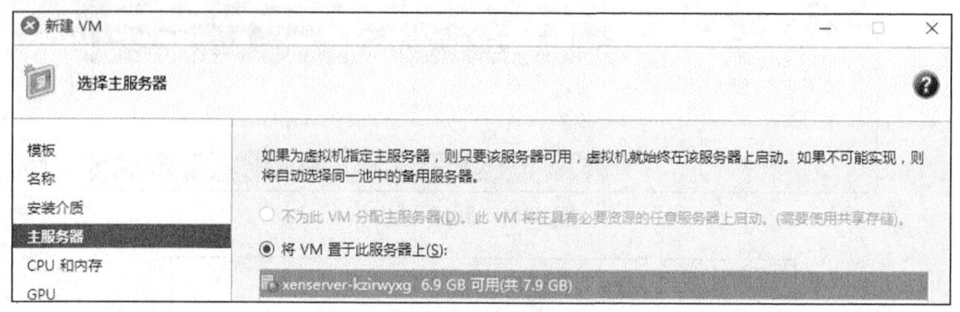

图 3-45　选择主服务器或者集群

（9）对于 Windows 7 VM，默认设置一个虚拟 CPU 和 2GB 的内存，也可以选择修改默认设置，如图 3-46 所示。

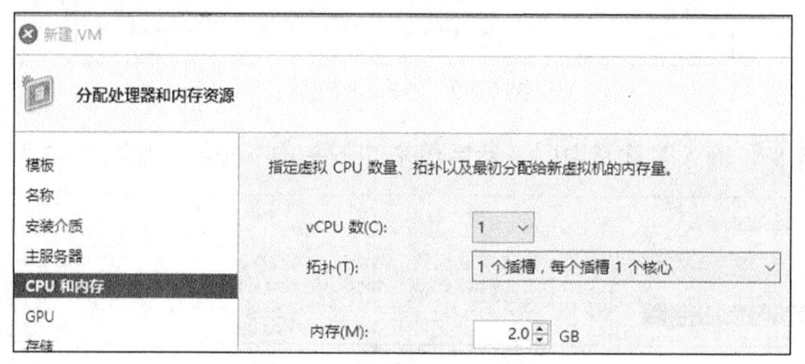

图 3-46　设置 CPU 和内存

（10）如果服务器中设有 GPU，则会提示未检测到 GPU，该选项不可用。单击“下一步”按钮继续创建即可，如图 3-47 所示。

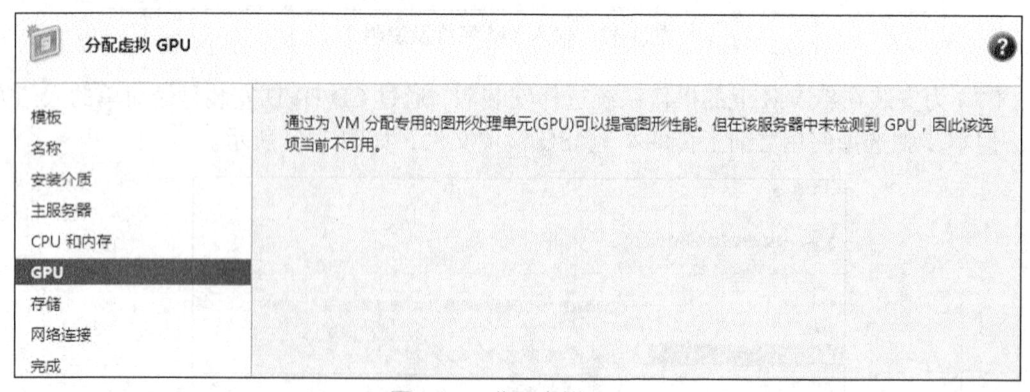

图 3-47　分配虚拟 CPU

（11）为新 VM 分配和配置存储，单击“下一步”按钮，以选择默认分配（24GB）和配置。也可自行修改配置，如图 3-48 所示。

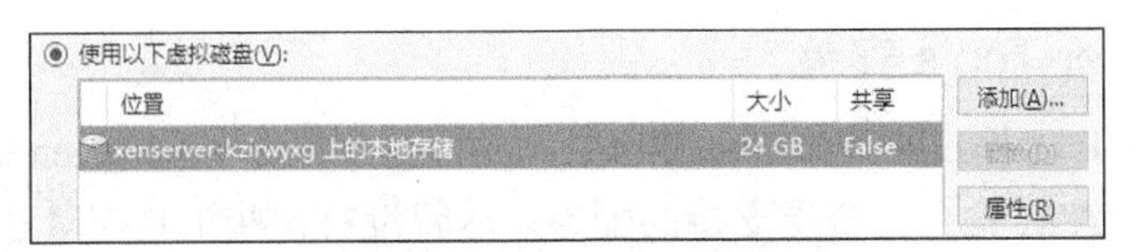

图 3-48　分配和配置存储

（12）配置新 VM 的网络连接设置，单击“下一步”按钮以选择默认网络接口卡（NIC）和配置。也可自行进行网卡的添加设置，如图 3-49 所示。

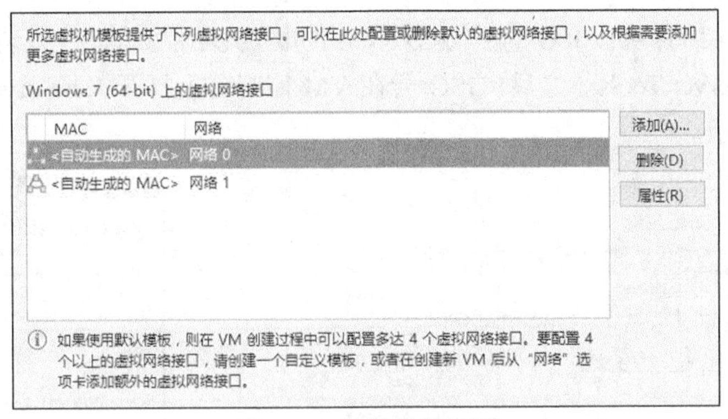

图 3-49　网络连接设置

（13）新的 VM 创建完成后，在资源窗格中，该主机下出现新 VM 的图标。选择该 VM，然后打开“控制台”选项卡以显示 VM 控制台。按照操作系统安装界面上的说明操作并进行系统的安装，如图 3-50 所示。

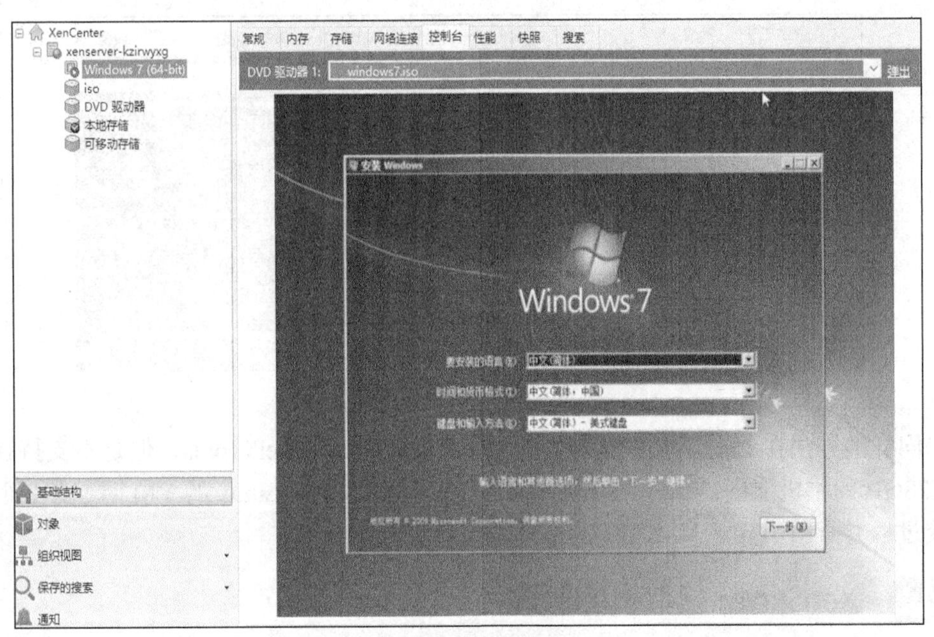

图 3-50　安装系统

3.3.5 XenServer Tools 安装

XenServer Tools 可提供高速 I/O 以实现更高的磁盘和网络性能。XenServer 必须安装在每个 VM 上，以使 VM 具有完全受支持的配置。尽管没有这些工具 VM 也可以工作，但是其性能将大打折扣。XenServer Tools 还支持某些功能和特性，包括彻底关闭、重新引导、挂起和实时迁移 VM。接下来安装 Xen Server Tools。

（1）在资源窗格中选择虚拟机并右击，在弹出的快捷菜单中选择“安装 XenServer Tools”命令，如图 3-51 所示。

（2）XenServer Tools 会以 ISO 的形式插入 VM 的虚拟光驱中。单击“安装 XenServer Tools”按钮，挂载 XenServer Tools。之后，ISO 会在 VM 控制台上打开 XenServer Tools 的安装向导，如图 3-52 所示。

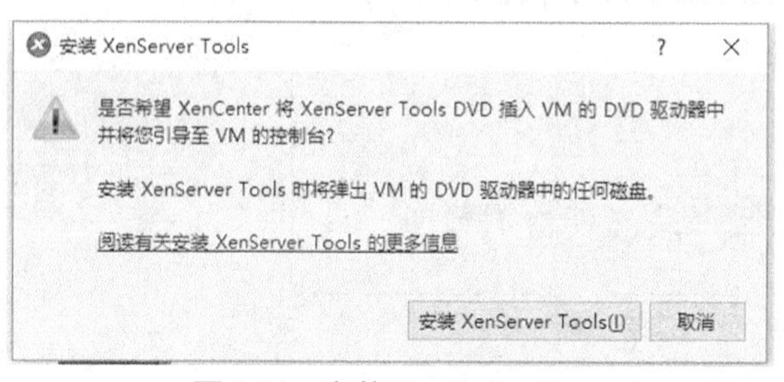

图 3-51 安装 XenServer Tools

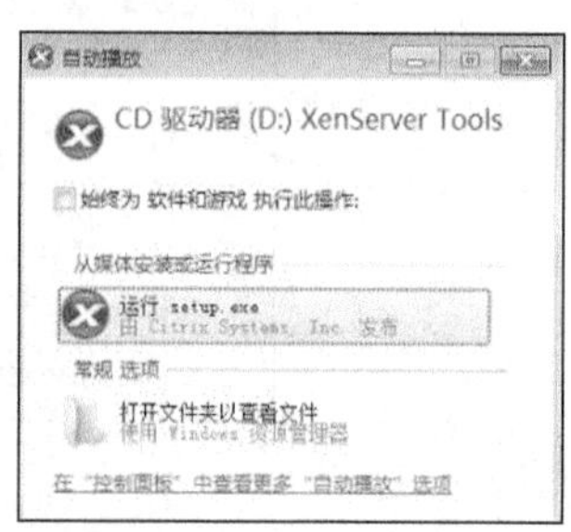

图 3-52 安装 XenServer Tools 的向导

（3）XenServer Tools 安装完成后重启系统生效，便能看到菜单中多了“关闭”“挂起”“重新启动”等命令，如图 3-53 所示。

图 3-53 重启系统

以同样的方法在 Linux 和 UNIX 操作系统上安装 XenServer Tools，但是不支持在内存大于 128GB 的主机上创建 32 位 Linux VM。当安装新的基于 Linux 的 VM 时，务必彻底完成安装过程并重新引导该 VM，然后对其执行其他操作。

3.4 XenServer 虚拟机的管理

3.4.1 复制 Windows VM

Citrix XenServer 不像 VMware vSphere 一样支持虚拟机的复制，Citrix XenServer 系统

仅支持一种复制 Windows VM 的方法，即使用 Windows 实用程序 sysprep 复制 VM。运行 Windows 操作系统的计算机都具有唯一的安全 ID（SID）认证。复制 Windows VM 时，采取措施确保安全 ID 的唯一性非常重要。如果使用了非官方建议的方式进行系统准备工作，执行复制安装的行为，可导致 SID 重复及出现其他问题。SID 用于标识计算机/域和用户，所以其唯一性至关重要。在 XenServer 中，虚拟机必须关闭电源后才可以进行复制工作。下面就介绍如何进行 VM 的完整复制。

首先根据需要创建、安装和配置 Windows VM，并安装 XenServer Tools。准备好之后，关闭虚拟机电源。以下步骤以之前安装好的 64 位的 Windows 7 为例子。

（1）右击 Windows 7 虚拟机，在弹出的快捷菜单中选择“复制 VM”命令，如图 3-54 所示。

图 3-54　选择“复制 VM”命令

（2）输入虚拟机的名称和说明，选择“完整复制”单选按钮，并制定虚拟机所在的存储，如图 3-55 所示。单击“复制”按钮，开始复制虚拟机。

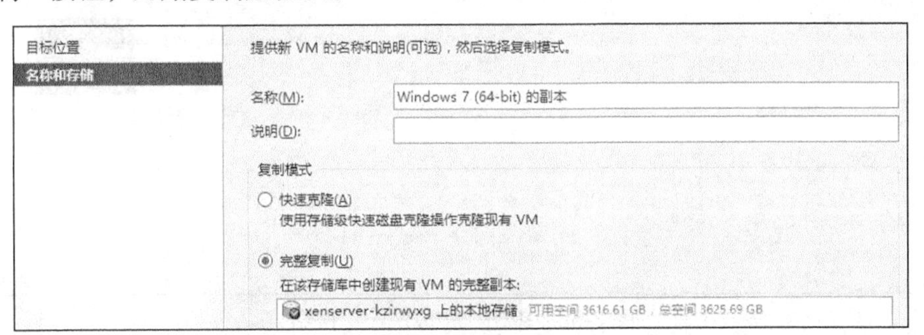

图 3-55　复制虚拟机

（3）在软件最下方能够看到 VM 的复制进度，如图 3-56 所示。

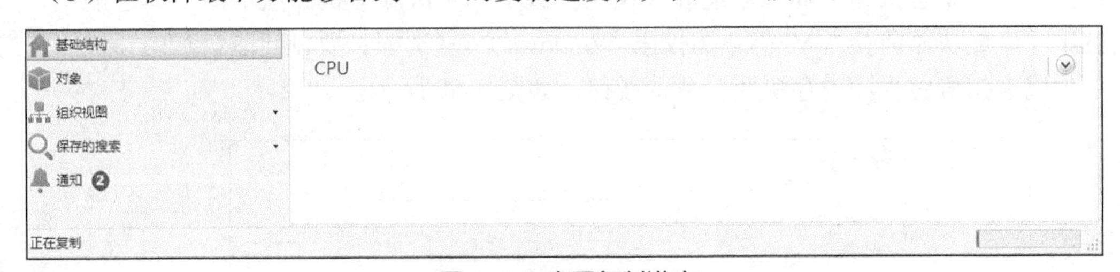

图 3-56　查看复制进度

（4）一段时间后，Windows 7 虚拟机的副本就被复制出来了，如图 3-57 所示。

图 3-57　虚拟机复制成功

3.4.2 虚拟机快照

XenServer 提供了一种简便的快照机制，无须麻烦地配置向导。借助该机制，可以在给定的时间内生成 VM 存储和元数据的快照。生成快照时，可在需要时停止 I/O 以确保捕获与自身一致的磁盘映像。快照会生成类似于模板的快照 VM。VM 快照包含所有存储信息和 VM 配置，可以导出并还原这些信息的配置已进行备份。虽然所有存储类型都支持快照，但对基于 LVM 的存储类型而言，如果存储是使用以前版本的 XenServer 创建的，则必须对其进行升级，而且卷必须采用默认格式。

快照操作过程是，将元数据捕获为模板，然后创建磁盘 VDI 快照。XenServer 支持 3 种类型的 VM 快照：常规快照、静态快照、包含内存数据的快照。具体操作步骤如下。

（1）选择虚拟机，在属性选项卡里选择“快照”选项卡，可以对虚拟机进行快照设置。单击“生成快照”按钮，如图 3-58 所示。

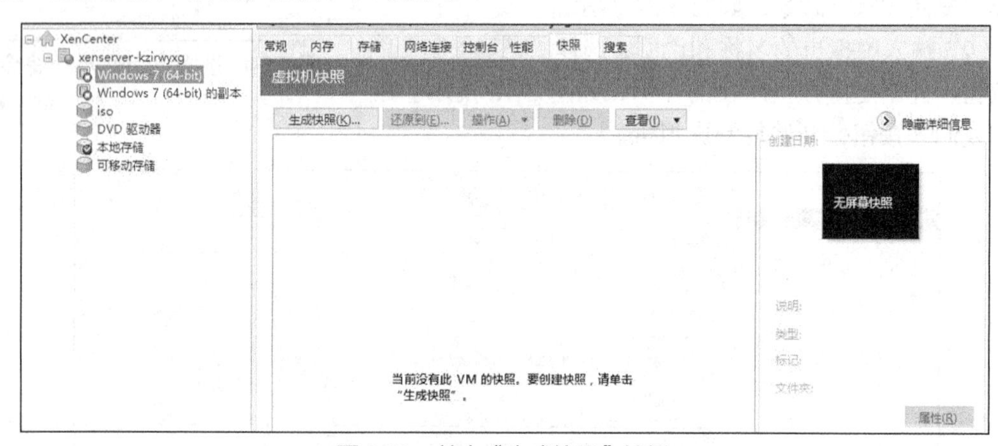

图 3-58 单击“生成快照”按钮

（2）在快照模式下，选择要创建的快照类型。如果仅创建磁盘快照，选中“生成虚拟机磁盘快照”单选按钮；如果创建静态快照，选中“生成虚拟机磁盘快照”单选按钮，然后选中“生成快照前使 VM 静止（仅限 Windows）”复选框；要创建磁盘和内存快照，选中“生成虚拟机磁盘和内存快照”单选按钮，如图 3-59 所示。

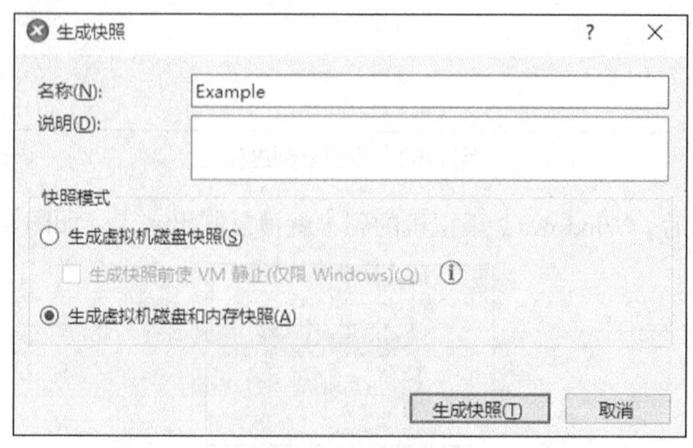

图 3-59 快照模式

（3）生成好快照后，会在快照图表中列出来，这里会列出虚拟机在 XenServer 的所有快照，如图 3-60 所示。

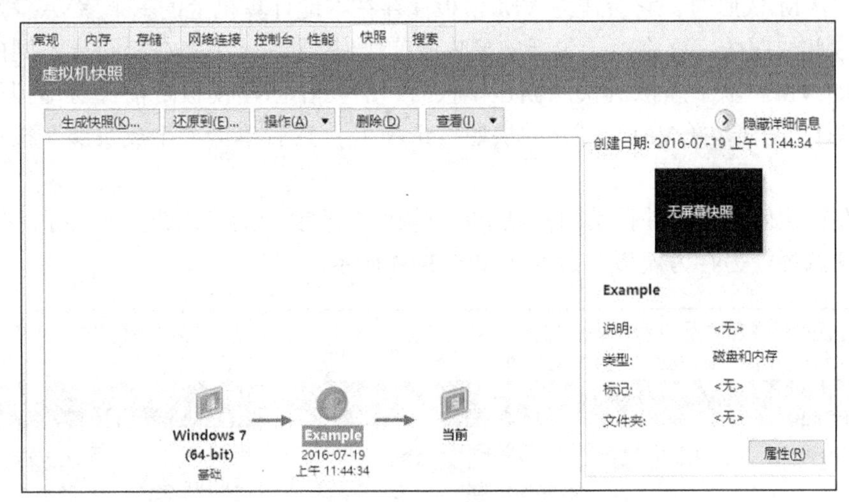

图 3-60　快照图表

3.4.3　创建虚拟机模板

在一个虚拟机经常被复制的情况下，可以考虑制作一个模板。将现有的 Windows VM 创建为 VM 模板的方法有很多种，每种方法都有各自的优点。XenServer 与 VMware 不同，VMware 只能将现有的 VM 转换成模板，而 XenServer 具有两种方法：一种是将现有 VM 转换为模板，另一种则是基于 VM 的快照创建模板。

3.4.4　基于现有的虚拟机创建虚拟机模板

基于现有的虚拟机创建虚拟机模板时，原始 VM 将被新模板替换，而该 VM 不再存在。在虚拟机转换成模板之前，先关闭要转换的 VM。

（1）打开资源窗格，右击该 VM，然后在弹出的快捷菜单中选择“转换为模板”命令，如图 3-61 所示。

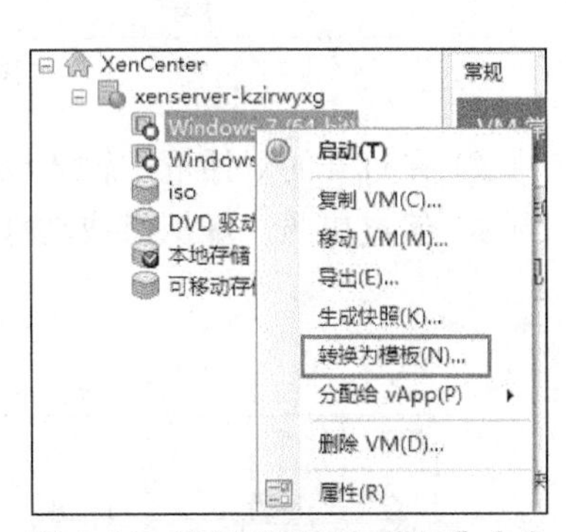

图 3-61　选择“转换为模板”命令

（2）单击“转换”按钮进行确认。创建模板后，新的 VM 模板将显示在资源窗格中，替换原有的 VM，如图 3-62 所示。

（3）虚拟机成功地转换成模板，原来的 VM 将不再存在，如图 3-63 所示。

图 3-62　虚拟机转换成模板

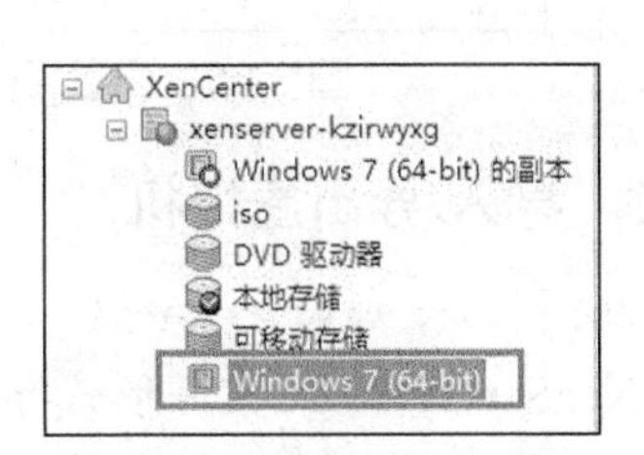

图 3-63　已转换的模板

3.4.5 基于虚拟机快照创建模板

在导出 VM 快照时，它会作为 VM 模板保存在本地计算机上的一个 XVA 文件中。该模板中包含此快照的完整副本（包括磁盘映像），将其导入，用来在相同或不同的资源池中创建新的 VM。基于虚拟机快照创建模板时，需要在创建模板之前针对虚拟机进行快照。在资源窗格中选择 VM，打开“快照”选项卡，然后单击“生成快照”按钮即可创建快照。

（1）在快照创建完毕并且其图标显示在“快照”选项卡上后，选择该图标，在“操作”下拉菜单中选择“另存为模板”命令，如图 3-64 所示。

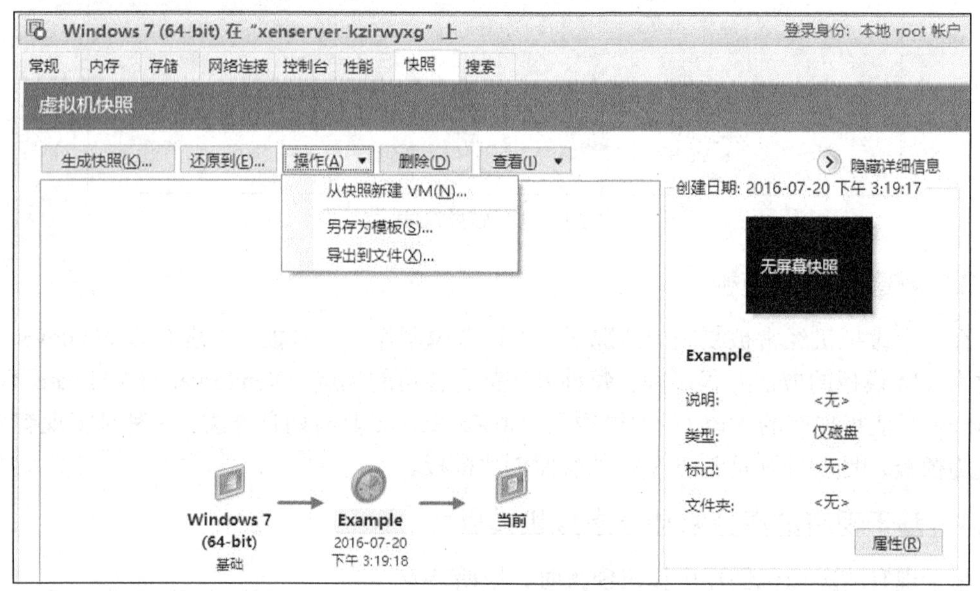

图 3-64 虚拟机快照另存为

（2）在打开的对话框中输入模板的名称，然后单击“创建”按钮，如图 3-65 所示。

（3）通过快照，虚拟机成功地转换成模板，如图 3-66 所示。

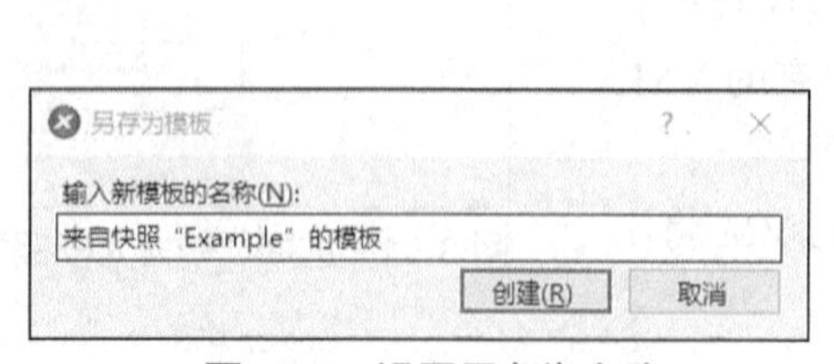

图 3-65 设置另存为名称

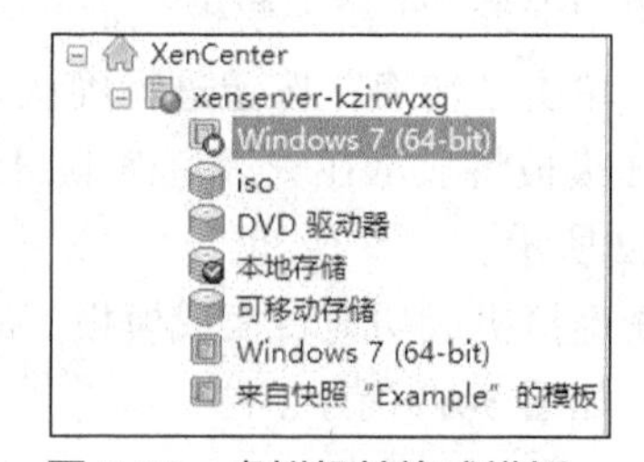

图 3-66 虚拟机转换成模板

3.4.6 导入/导出虚拟机

VM 可以从 OVF/OVA 包、磁盘映像和 XenServer XVA 文件导入，可以通过 OVF/OVA 包和 XenServer XVA 文件形式导出。在 XenCenter 中，可以使用导入和导出向导来导入和导出 VM。XenCenter 使用传输 VM 功能来传输磁盘映像的内容。导入在 XenCenter 以外的其他虚拟机管理程序（如 Hyper-V 或 VMware）上创建的 VM 时，必须使用“操作系统修复”工具确保所导入的 VM 能够在 XenServer 上引导。

3.4.7　从虚拟机导出 OVF/OVA

可以使用 XenCenter 的导出向导将一个或多个 VM 导出为 OVF 或 OVA 包。导出 VM 前，必须将其挂起或关闭。具体操作步骤如下。

（1）打开导出向导。选择要导出的 VM 所在的池或服务器，然后右击，在弹出的快捷菜单中选择“导出”命令，如图 3-67 所示。

图 3-67　选择“导出”命令

（2）在该向导的第一页上，输入导出文件的名称，指定要保存导出文件的文件夹，从格式列表中选择“OVF/OVA 包（*.ovf,*.ova）”选项，然后单击“下一步”按钮，如图 3-68 所示。

（3）选择要导出的 VM，然后单击“下一步”按钮，如图 3-69 所示。

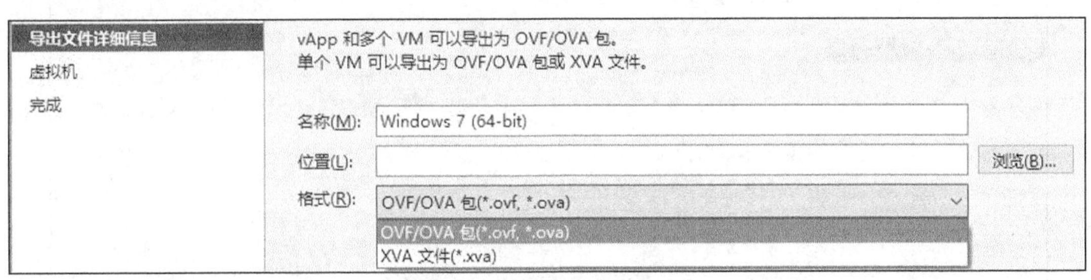

图 3-68　导出文件详细信息

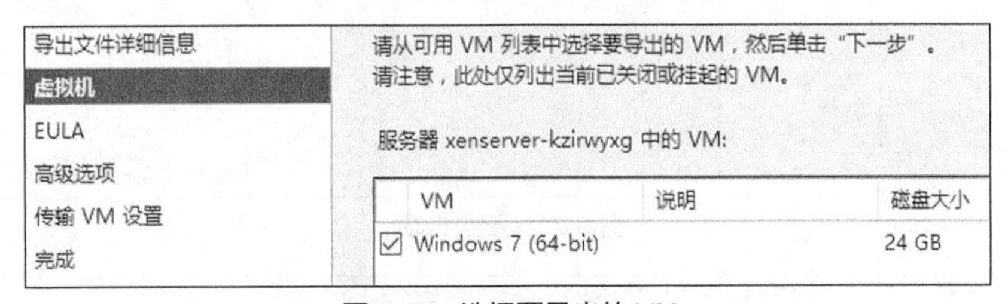

图 3-69　选择要导出的 VM

（4）在 EULA 界面上，可以在软件包中添加先前准备好的最终用户许可协议（EULA）文档（.rtf 或.txt）。要在文本编辑器中查看 EULA 的内容，应在列表中选中 EULA，然后单击“查看”按钮。如果不希望在软件包中包括 EULA，只需单击“下一步”按钮继续操作即可，如图 3-70 所示。

（5）在打开的“高级选项”界面中指定任意清单文件、签名和输出文件选项，或者单击“下一步”按钮，如图 3-71 所示。

（6）在“传输 VM 设置”界面上，为用来执行导出过程的临时 VM（传输 VM）配置网络连接选项，单击“下一步”按钮，如图 3-72 所示。

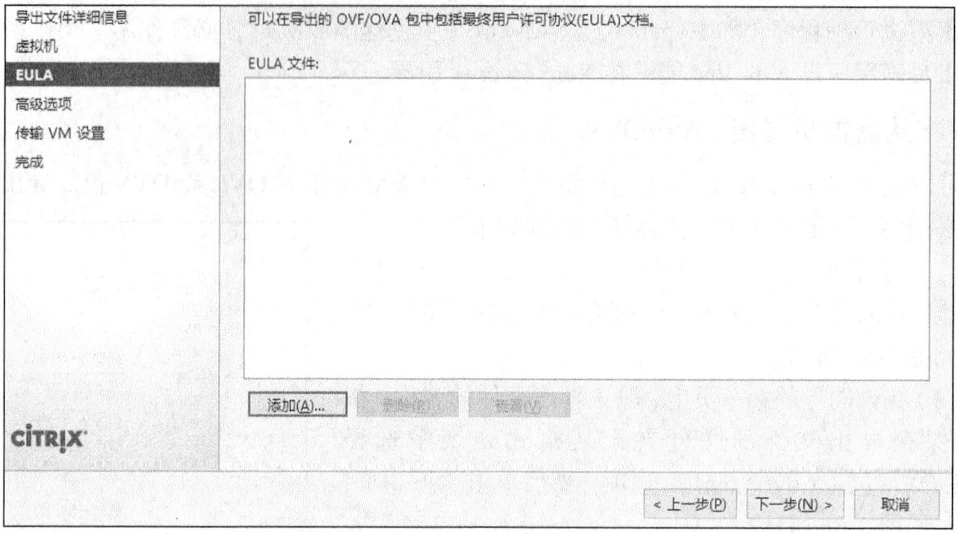

导出文件详细信息
虚拟机
EULA
高级选项
传输 VM 设置
完成

可以在导出的 OVF/OVA 包中包括最终用户许可协议(EULA)文档。

EULA 文件:

添加(A)... 删除(R) 查看(V)

CITRIX

< 上一步(P) 下一步(N) > 取消

图 3-70　EULA 界面

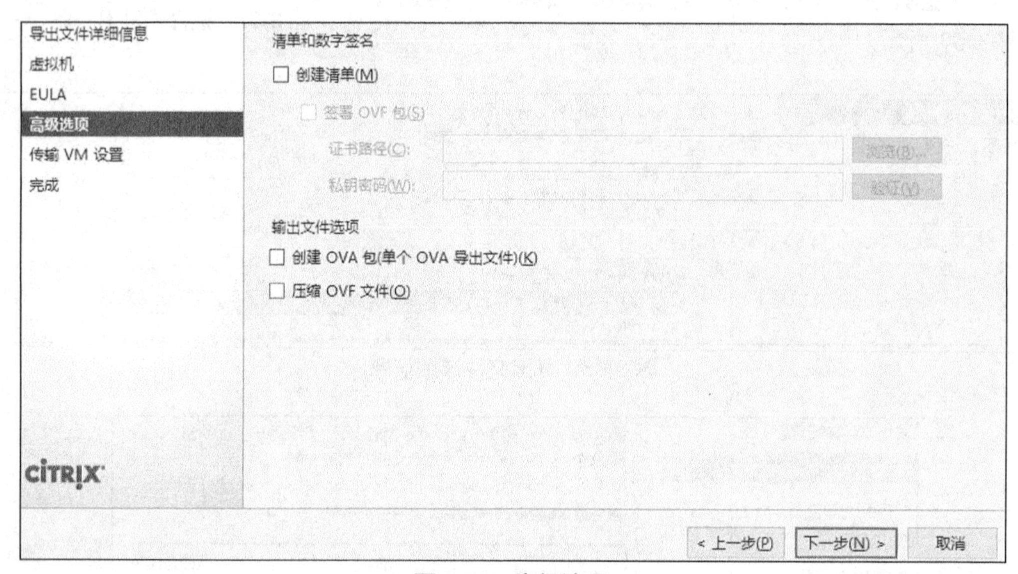

图 3-71　高级选项

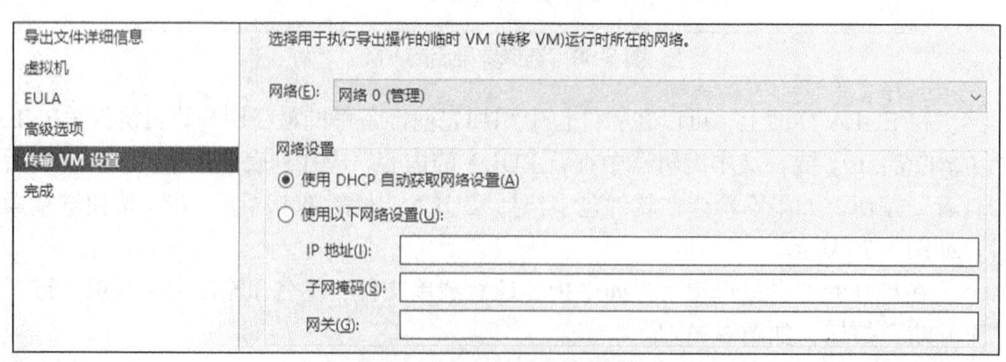

图 3-72　传输 VM 设置

（7）在该向导的最后一页上检查在前面的界面中选择的设置。要让向导验证导出的软件包，须勾选“完成时验证导出”复选框。单击“完成”按钮，开始导出所选 VM 并关闭该向导，如图 3-73 所示。

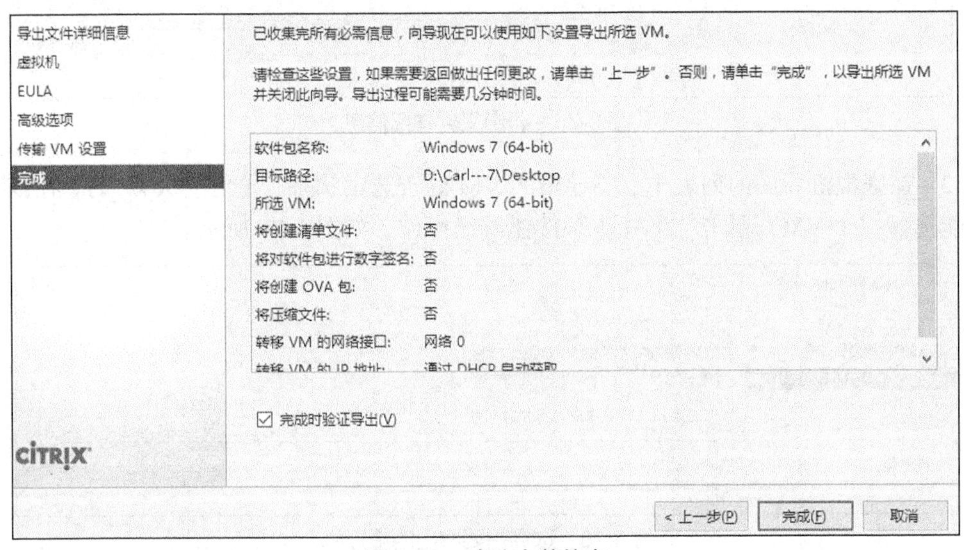

图 3-73 确认安装信息

3.4.8 从虚拟机导出 XVA

通过导出向导，可以将单个 VM 导出为 XVA 文件。在导出 VM 前，必须将其挂起或者关闭。如果 VM 是从具有不同 CPU 类型的其他服务器导出的，则该 VM 在其他服务器导入后并不一定能够运行。

（1）选择要导出的 VM，然后右击，选择快捷菜单中的“导出”命令，如图 3-74 所示。

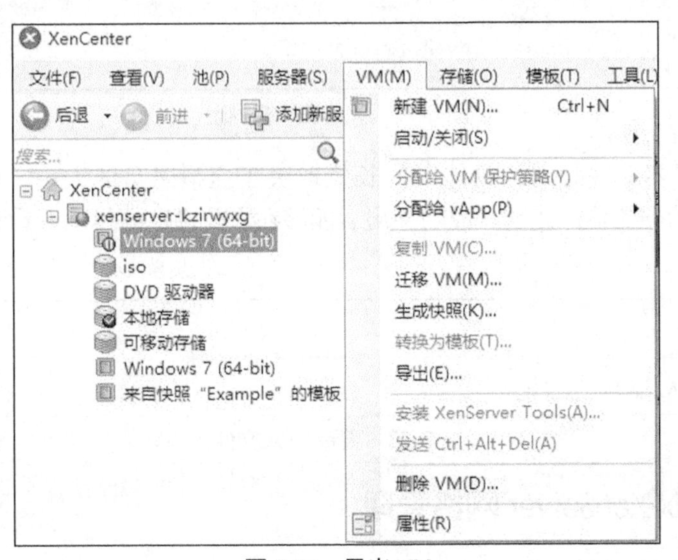

图 3-74 导出 VM

（2）在打开导的第一页上输入导出文件的名称，指定要保存导出文件的文件夹，在格式列表中选择“XVA 文件（*.xva）”选项，然后单击“下一步”按钮，如图 3-75 所示。

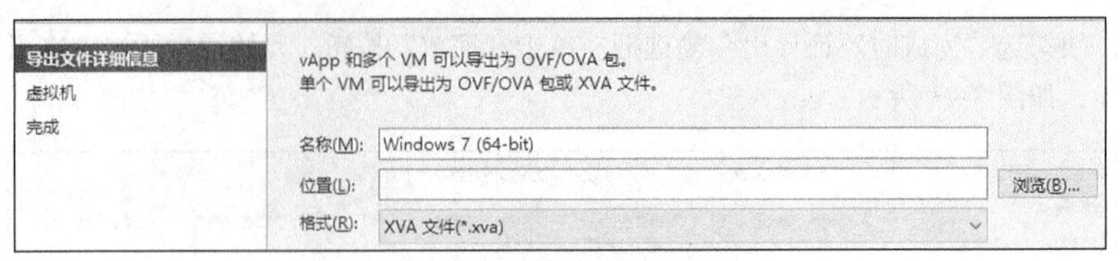

图 3-75　导出文件详细信息

（3）在虚拟机界面的列表中，要导出的 VM 处于选定状态。导出为 XVA 时，在该列表中只能选择一个 VM，单击“下一步”按钮继续操作，如图 3-76 所示。

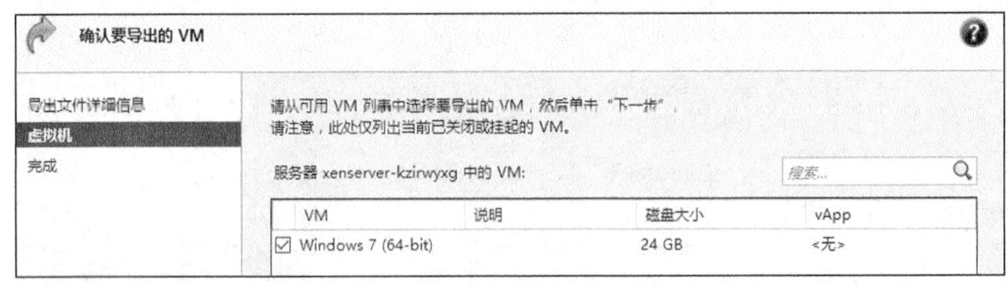

图 3-76　选择需要导出的虚拟机

（4）在该向导的最后一页上，检查界面中选择的设置。要想验证所导出的 XVA 文件，可选中“导出时进行验证”复选框。单击“完成”按钮，开始导出所选 VM 并关闭该向导，如图 3-77 所示。

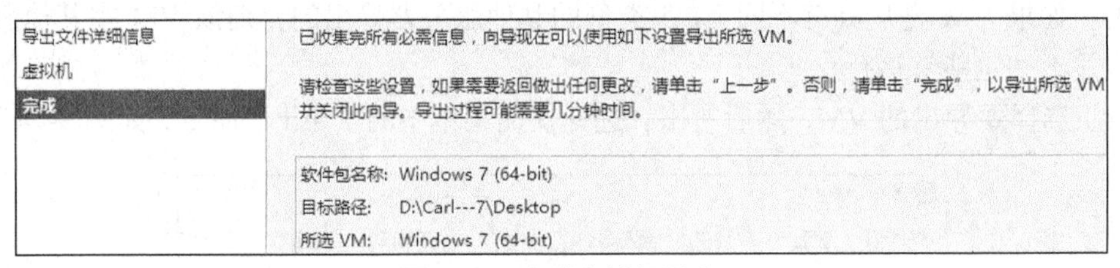

图 3-77　完成虚拟机导出

（5）导出需要一些时间，具体时间长短取决于虚拟磁盘的大小、可用网络带宽及 XenCenter 主机的磁盘接口速度。成功导出后能够在之前设定的目录下看到 XVA 文件，如图 3-78 所示。

图 3-78　查看 XVA 文件

3.5　Citrix XenServer 网络管理

3.5.1　添加新的外部网络

外部网络与物理网络接口卡（NIC）关联，在 VM 与外部网络之间起到桥接作用，从而使虚拟机可以通过 NIC 连接到外部资源。添加新外部网络的步骤如下。

（1）要在独立服务器上创建新网络，可以使用新建网络向导。在资源窗格中选择“服务器”或“池”，打开“网络连接”选项卡，如图 3-79 所示，然后单击“添加网络”按钮。

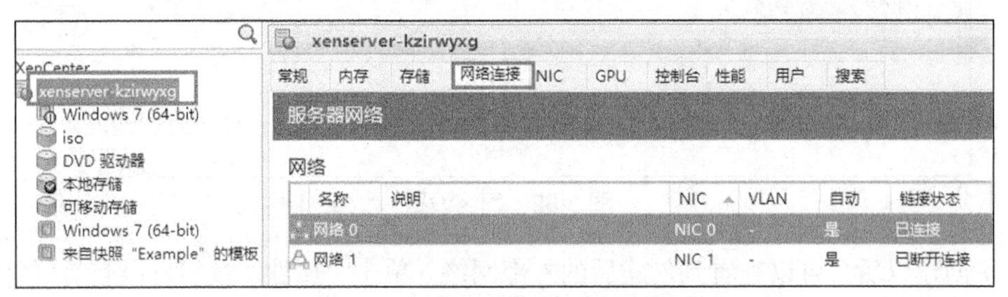

图 3-79　在独立服务器上创建新网络

（2）单击“添加网络”按钮后会打开新建网络向导。在向导的第一页中选中“外部网络”单选按钮，然后单击“下一步”按钮，如图 3-80 所示。

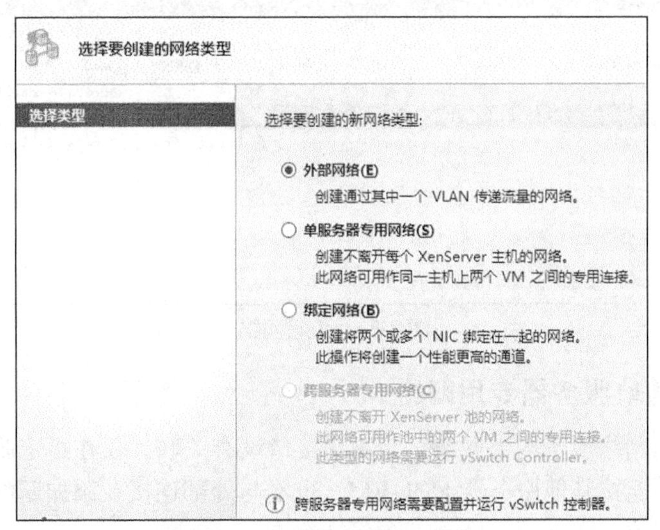

图 3-80　选择要创建的网络类型

（3）为新网络输入名称和可选的说明，如图 3-81 所示，然后单击“下一步”按钮。

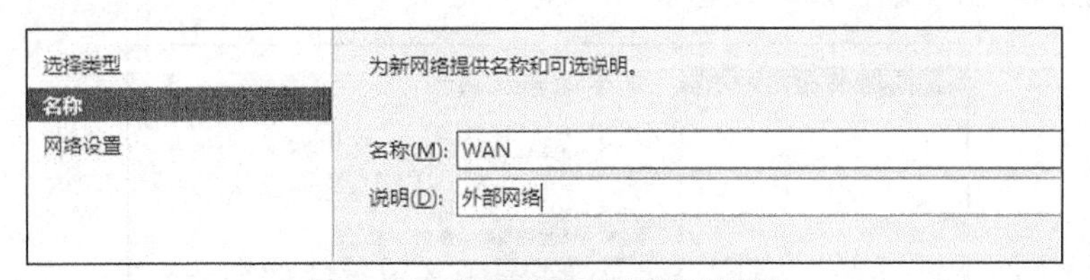

图 3-81　新网络名称及说明设置

（4）在“网络设置”选项组中为新网络配置 NIC、VLAN 和 MTU，从 NIC 下拉列表中选择物理网络接口卡。在 VLAN 微调框中，为新的虚拟网络分配编号。若要使用巨型帧，可将最大传输单元的值设置为 1500～9216 之间的数学。若要将新网络添加到使用新建 VM 向导创建的任何新 VM 中，可选中“自动将此网络添加到新虚拟机”复选框，如图 3-82 所示，单击“完成”按钮，创建新网络并关闭向导。

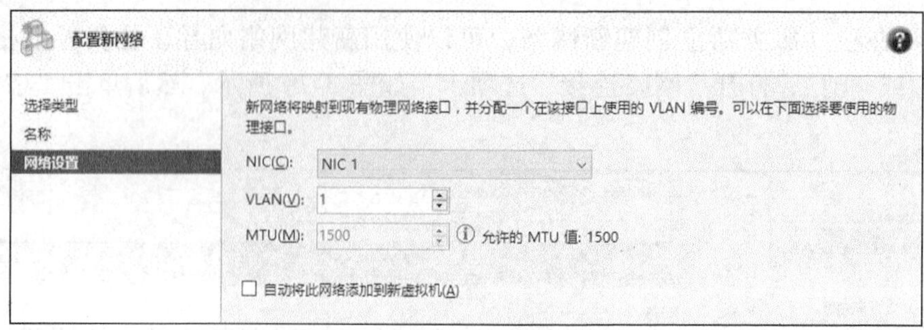

图 3-82　网络设置

（5）创建以后，可以查看到创建后的外部网络。单击“属性”按钮可以查看详细设置，如图 3-83 所示。

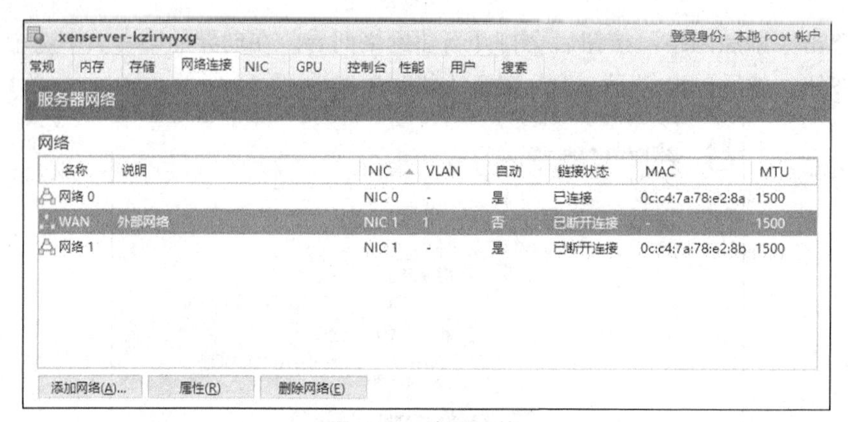

图 3-83　查看网络

3.5.2　添加新的单服务器专用网络

单服务器专用网络属于内部网络，与物理接口没有关联，仅在指定服务器上的虚拟机之间提供连接，不连接其他服务器上的 VM，也不与外部连接。添加新的单服务器专用网络的步骤如下。

（1）打开新建网络向导。在向导第一页中选中“单服务器专用网络”单选按钮，如图 3-84 所示，然后单击“下一步”按钮。

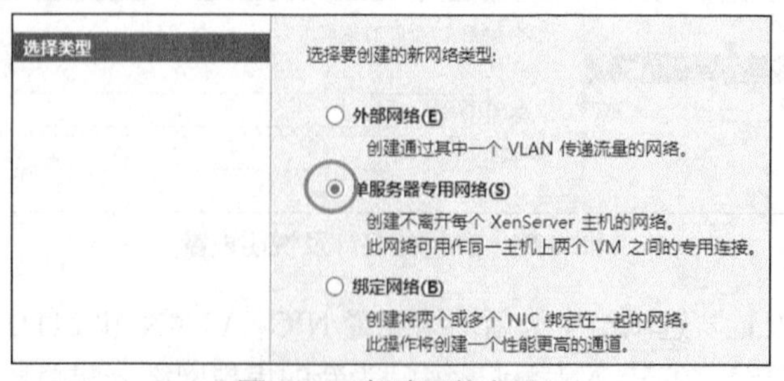

图 3-84　新建网络向导

（2）为新网络输入名称和说明，如图 3-85 所示，然后单击“下一步”按钮。

（3）在“网络设置”选项组中，选中相应复选框以将新网络自动添加到使用新建 VM 向导创建的任何新 VM 中，如图 3-86 所示。单击“完成”按钮，创建新网络并关闭向导。

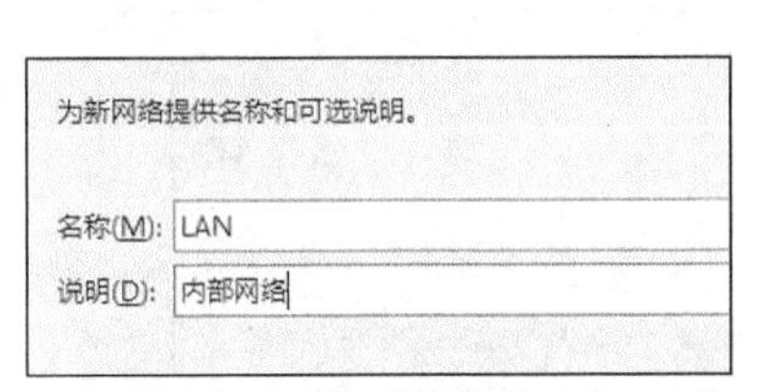

图 3-85 设置新网络名称及说明

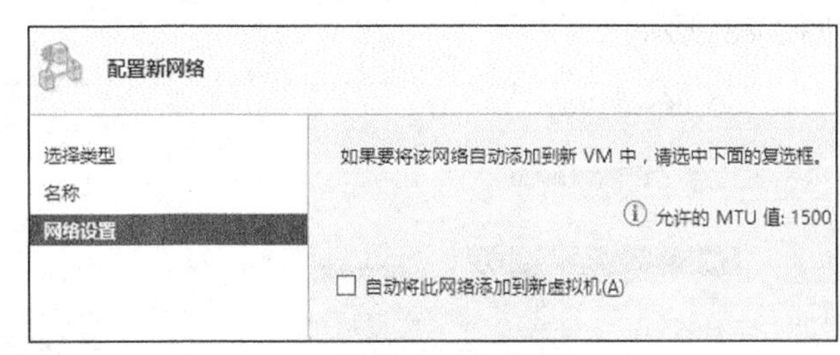

图 3-86 网络设置

3.5.3 添加新的跨服务器专用网络

XenServer 6.0 默认使用 Open vSwitch 虚拟交换机，跨服务器专用网络属于池级别的网络，在池中的 VM 之间提供专用连接，但不与外部连接。要创建跨服务器专用网络，必须满足以下条件。

（1）池中的所有服务器必须使用 XenServer 5.6 Feature Pack 1 或更高版本。

（2）池中的所有服务器必须使用 vSwitch 来进行网络连接。

（3）池必须配置 vSwitch 控制器，用来处理 vSwitch 连接所需的初始化和配置任务（必须在 XenCenter 外部完成）。

3.5.4 vSwitch 控制器的部署

首先将虚拟设备导入 XenCenter。Citrix XenServer 7.0 vSwitchController 设备需要在 My.citrix.com 中下载，下载的格式是 XYX。

3.6 Citrix XenServer 存储管理

（1）在 XenCent 的主界面中打开“存储”选项卡，单击“新建 SR”按钮，如图 3-87 所示。

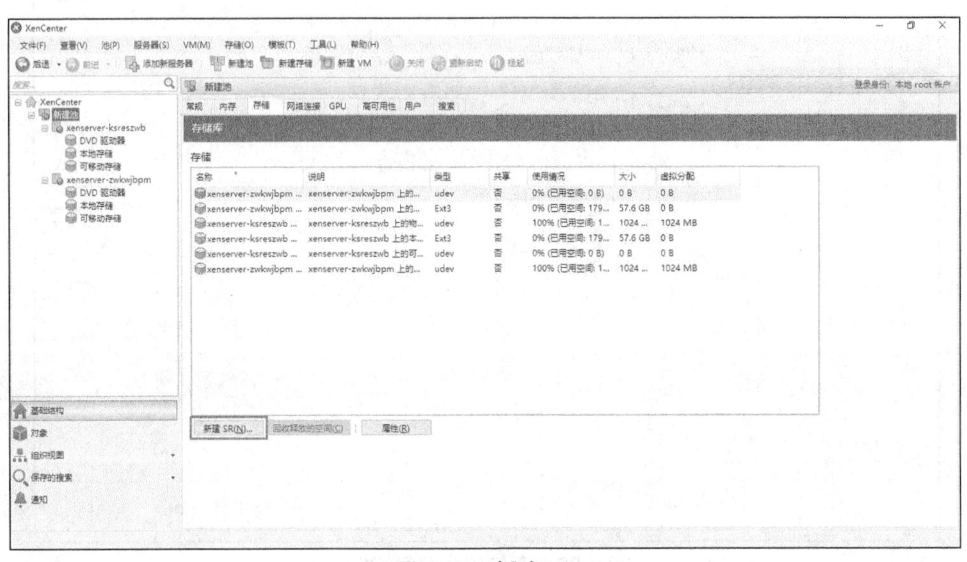

图 3-87 新建 SR

（2）弹出“新建存储库-新建池”对话框，选择“虚拟磁盘存储”的类型为 NFS，如图 3-88 所示。

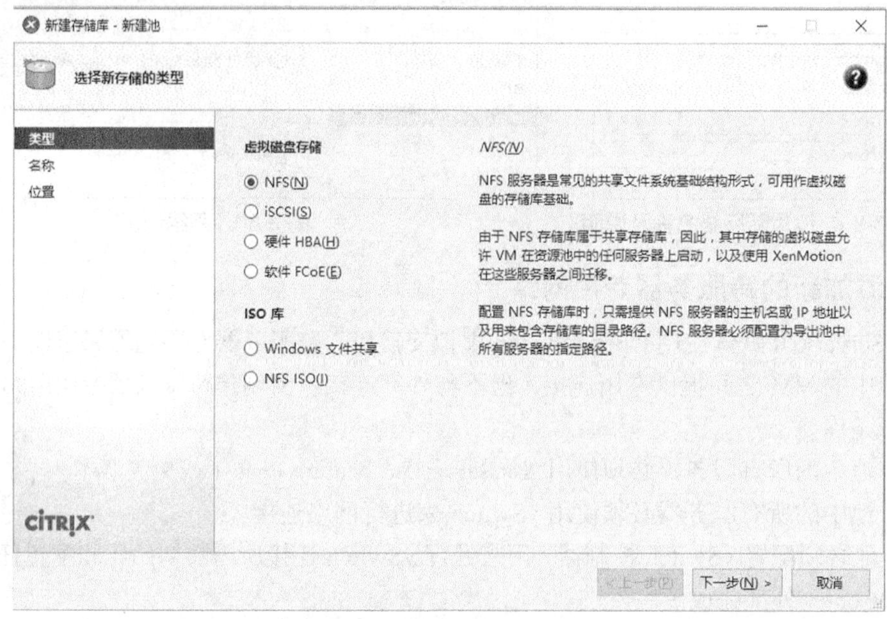

图 3-88　新建存储库-新建池

（3）在“名称”选项组中指定存储器的名称，输入共享名称，系统会自动为存储器添加在执行该向导的过程中所选配置选项的摘要。如果需要输入自己的说明，则撤选“自动基于 SR 设置（如 IP 地址、LUN 等）生成说明”复选框并在“说明”文本框中输入说明，单击“下一步”按钮继续操作，如图 3-89 所示。

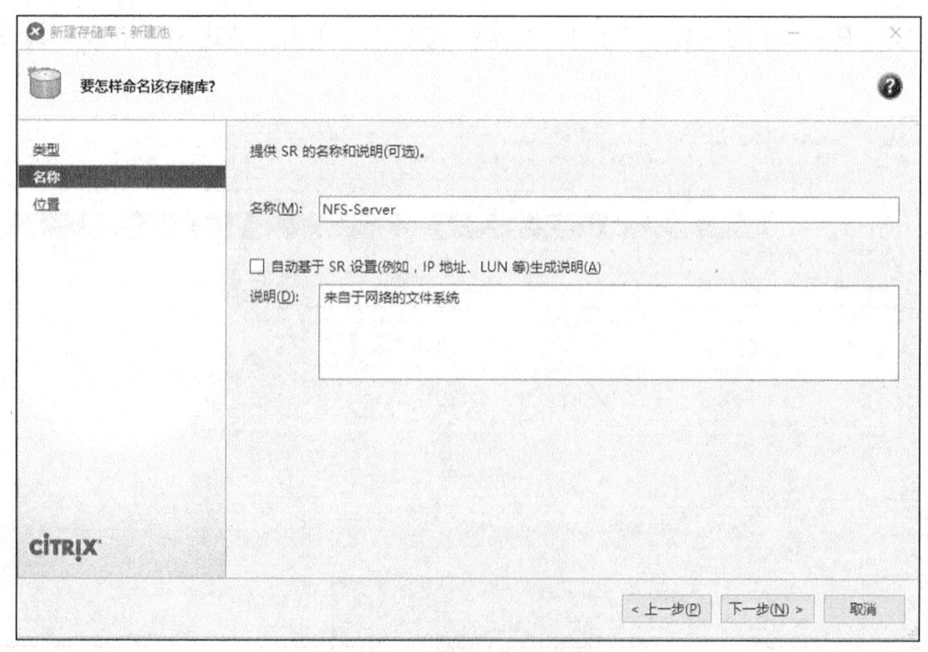

图 3-89　存储库命名及说明

（4）在“位置”选项组中设置好“共享名称”，单击“扫描”按钮进行检查，检查无误后单击“完成”按钮，如图 3-90 所示。

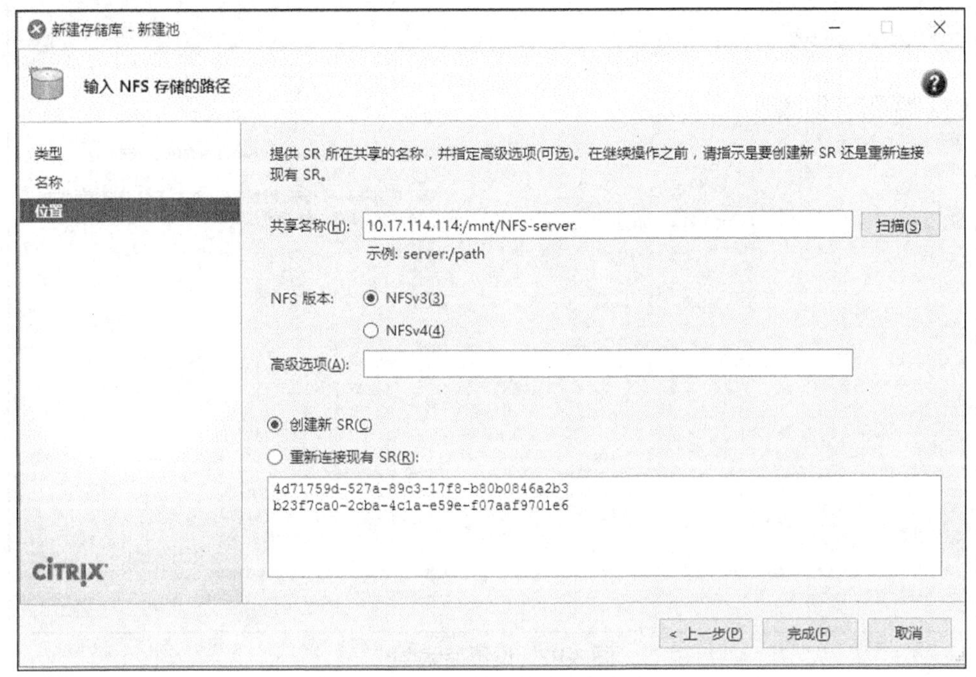

图 3-90　设置并扫描共享名称

（5）NFS 挂载成功后，在存储器列表中列出存储器信息，如图 3-91 所示。

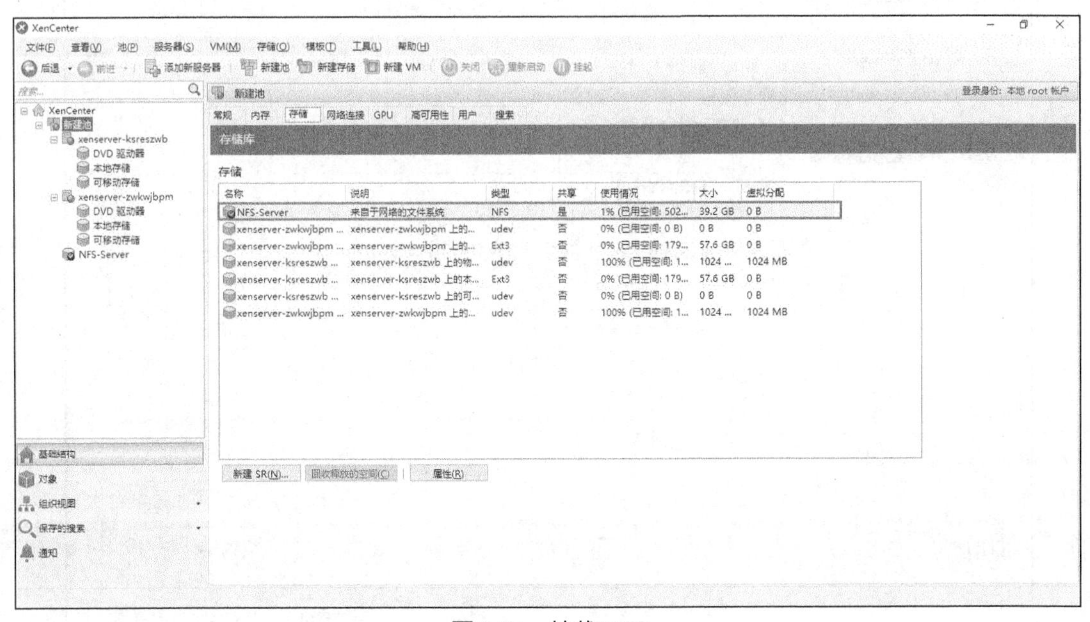

图 3-91　挂载 NFS

挂载 iSCSI 共享存储的设置如下。

（1）在新建存储库页面中选择新存储的类型。在“类型”选项组中设置“虚拟磁盘存储”类型为 iSCSI，单击“下一步”按钮，如图 3-92 所示。

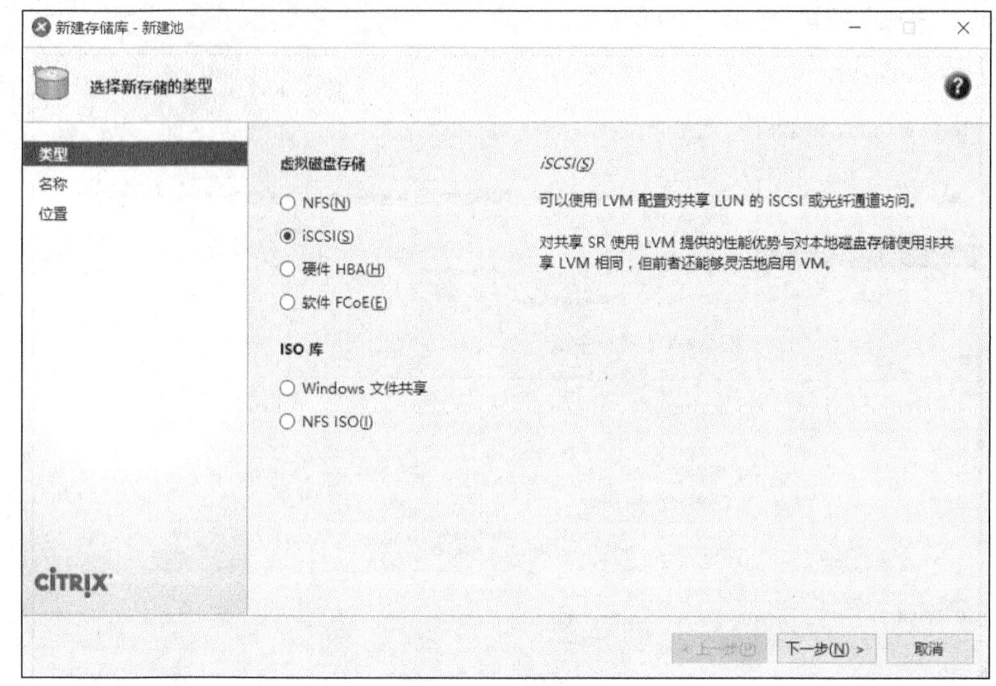

图 3-92　设置存储类型

（2）设置存储库名称，然后单击“下一步”按钮，如图 3-93 所示。

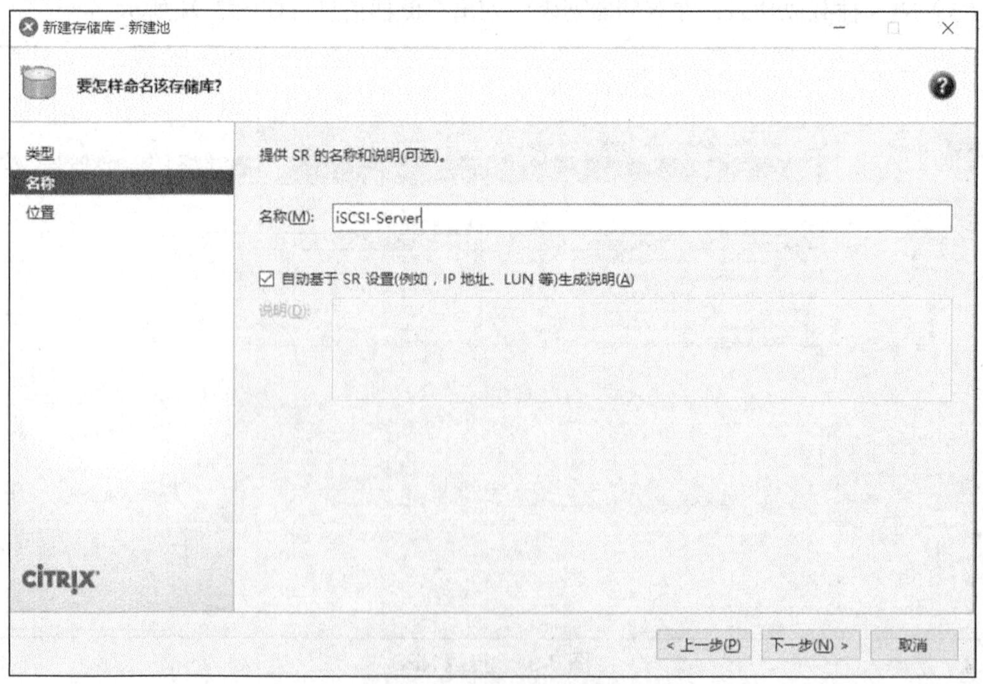

图 3-93　设置存储库名称

（3）提供 iSCSI 的存储路径，需要一个提前配置好的 iSCSI 服务器，填写的主机名或

IP 地址，要确保能够被正确解析，填写 iSCSI 服务的端口号，并填写设定的 CHAP 用户名以及密码，如图 3-94 所示。

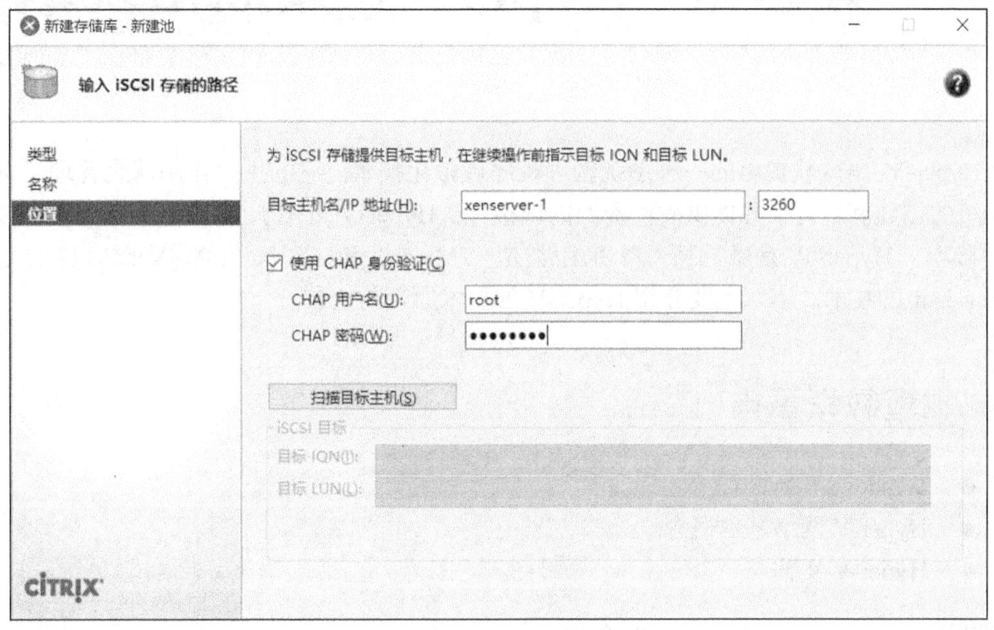

图 3-94 指定存储位置

3.7 本章小结

XenServer 是一个开源的虚拟化系统，以优异的稳定性著称，至今许多公有云数据中心仍使用 Xen 作为计算虚拟化技术来支撑其业务。本章先介绍了 XenServer 虚拟化系统的基本构架，再详细讲解了 XenServer 的安装方法，以及虚拟机的基本操作、基础的 XenServer 网络管理和存储管理方法。案例中涉及的 XenServer 相关软件，可以通过 XenServer 官方网站（https://xenserver.org/open-source-virtualization-download.html）下载该版本的试用版，并遵守相关软件协议。在实验过程中，读者可以通过本书介绍的虚拟机的方式进行实验，在物理机上进行实验，以获得最好的实验效果。读者也可以尝试在 Linux 系统中安装 Xen 虚拟化内核，使用 Virtual Machine Manager 或者 virsh 虚拟化管理工具来进行 Xen 虚拟化技术的相关实验。

3.8 扩展习题

1. 简述 XenServer Domain0 的作用。
2. XenServer 虚拟网卡如何配置 trunk？
3. XenServer 如何配置存储多路径？

第 4 章　Hyper-V 虚拟化技术

Hyper-V 是微软提出的一种系统管理程序虚拟化技术。它的主要作用就是管理、调度虚拟机的创建和运行，并提供硬件资源的虚拟化。Hyper-V 可用于 Windows Server 2008 以上的版本。Hyper-V 是微软第一个采用类似 VMware 和 Citrix 开源 Xen 一样的基于 Hypervisor 的技术。本章主要介绍 Hyper-V 的技术原理与安装。

本章教学重点

- Windows Server 简介
- Hyper-V 网络基本概念
- Hyper-V 实践

4.1 Windows Server 简介

Windows Server 是领先的服务器操作系统，驱动着世界上很多大规模的数据中心，并能为全球小企业提供帮助，为不同规模的组织产生价值。以此为基础构建而来的 Windows Server 8 提供了上百项新功能和改进，可实现虚拟化与云计算的过滤，帮助降低 IT 成本，使业务产生更多价值。在 Windows Server 2012 中，虚拟化、网络、存储、用户体验等方面有一些激动人心的创新，并将 Windows PowerShell 脚本操作的动力提高到一个全新层面。微软于 2012 年 2 月 29 日发布了新一代操作系统——Windows 8 消费者预览版，新 Windows 8 系统采用全新的 Metro 风格用户界面，各种应用程序、快捷方式等能以动态方块的样式呈现在屏幕上，用户可自行将常用的浏览器、社交网络、游戏等添加其中，这使其迅速成为 IT 界的焦点。作为 Windows 8 的孪生兄弟，Windows Server 8 Beta 也采用全新的 Metro 风格用户界面，各种应用程序、快捷方式等也能以动态方块的样式呈现在屏幕上，用户可自行将常用的浏览器、监控软件、服务器控制器等添加到桌面，使用更方便。Windows Server 2012 虽然仅仅是测试版本，但它的很多特色功能还是吸引了诸多 IT 爱好者。特别是 Windows Server 2012 操作系统在虚拟化和安全等方面都有较大的提升，而且无论是桌面界面设计，还是特色功能选项，都更加人性化，可以说，这是一个不可多得的服务器操作系统。

4.1.1 Hyper-V 功能特性

Hyper-V 是 Windows Server 中的一个功能组件，可以提供一个基本的虚拟化平台，让用户能够实现向云端迁移，Windows Server 2012 对 Hyper-V 集群的支持可以说到了疯狂的地步：它可以将多达 63 个 Hyper-V 主机、4000 台虚拟机在一个集群中创建。Windows Server 2012 包括的其他功能，使管理和维护 Hyper-V 集群更容易，如集群感知的修补、重复数据删除和 BitLocker 加密。相比 Windows Server 2008 搭载的 Hyper-V 2.0，Windows Server 2012 搭载的最新版本则增加并更新了很多的功能和特性。在 Microsoft 最新的 Windows Server 2012 系统中，其自带 Hyper-V 虚拟化平台。

Windows Server 2012 很好地改进了虚拟平台的可扩展性和性能，使有限的资源借助 Hyper-V 能更快地运行更多的工作负载，并能够帮助卸载特定的软件。通过 Windows Server 2012 可生成一个高密度、高度可扩展的环境，该环境可根据客户需求适应最优级别的平台。当虚拟机移动到云中时，Hyper-V 网络虚拟化保持本身的 IP 地址不变，同时提供与其他租户虚拟机的隔离性，即使虚拟主机使用相同的 IP。

Hyper-V 提供了可扩展的交换机，通过该交换机可实现多租户的安全性选项、隔离选项、流量模型、网络流量控制、防范恶意虚拟机的内置安全保护机制、服务质量（QoS）和带宽管理功能，可以提高虚拟环境的整体表现和资源使用量，同时可使计费更详细、准确。Hyper-V 具有大规模部署和高性能特性，每台主机支持高达 160 个逻辑处理器、2TB 内存、最多 32 个虚拟机处理器。每台虚拟机的 VHDX 虚拟硬盘格式支持高达 16TB 的磁盘扇区，下一代硬盘将会支持更多。当客户操作系统支持 Hyper-V 直通磁盘时没有容量限制。

Hyper-V Single Root-I/O Virtualization（SR-IOV，一种网卡虚拟化技术）支持将网卡映射到虚拟机中以便扩展工作负载。对于 10GB 以上的工作负载来说，SR-IOV 显得尤为重要。Hyper-V Offloaded Data Transfer（ODX，一种存储虚拟化技术）使虚拟磁盘、阵列与数据中心之间的数据传输更加安全，同时几乎不占用 CPU 负载。客户机 Fiber Channel 增加虚拟机存储选项以支持光纤通道存储区域网络（SAN），通过 FC 支持客户机集群，支持多客户机多路径 IO（MPIO）。

在实时迁移方面，Share Nothing Live Migration（无共享实时迁移，其他虚拟化技术迁移往往依赖共享存储）只需一个网络连接便可实时地迁移虚拟机，支持零宕机时间存储服务和存储负载平衡。Concurrent Live Migration（并发实时迁移）和 Concurrent Live Storage Migrations（并发实时存储迁移）使企业能够按照需要实时迁移虚拟机或虚拟存储，对此，Hyper-V 唯一的限制是基于企业提供的硬件数量。Hyper-V 支持 Live Migrations 优先级别，支持基于 SMB 2.2 的文件存储，使得管理员更容易配置和管理存储，以及利用现有的网络资源。

Windows Server 2012 Hyper-V 可实时迁移虚拟机的任何部分，也可以选择是否需要高可用性。云计算的优势就是在满足客户需求的同时，最大限度地实现灵活性。

4.1.2 Hyper-V 系统架构

一般来说，在 Hyper-V 之前，Windows 平台常见的操作系统虚拟化技术一般分为两种架构，具体如下。

第一种是 Type 2 架构，它的特点是 Host 物理机的硬件上是操作系统，操作系统上运行着 VMM（Virtual Machine Monitor）。VMM 作为这个架构当中的 Virtualization Layer（虚拟化层），其主要工作是创建和管理虚拟机，分配总体资源给各虚拟机，并且保持各虚拟机的独立性，也可以把它看作一个管理层。在 VMM 上面运行的就是各 Guest 虚拟机。但这个架构有一个很大的问题，就是 Guest 虚拟机要穿越 VMM 和 HostOS（宿主机操作系统）这两层来访问硬件资源，这样就损失了很多的性能，效率不高。采用这种架构的典型产品就是 Java Virtual Machine 及.NETCLR Virtual Machine。

第二种是 Hybrid 架构。和 Type 2 架构不同的是，VMM 和 HostOS 处于同一个层面上，也就是说，VMM 和 HostOS 同时运行在内核，交替轮流地使用 CPU。这种模式比 Type 2 架构的运算速度快很多，因为在 Type 2 模式下 VMM 通常运行在用户模式当中，而 Hybrid 运行在内核模式中。这种架构的典型产品有面向桌面操作系统的 VPC 2007 和微软上一代面向服务器操作系统的 Virtual Server 2005。

而 Hyper-V 没有使用上面所说的两种架构，而是采用了一种全新的架构——Type 1 的架构，也就是 Hypervisor 架构。和以前的架构相比，它直接用 VMM 代替了 HostOS。HostOS 从这个架构当中彻底消失，将 VMM 这层直接做在硬件里面，所以 Hyper-V 要求 CPU 必须支持虚拟化。这种做法带来了虚拟机 OS 访问硬件的性能的直线提升。VMM 这层在这个架构中就是常说的 Hypervisor，它处于硬件和很多虚拟机之间，其主要目的是提供很多孤立的执行环境。这些执行环境被称为分区（Partition），每一个分区都被分配了自己独有的一套硬件资源，即内存、CPU、I/O 设备，并且包含了 GuestOS。以 Hyper-V 为基础的虚拟化技术拥有最强劲的潜在性能。Hyper-V 的体系结构如图 4-1 所示。

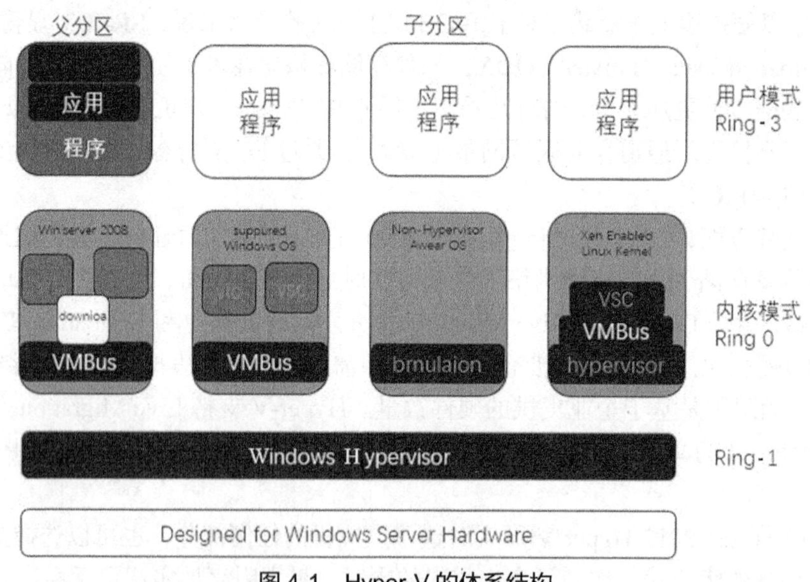

图 4-1　Hyper-V 的体系结构

4.2 Hyper-V 网络基本概念

Hyper-V 提供建立多台虚拟机使用虚拟网络的能力，通过 Hyper-V 可使虚拟机具有更好的伸缩性，并提高网络的资源利用率。

Windows Server 2012 提供了基于策略且由软件控制的网络虚拟化，这样当企业扩大专用 IaaS 云时可降低所面临的管理开销。网络虚拟化还为云托管提供商提供了更好的灵活性，为管理虚拟机提供了更好的伸缩性，以及更高的资源利用率。Hyper-V 通过模拟一个标准的（ISO/OSI 二层）交换机来支持以下 3 种虚拟网络。

（1）External（外部虚拟网络）：虚拟机和物理网络都希望能通过本地主机通信。当允许子分区（虚拟机或 guest）与外部服务器的父分区（管理操作系统或 host）通信时，可以使用此类型的虚拟网络。此类型的虚拟网络还允许位于同一物理服务器上的虚拟机互相通信。

（2）Internal（内部虚拟网络）：虚拟机之间互相通信，并且虚拟机能和本机通信，当允许同一物理服务器上的子分区与子分区之间或子分区与父分区之间进行通信时，可以使用此类型的虚拟网络。内部虚拟网络是未绑定到物理网络适配器的虚拟网络。它通常在测试环境中用于操作系统到虚拟机的管理连接。

（3）Private（专用虚拟网络）：仅允许运行在这台物理机上的虚拟机之间互相通信。当只允许同一物理服务器上的子分区之间进行通信时，可以使用此类型的虚拟网络。专用虚拟网络是一种无须在父分区中装虚拟网络适配器的虚拟网络。在希望将子分区从父分区及外部虚拟网络中的网络通信中分离出来时，通常会使用专用虚拟网络。

Windows Server 2012 的 Hyper-V 虚拟交换机（vSwitch）引入了很多用户要求的功能，如实现租户隔离、通信调整、防止恶意虚拟机、更轻松地排查问题等，还有非 Microsoft 扩展的开放可扩展性和可管理性方面的改进，可以编写非 Microsoft 扩展，以及模拟基于硬件的交换机的全部功能，支持更复杂的虚拟环境和解决方案。

Hyper-V vSwitch 是第 2 层虚拟网络交换机，它以编程方式提供管理和扩展功能，从而将虚拟机连接到物理网络。vSwitch 为安全、隔离及服务级别提供策略强制。通过支持网络设备接口规格（NDIS）筛选器驱动程序和 Windows 筛选平台（WFP）标注驱动程序，Hyper-V vSwitch 允许提供增强网络和安全功能的非 Microsoft 可扩展插件。

由于 Hyper-V vSwitch 扮演的角色与物理网络交换机为物理设备提供的虚拟机类似，因此可以轻松管理、排查及解决网络问题。为此，Windows Server 2012 提供了 Windows PowerShell Cmdlets，可以用来构建命令行工具或者启用脚本自动执行，以便进行设置、配置、监视和问题排查。Windows PowerShell 还允许非开发人员构建用于管理虚拟交换机的工具。统一的跟踪已扩展到 vSwitch 中，用来支持两个级别的问题排查。在第一个级别，Windows 事件跟踪（ETW）能够通过 vSwitch 和扩展跟踪数据包事件。第二个级别允许捕获数据包，以便实现事件和通信数据包的完全跟踪。

Hyper-V vSwitch 是一个开放的平台，该平台支持多个供应商提供写入标准 Windows API 框架的扩展。通过使用 Windows 标准框架和减少各种功能所需的非 Microsoft 代码，提高了扩展的可能性，并通过 WHQL 认证计划保证了可靠性。通过使用 Windows PowerShell Cmdlets、WMI 调用或者 Hyper-V 管理器来管理 vSwitch 及其扩展。

4.3 Windows Server 安装与配置

Windows Server 安装与配置的步骤如下。

（1）打开虚拟机软件，导入 Windows Server 2012 操作系统镜像，运行虚拟机，开始操作系统安装。进入 Windows Server 2012 的等待界面，如图 4-2 所示。

图 4-2 Windows Server 2012 等待界面

（2）在弹出的语言选择界面，选择系统语言以及键盘和输入法，然后单击“下一步”按钮，如图 4-3 所示。

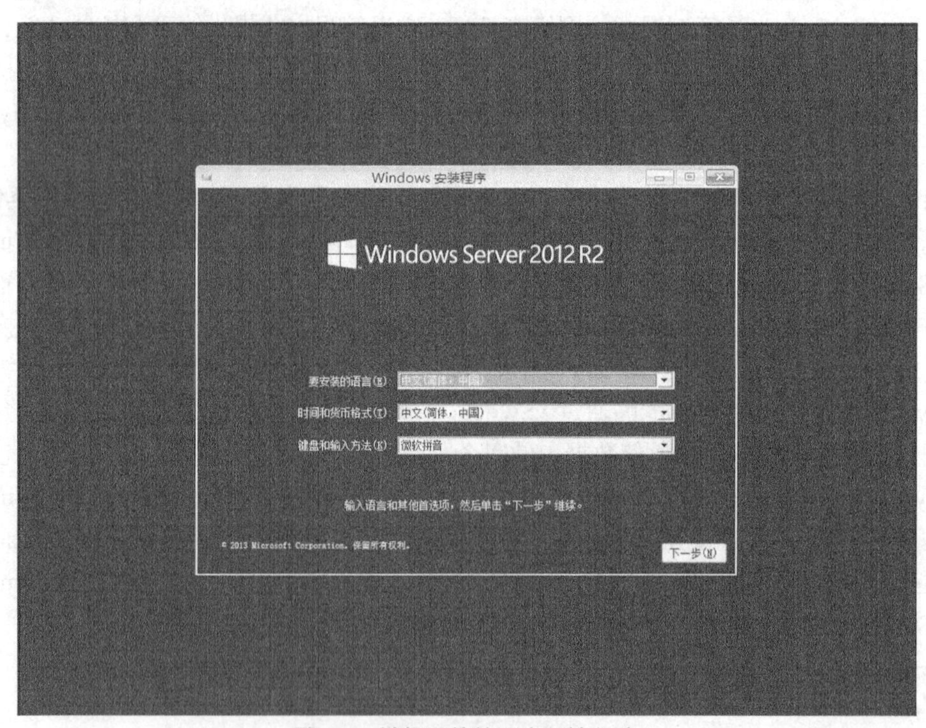

图 4-3 选择系统的语言及输入法

（3）在安装界面中单击“现在安装”按钮，开始安装 Windows Server 2012 操作系统，如图 4-4 所示。

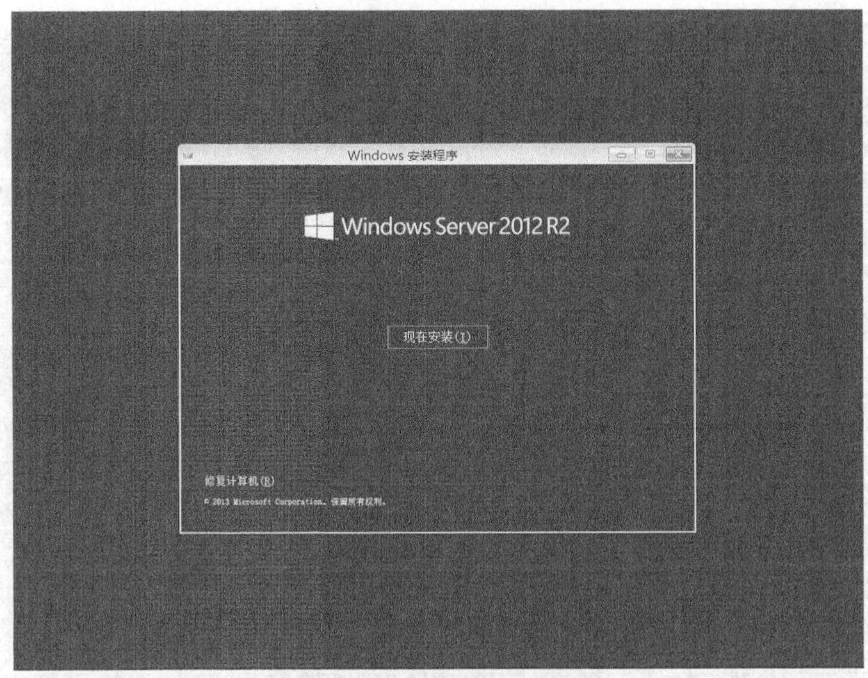

图 4-4　单击“现在安装”按钮

（4）在安装程序选择界面中选择安装的版本，其中第一个选项为核心版。第二个选项为完整版（即带有图形界面），这里选择完整版，如图 4-5 所示。

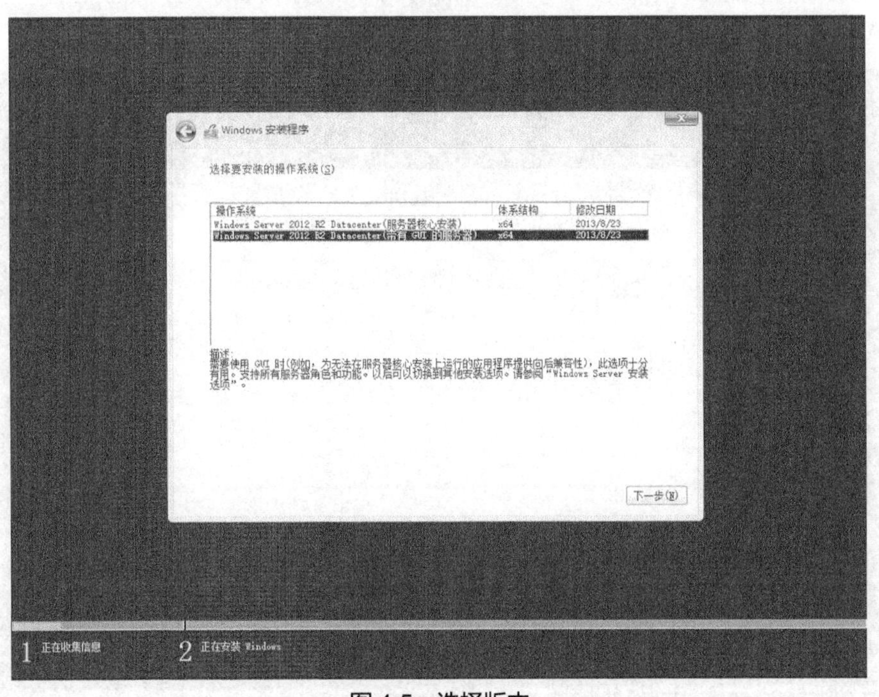

图 4-5　选择版本

（5）弹出“许可条款”界面，选中“我接受许可条款”复选框并单击“下一步”按钮，继续安装，如图 4-6 所示。

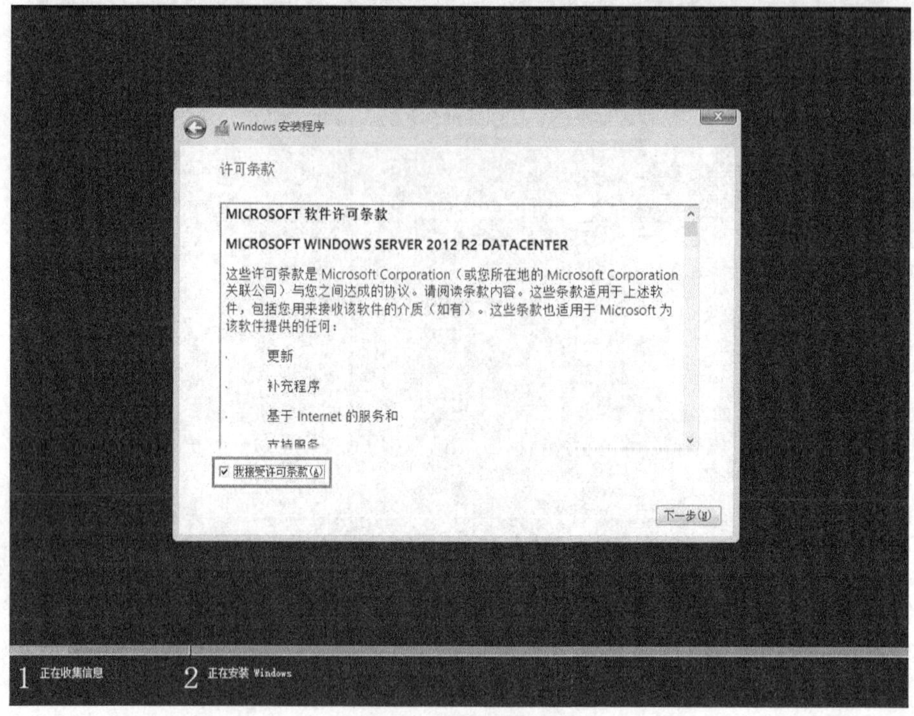

图 4-6 接受许可条款

（6）在执行安装类型界面（如图 4-7 所示）中，选择安装类型，这里选择“自定义：仅安装 Windows（高级）”选项，开始自定义安装 Windows Server 2012 操作系统。

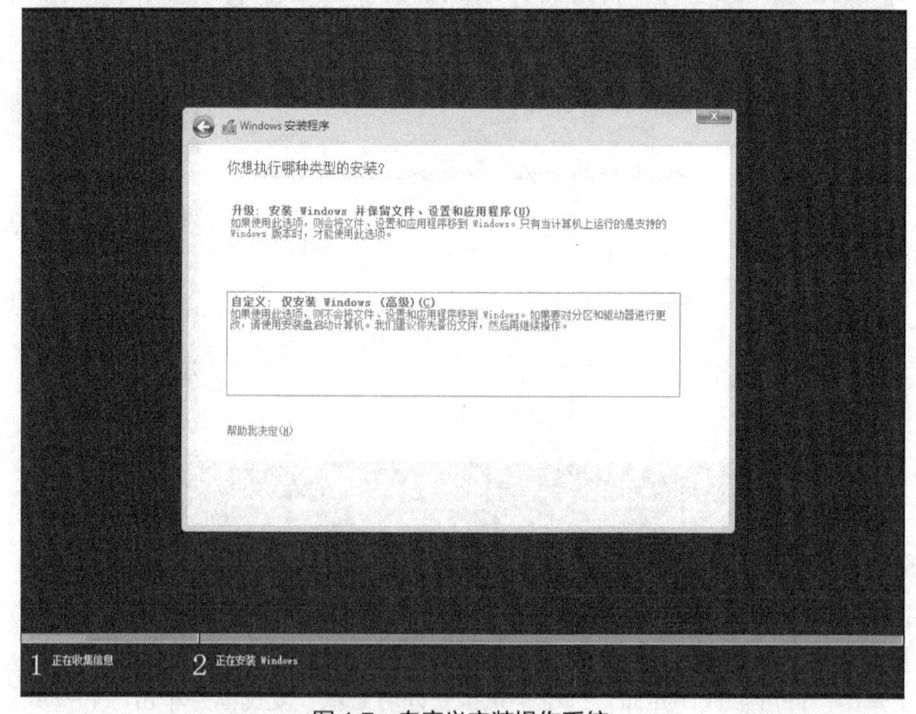

图 4-7 自定义安装操作系统

（7）在弹出的界面中，选择安装操作系统的驱动器。若驱动器未格式化，需要先为驱动器创建文件格式，并格式化；若采用了其他类型的驱动器，则需要加载对应的驱动，在新的系统建立好分区后，单击“下一步”按钮，继续安装，如图 4-8 所示。在安装过程中，系统会自动将需要的文件复制到安装盘中，此时只需要等待片刻即可。在安装过程中，计算机会被重启两到三次，如图 4-9（安装过程）和图 4-10（设置管理员密码）所示。

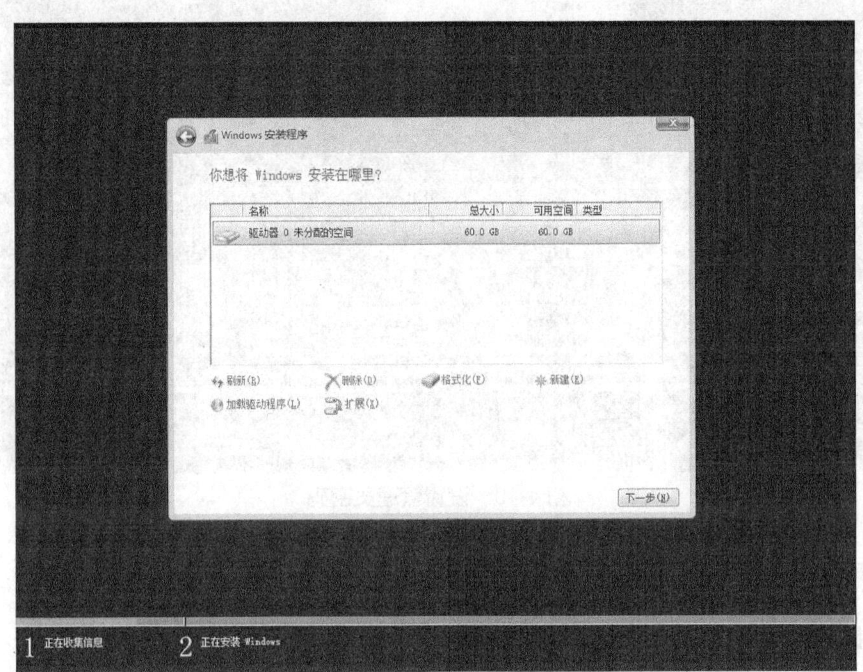

图 4-8　建立分区

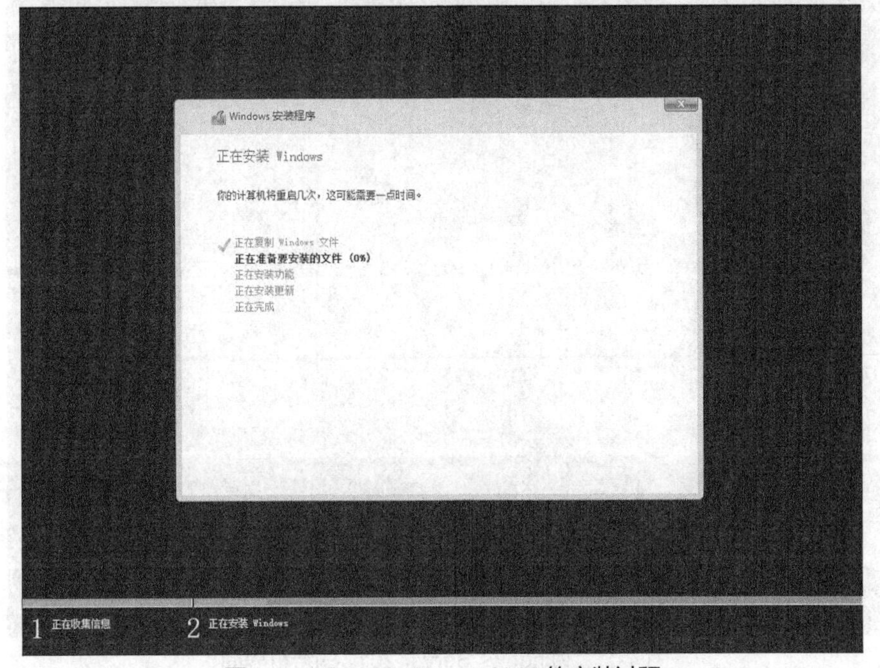

图 4-9　Windows Server 2012 的安装过程

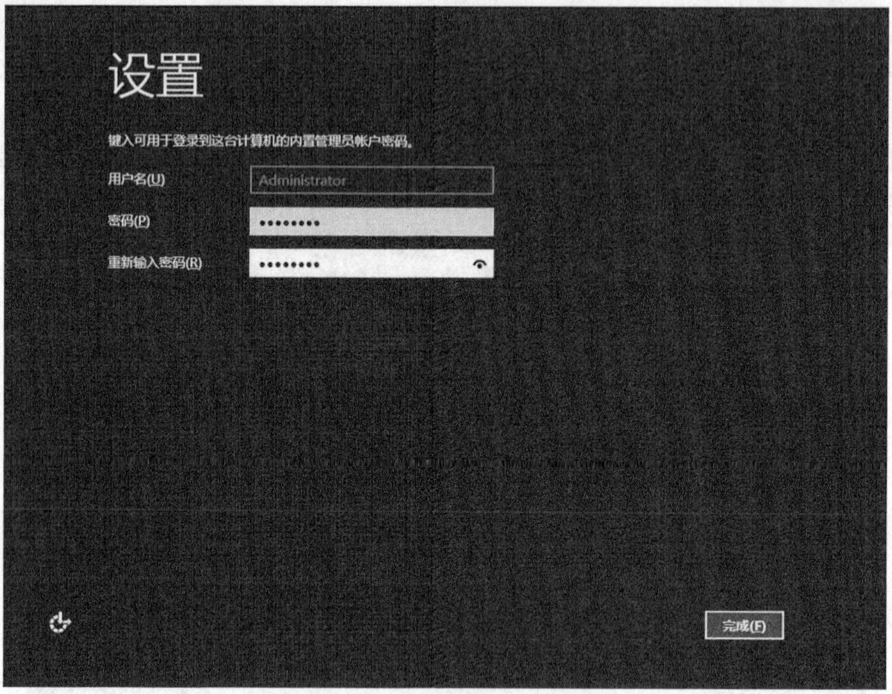

图 4-10　设置管理员密码

（8）安装完成并设置了管理员密码后，在登录界面根据提示使用 Ctrl+Alt+Delete 组合键，输入设置好的账号、密码，进入登录界面。至此，Windows Server 2012 操作系统安装完成，如图 4-11（待机界面）和图 4-12（登录界面）所示。

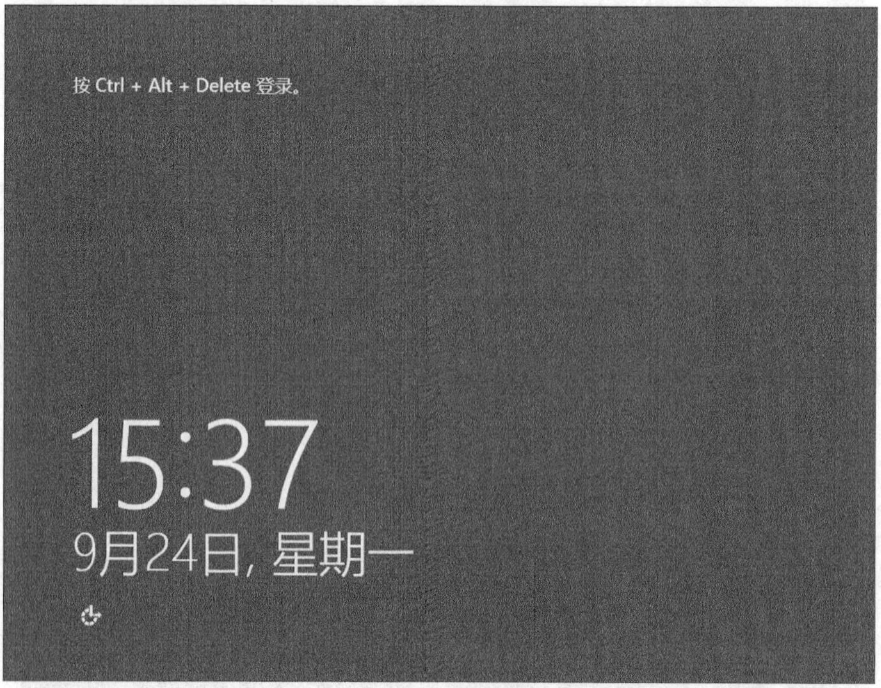

图 4-11　Windows Server 2012 的待机界面

图 4-12 Windows Server 2012 的登录界面

4.4 Hyper-V 的安装

Hyper-V 的安装方式不同于其他虚拟化内核的安装方式，首先需要在 Windows 操作系统控制面板的程序与功能中开启 Hyper-V 功能，其次如同 Windows Server 的其他服务一般，在服务器管理器中添加 Hyper-V 服务。

Hyper-V 的安装步骤如下。

（1）登录系统后，打开“开始”菜单，单击“控制面板”按钮，如图 4-13 所示。

图 4-13 单击“控制面板”按钮

（2）在打开的“控制面板”主界面中单击“启用或关闭 Windows 功能”选项，如图 4-14 所示。

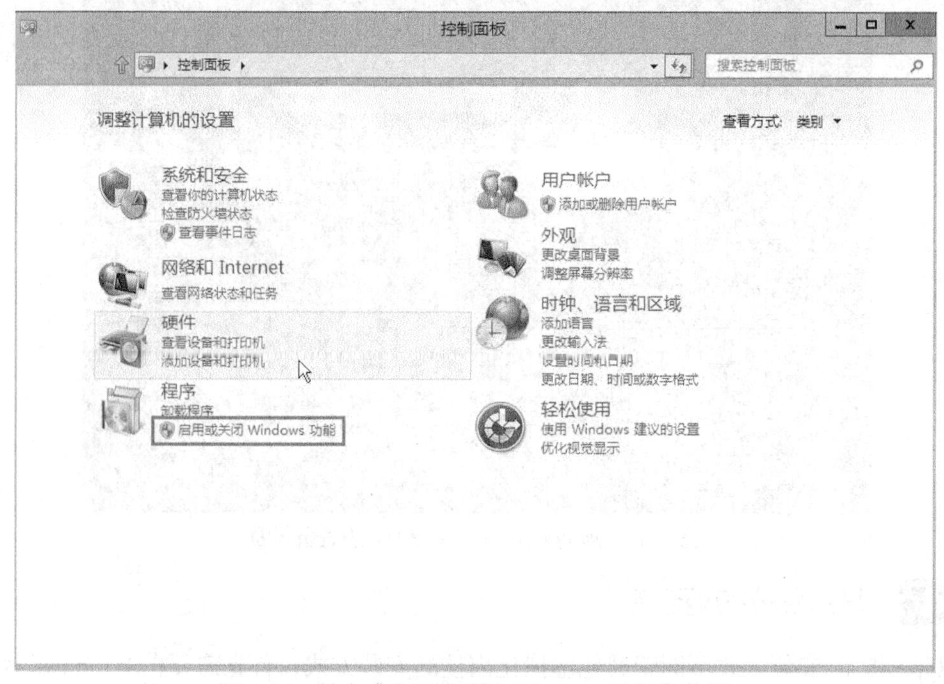

图 4-14　单击“启用或关闭 Windows 功能”选项

（3）弹出“服务器管理器”窗口，在“仪表板”选项卡的“配置此本地服务器”选项组下，单击第二项“添加角色和功能”选项，如图 4-15 所示。

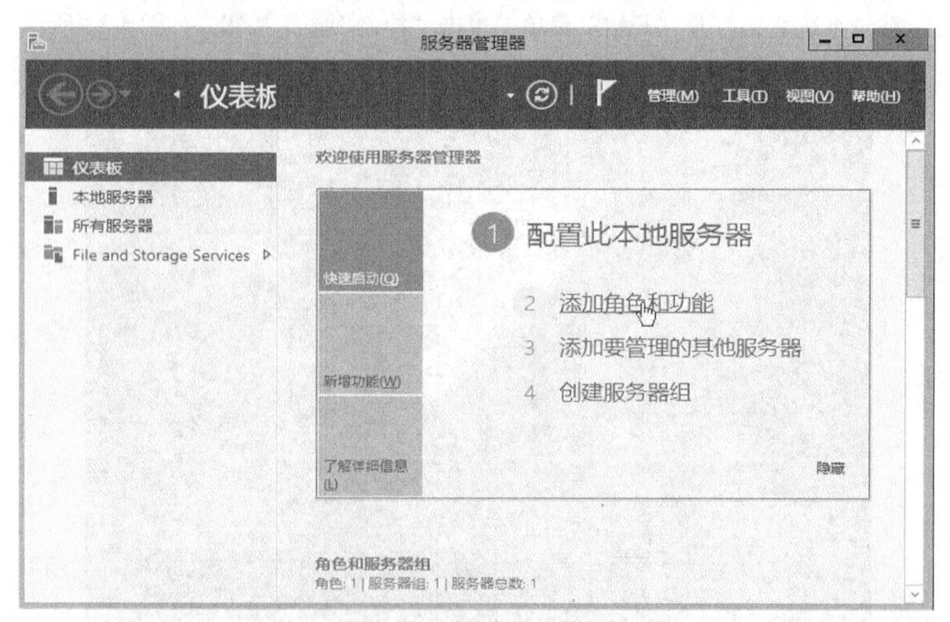

图 4-15　添加角色和功能

（4）弹出“添加角色和功能向导”界面，单击“下一步”按钮，如图 4-16 所示。

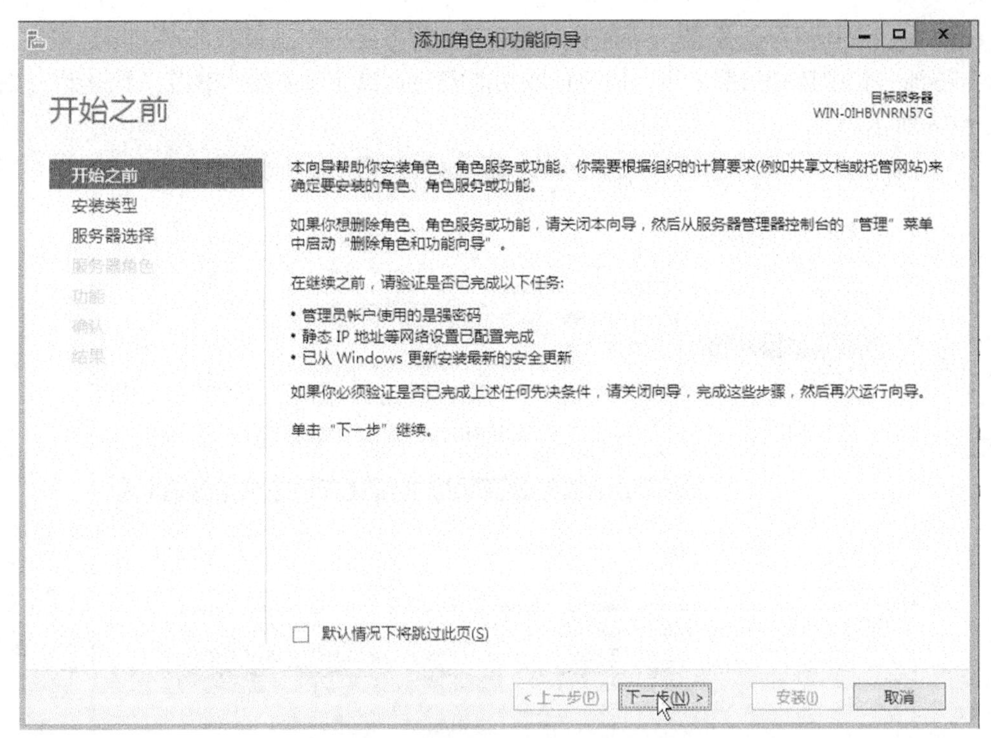

图 4-16 “添加角色和功能向导”界面

（5）弹出“选择安装类型”界面，选中“基于角色或基于功能的安装”单选按钮，此选项为默认选项，单击“下一步”按钮继续安装，如图 4-17 所示。

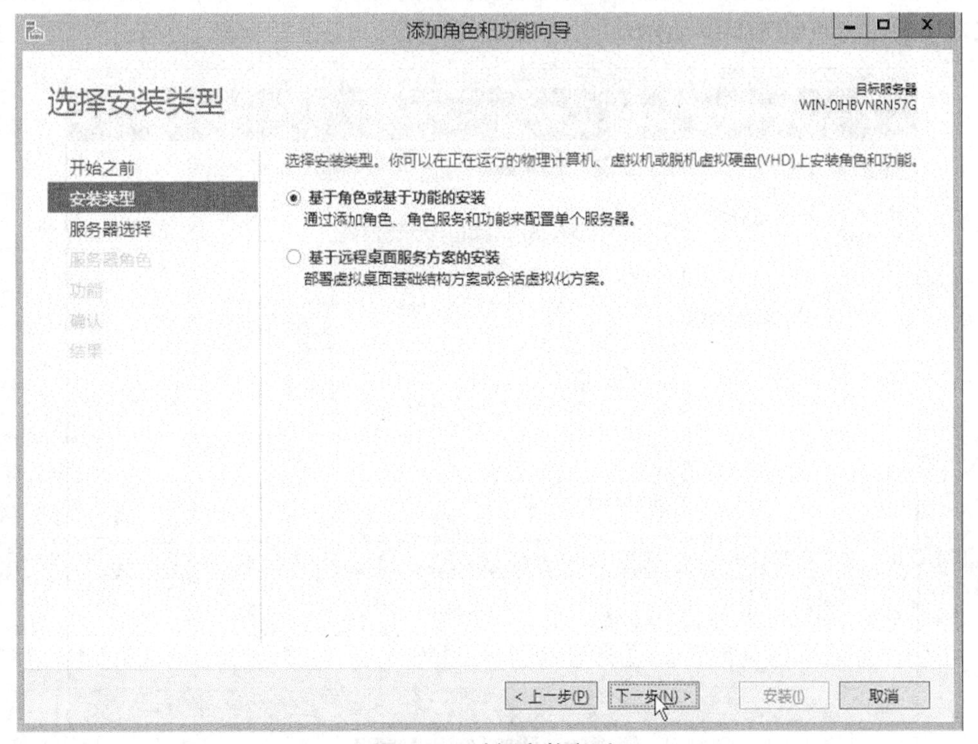

图 4-17 选择安装类型

（6）在“选择目标服务器”界面中，选中“从服务器池中选择服务器”单选按钮，并在服务器池一栏中选择当前主机，将角色或功能安装到当前服务器，单击“下一步”按钮，如图 4-18 所示。

图 4-18　选择目标服务器

（7）弹出“添加角色和功能向导”对话框，找到 Hyper-V，单击“添加功能”按钮，添加对应的功能，如图 4-19 所示。

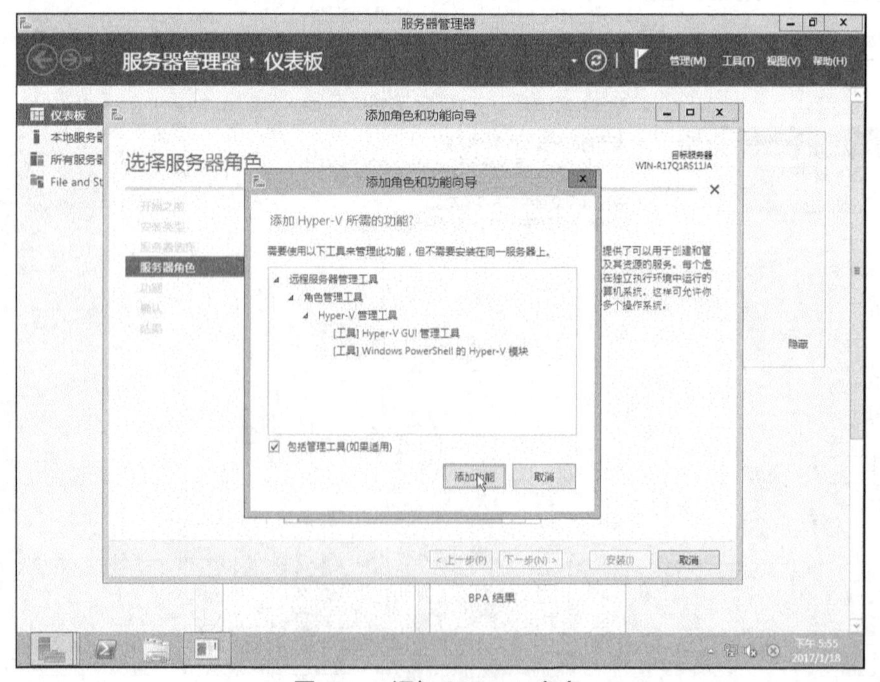

图 4-19　添加 Hyper-V 角色

（8）在“选择服务器角色”界面中，选择 Hyper-V，单击“下一步”按钮，如图 4-20 所示。

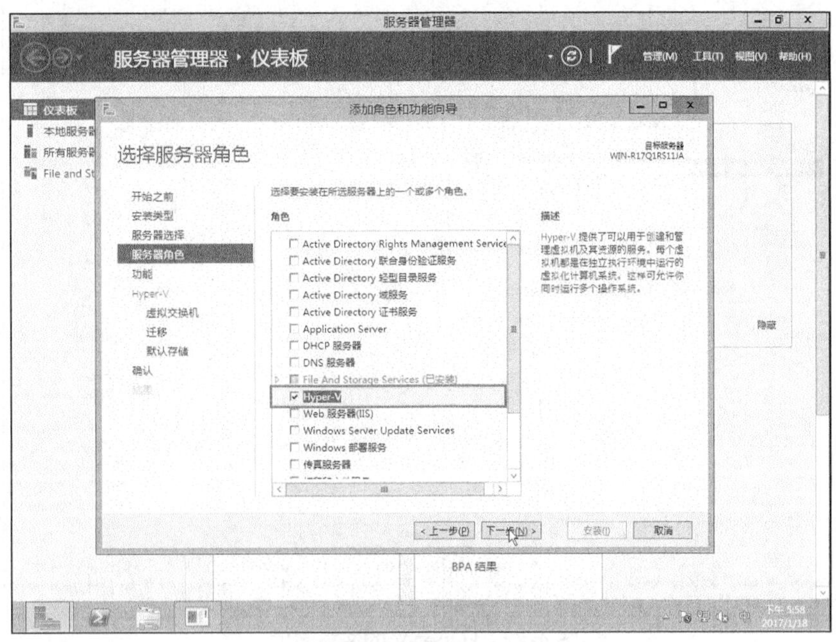

图 4-20　选择 Hyper-V

（9）在“选择功能”界面中，根据自己的需求选择相应的功能进行安装，这里也可以不做选择，只是单击“下一步”按钮，如图 4-21 所示。

图 4-21　选择 Hyper-V 的功能

（10）弹出 Hyper-V 的安装相关注意事项，仔细阅读安装注意事项，并单击“下一步”

按钮，如图 4-22 所示。

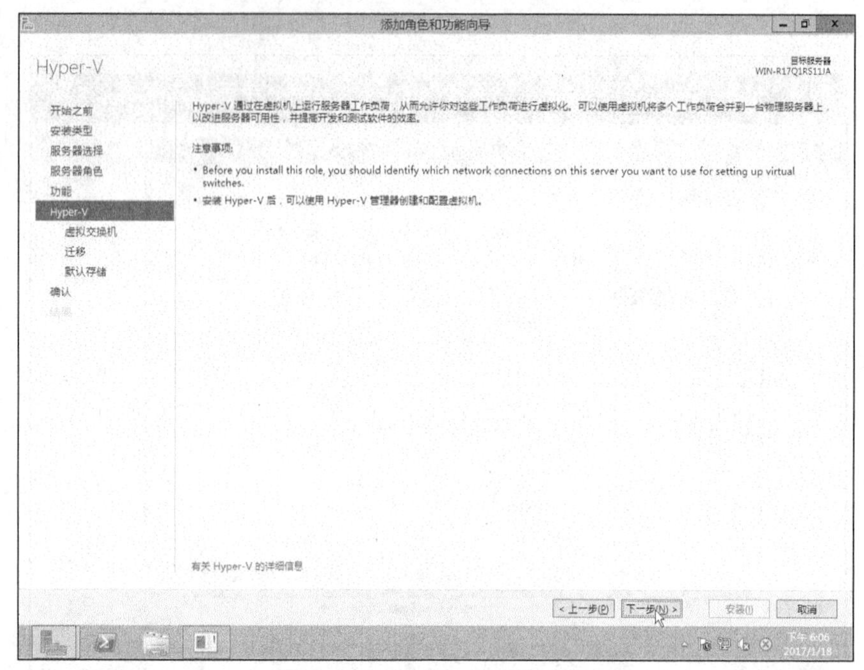

图 4-22　Hyper-V 的注意事项

（11）创建虚拟交换机，选中当前网卡复选框，在创建虚拟交换机的时候，虚拟交换机就会基于此网卡进行创建，如图 4-23 所示。

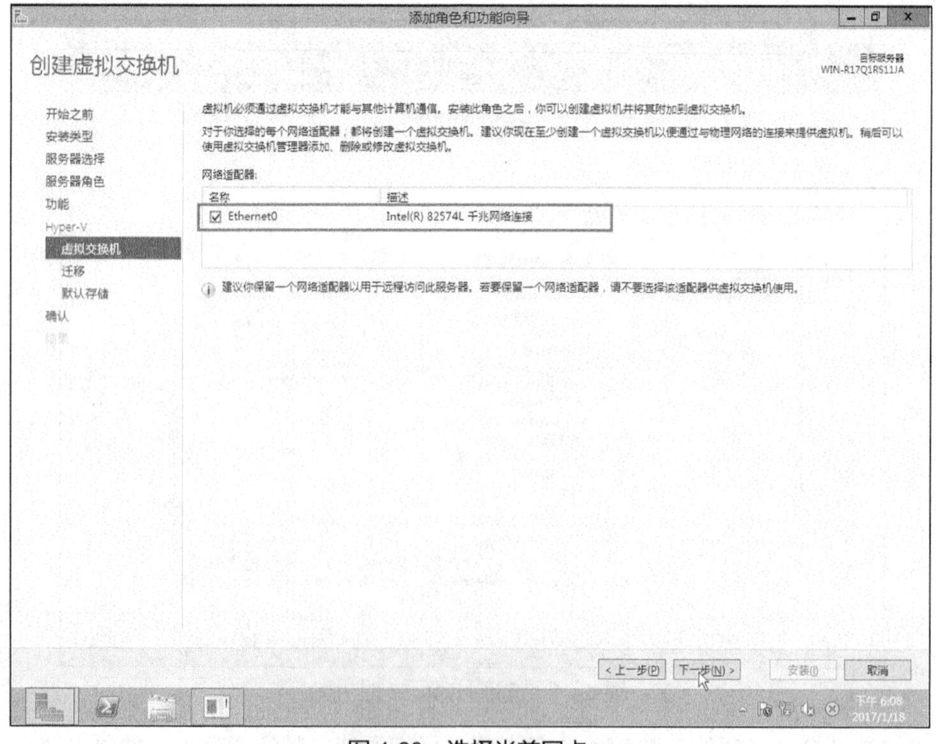

图 4-23　选择当前网卡

（12）在“迁移”界面中不做任何选择，直接单击“下一步”按钮，如图 4-24 所示。

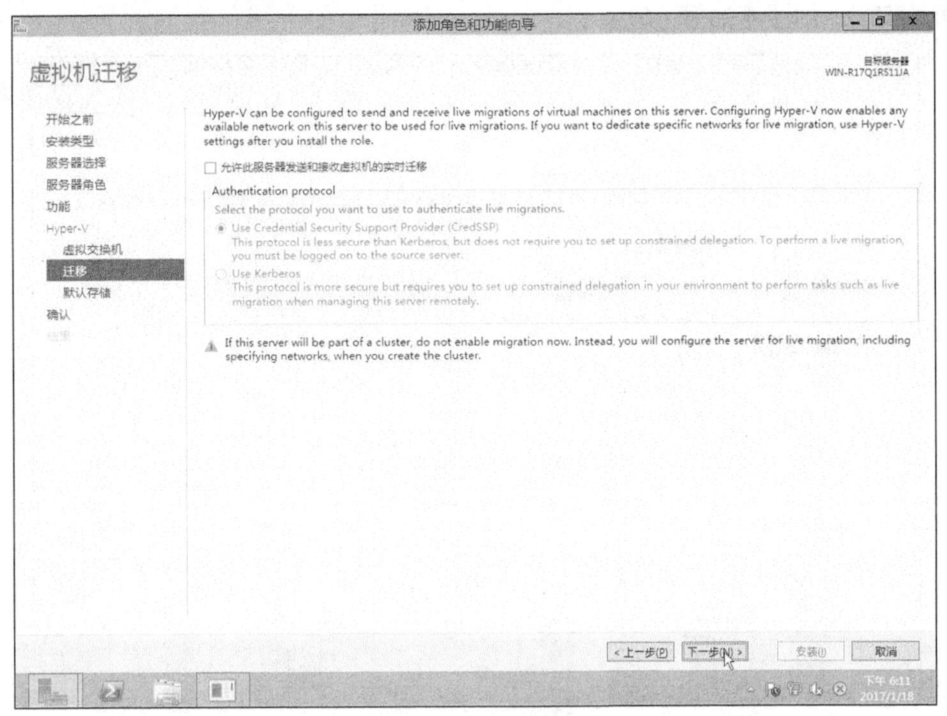

图 4-24　迁移选项

（13）在“默认存储”界面中，选择存储文件的存放路径及虚拟机配置文件的存放路径，可根据实际需求进行选择，选择完成后单击“下一步”按钮，如图 4-25 所示。

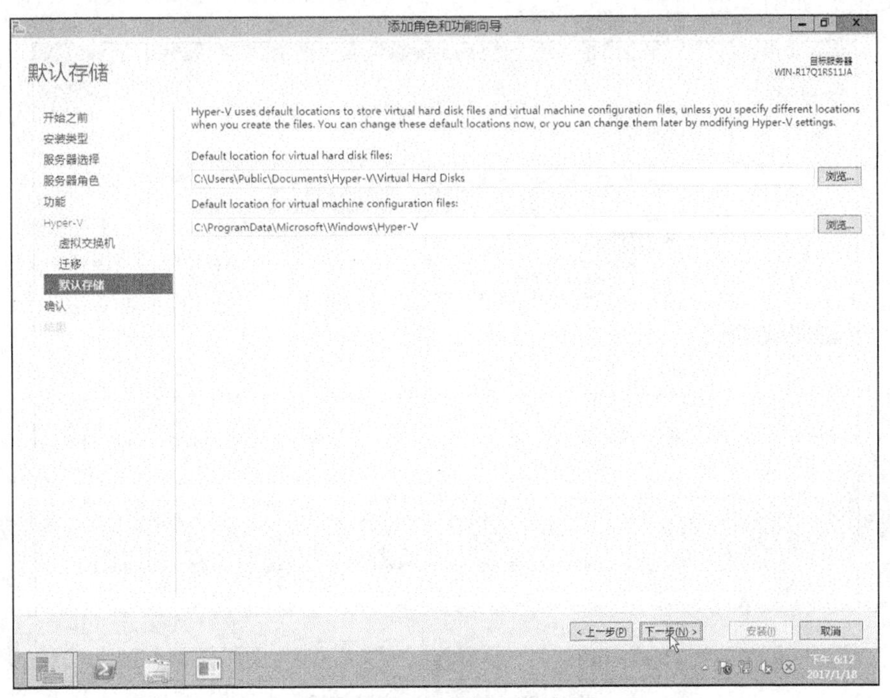

图 4-25　选择默认存储路径

（14）弹出的“确认”界面显示之前的操作内容，在对操作内容确认后，单击“安装”按钮开始安装，如图 4-26 所示。

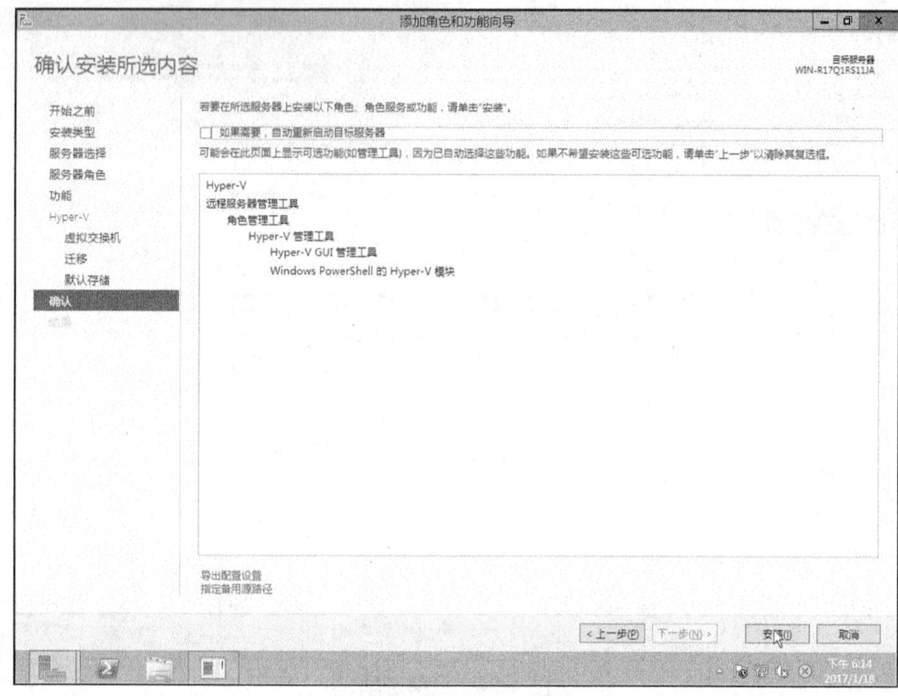

图 4-26 “确认”界面

（15）安装进程会以进度条的方式呈现，等待 Hyper-V 安装完成后，重启计算机才能完全完成安装，如图 4-27 所示。

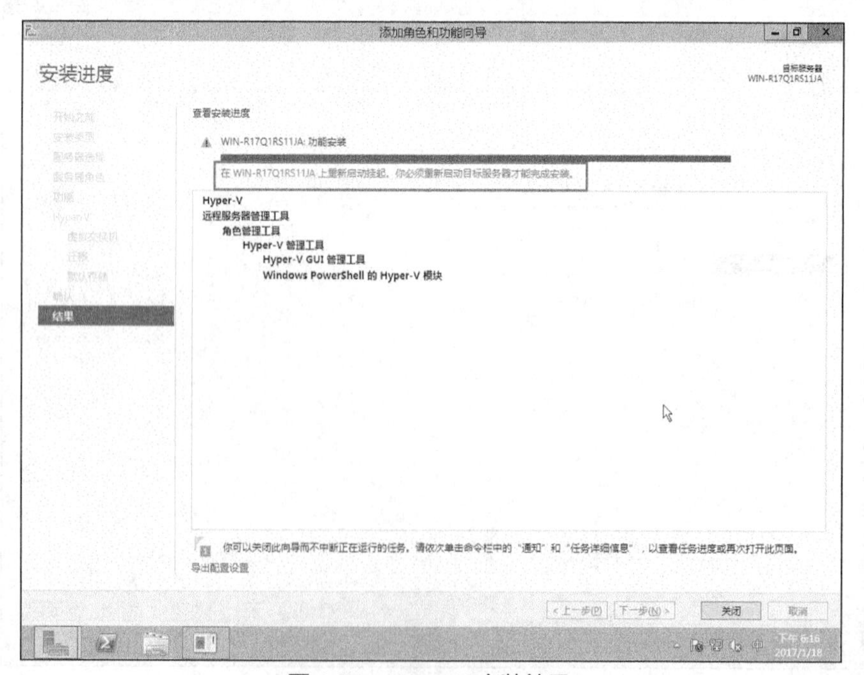

图 4-27 Hyper-V 安装结果

（16）重启完成后，打开“开始”菜单，此时“开始”菜单中会出现“Hyper-V 管理器”及“Hyper-V 虚拟机连接”图标，如图 4-28 所示。至此，Hyper-V 就已安装完成。

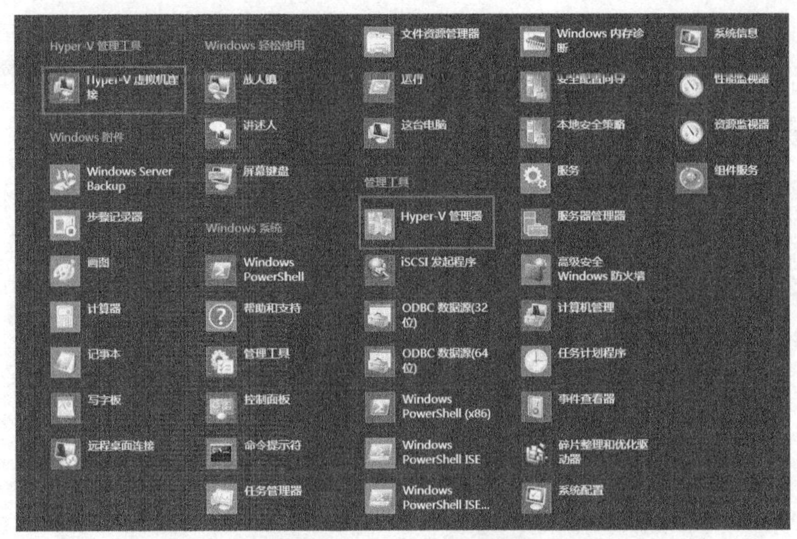

图 4-28　Hyper-V 安装完成

4.5 Hyper-V 虚拟机管理

Hyper-V 虚拟机管理的操作步骤如下。

（1）通过“开始”菜单打开“Hyper-V 管理器”，在“导航栏”的服务器列表上右击，弹出快捷菜单，选择“新建”→“虚拟机”命令，如图 4-29 所示。或者选择“文件”→“新建”→“虚拟机”命令，打开“新建虚拟机向导”。

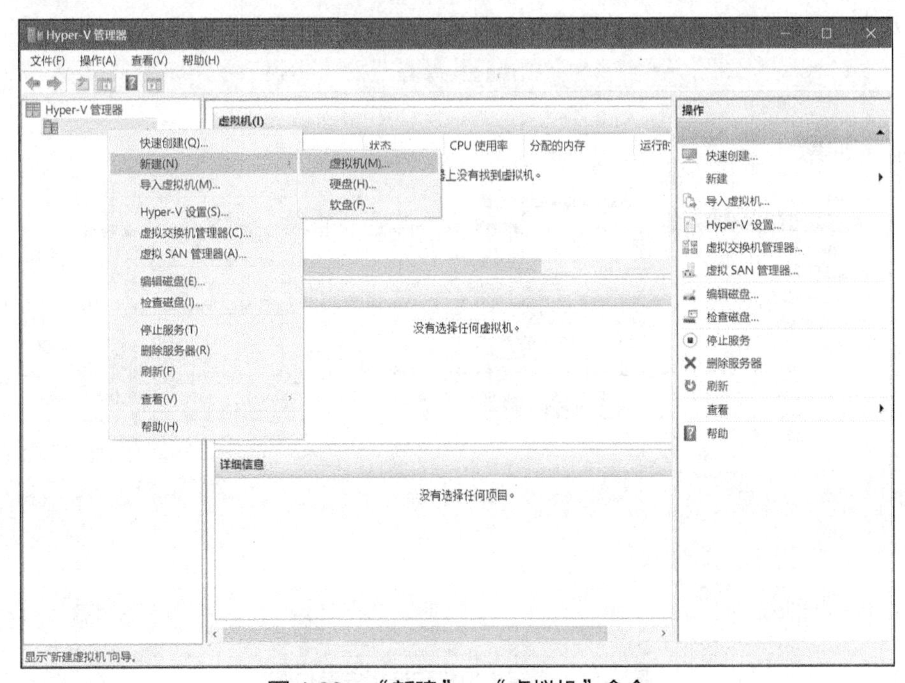

图 4-29　“新建”→“虚拟机”命令

（2）在打开的“新建虚拟机向导”中有相关的说明，如图 4-30 所示。选中“不再显示此页”复选框，则在下次打开时不再显示该界面。单击“下一步”按钮开始虚拟机创建流程。

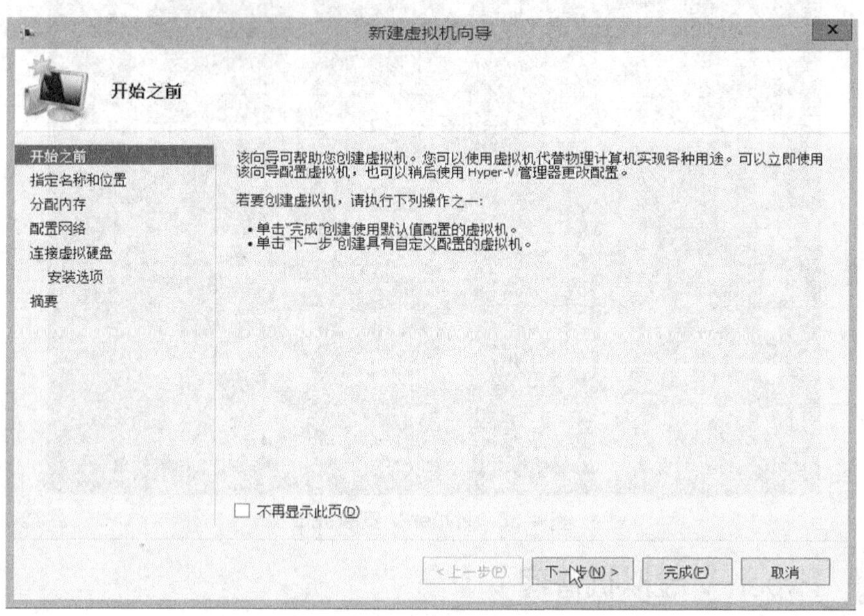

图 4-30　相关功能说明

（3）在“指定名称和位置”界面中，需要指定虚拟机的名称和安装位置，默认名称为“新建虚拟机”，用户可根据自己的需求给虚拟机命名。若需更改虚拟机的存储位置，选中“将虚拟机存储在其他位置”复选框后，输入存储路径，单击“下一步”按钮继续安装，如图 4-31 所示。

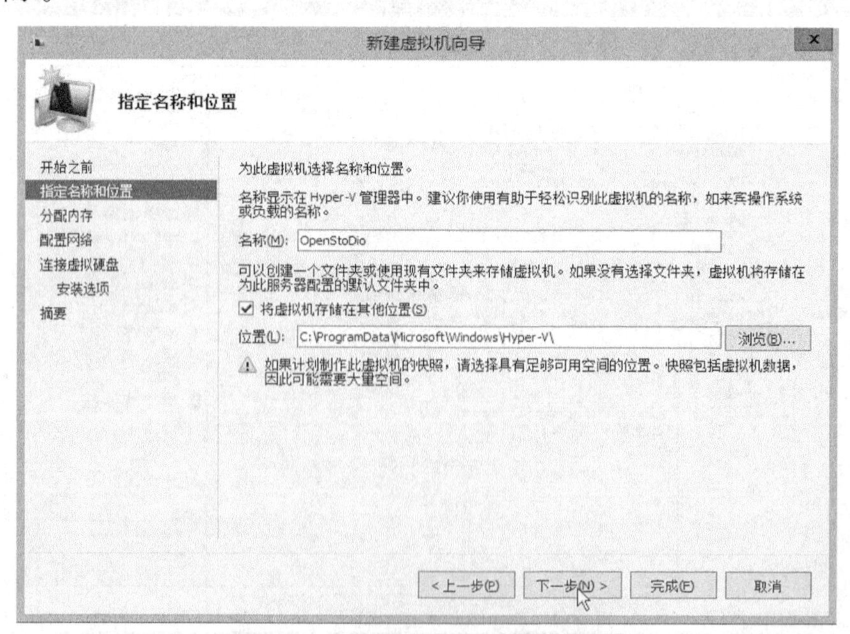

图 4-31　命名虚拟机和选择安装位置

（4）在“分配内存”界面中根据所安装虚拟机操作系统对内存的需求，为虚拟机分配内存，如图 4-32 所示。

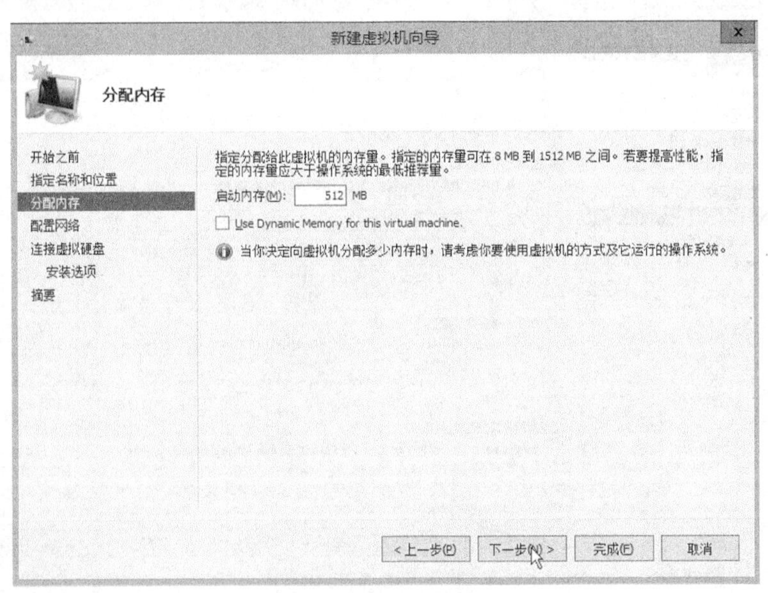

图 4-32　分配内存

（5）在“配置网络”界面中选择已创建的虚拟交换机，为虚拟机配置网络。虚拟机在创建后，会自动连接到该虚拟交换机，如图 4-33 所示。

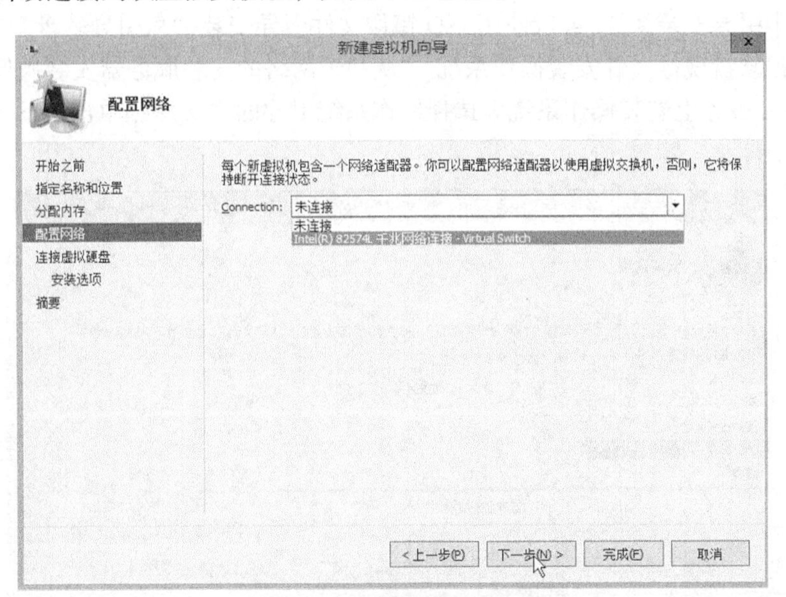

图 4-33　配置虚拟机网络

（6）在“连接虚拟硬盘”界面中创建虚拟机硬盘，“创建虚拟硬盘”选项可新创建一个虚拟硬盘；“使用现有虚拟硬盘”选项可选择已经创建好的虚拟硬盘；“以后附加虚拟硬盘”选项可暂时不添加虚拟硬盘，而是在后续的操作中添加。本步骤选择“创建虚拟硬盘”单选按钮，输入虚拟硬盘的名称、存放路径及大小（这里的大小并不是直接分配的大小，而是该虚拟机能使用的硬盘大小上限)，单击“下一步”按钮，如图 4-34 所示。

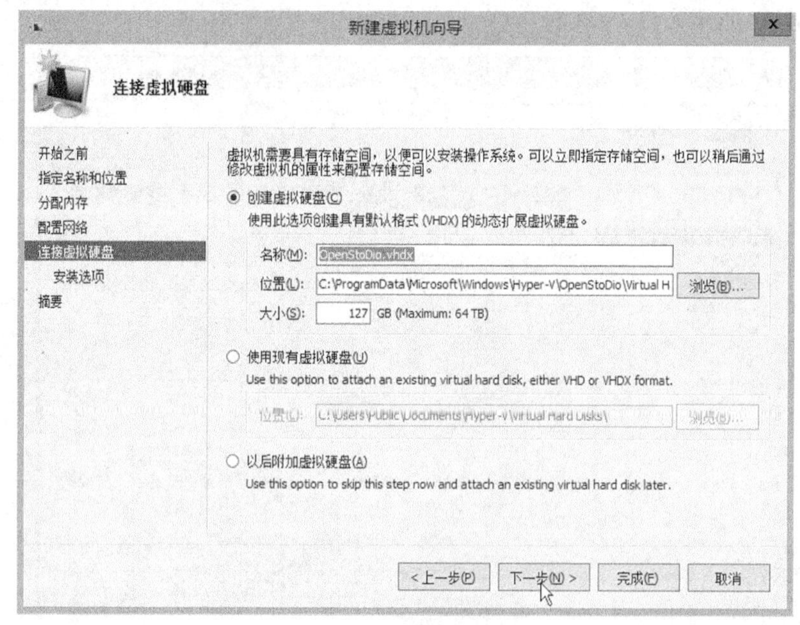

图 4-34　选择硬盘

（7）在“安装选项”界面中，“以后安装操作系统”选项可暂时不安装操作系统，而在虚拟机的选项中添加镜像文件；“从引导 CD/DVD-ROM 安装操作系统”选项可以从宿主机的物理光驱中引导安装系统，或者使用 ISO 镜像文件引导安装；“从引导软盘安装操作系统”选项可从虚拟软盘镜像文件安装操作系统；“从基于网络的安装服务器安装操作系统”选项可从网络 PXE 服务上安装操作系统。选择操作系统引导的方式后，单击“下一步”按钮，如图 4-35 所示。

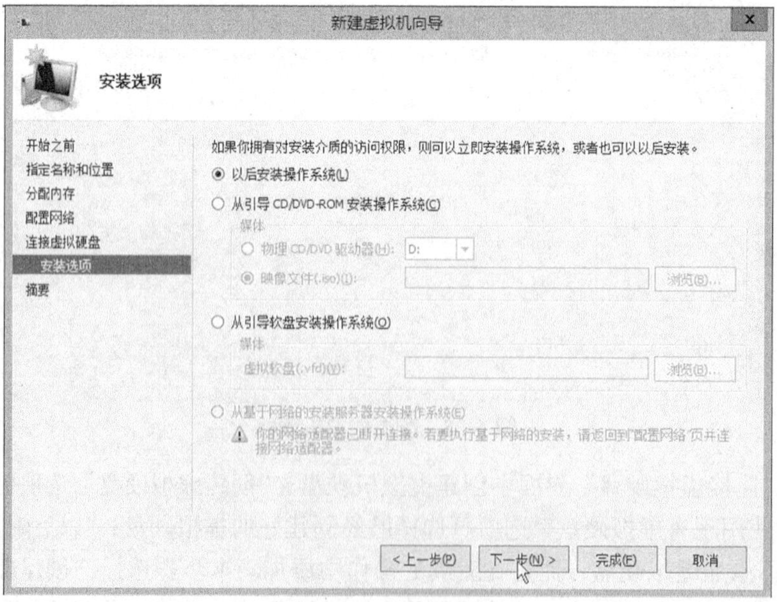

图 4-35　安装选项

4.6　Hyper-V 存储管理

Hyper-V 存储管理的操作步骤如下。

（1）在 Hyper-V 管理器的“导航栏”中的服务器列表上右击，在弹出的快捷菜单中选择“新建”→“虚拟机”命令，或者选择“文件”→“新建”→“虚拟机”。

（2）在打开的“新建虚拟机向导”中有相关的说明，选中“不再显示此页”复选框，将在下次打开时不再显示该对话框，单击“下一步”按钮继续安装。

（3）在“指定名称和位置”界面的“名称”文本框中指定虚拟机的名称，默认名称为“新建虚拟机”，用户可根据自己的需求给虚拟机命名，如图 4-36 所示，单击“下一步”按钮继续安装。

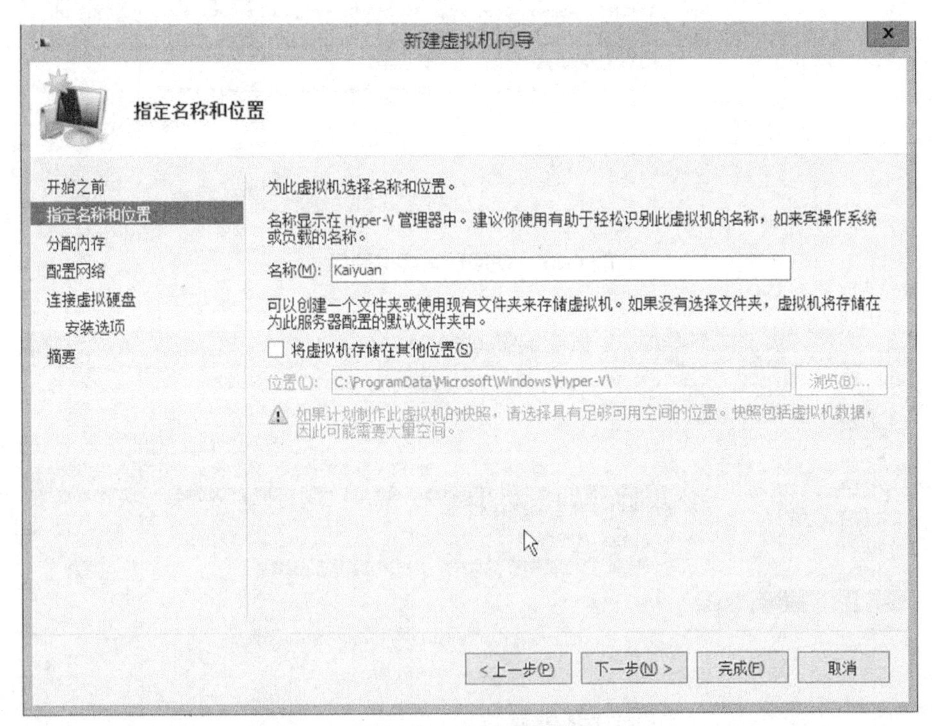

图 4-36　命名虚拟机

（4）根据需求为虚拟机分配内存，然后，单击“下一步”按钮继续安装。

（5）在弹出的界面中为虚拟机配置网络，选择已创建的虚拟交换机单击“下一步”按钮继续安装。

（6）在“连接虚拟硬盘”界面中，选中“使用现有虚拟硬盘”单选按钮，单击“下一步”按钮继续安装，如图 4-37 所示。

（7）若创建共享存储，则选中“以后附加虚拟硬盘”单选按钮，单击“下一步”按钮继续安装，如图 4-38 所示。

（8）在“Hyper-V 管理器”窗口，选择已创建的虚拟机 Kaiyuan-1，选择“操作”→“设置”命令，如图 4-39 所示，或右击 Kaiyuan-1，在弹出的快捷菜单中选择“设置”命令。

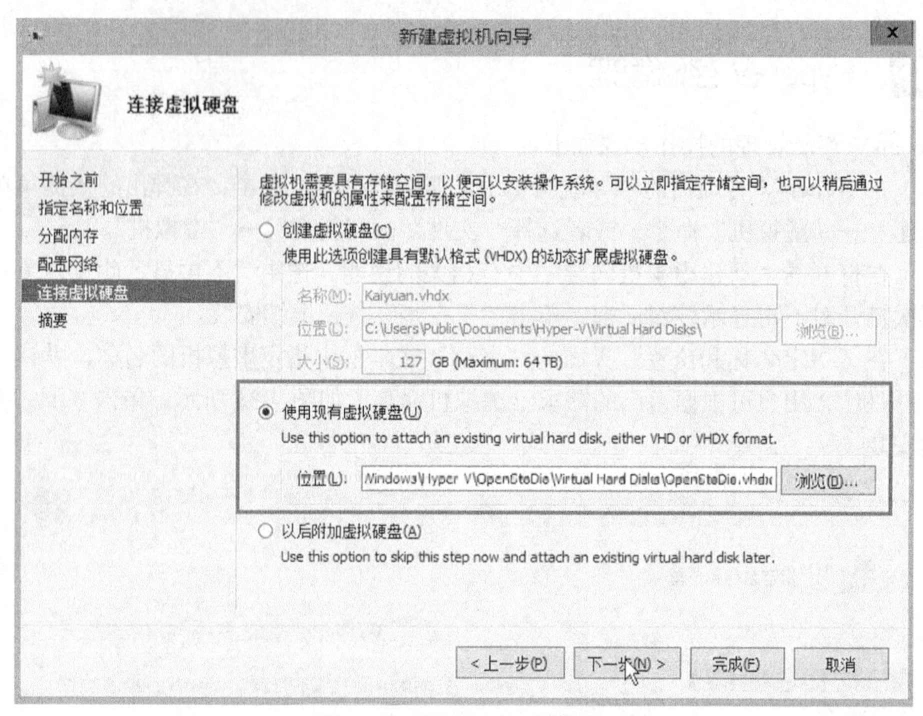

图 4-37　使用现有虚拟硬盘

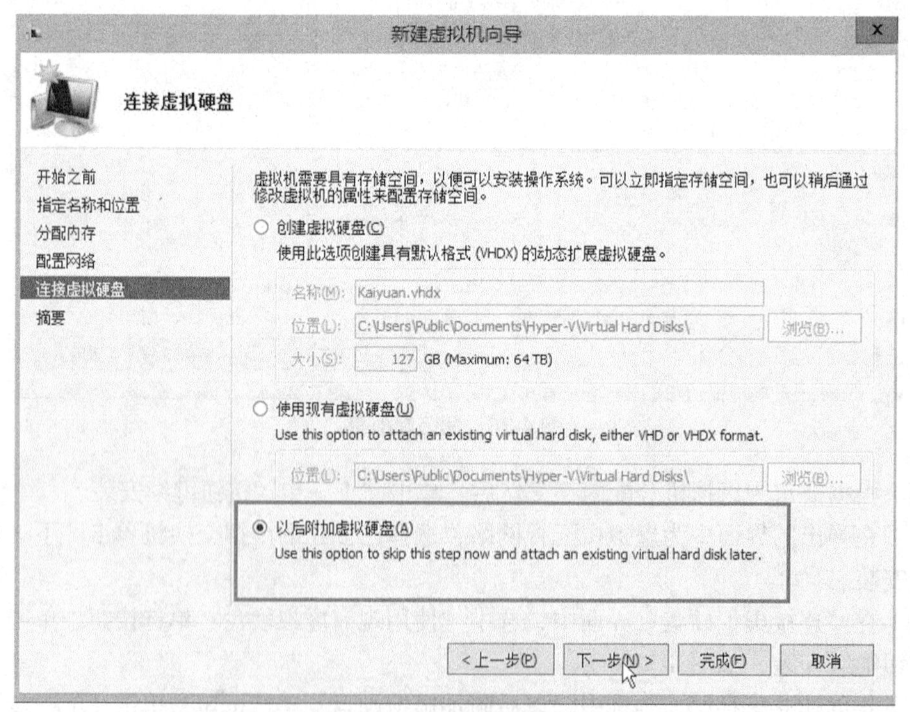

图 4-38　以后附加虚拟硬盘

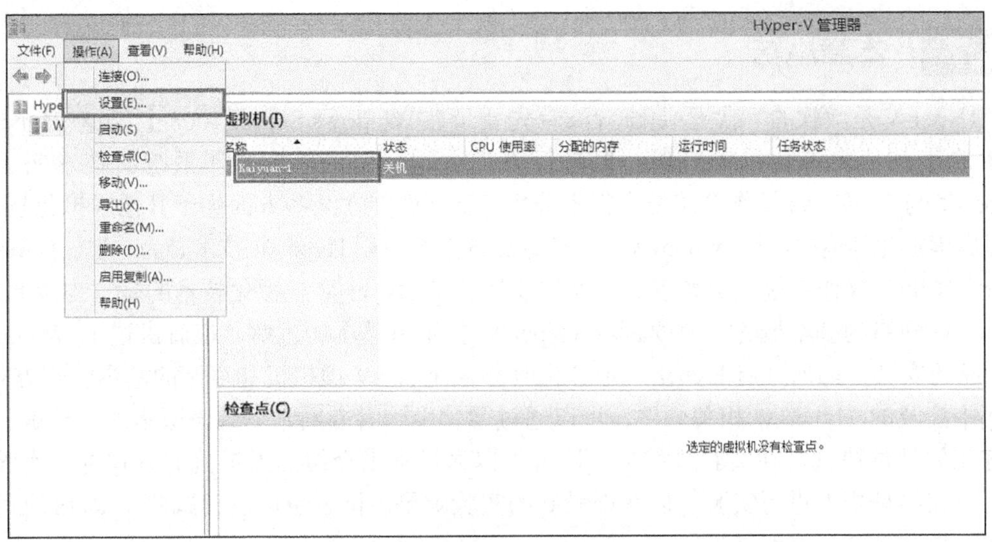

图 4-39 “操作”→“设置”命令

（9）弹出虚拟机设置对话框，选择“添加硬件”→“SCSI 控制器”选项，单击“添加”按钮，并在“Virtual hard disk”一栏中选择创建好的虚拟磁盘，完成对 SCSI 的挂载，如图 4-40 和图 4-41 所示。

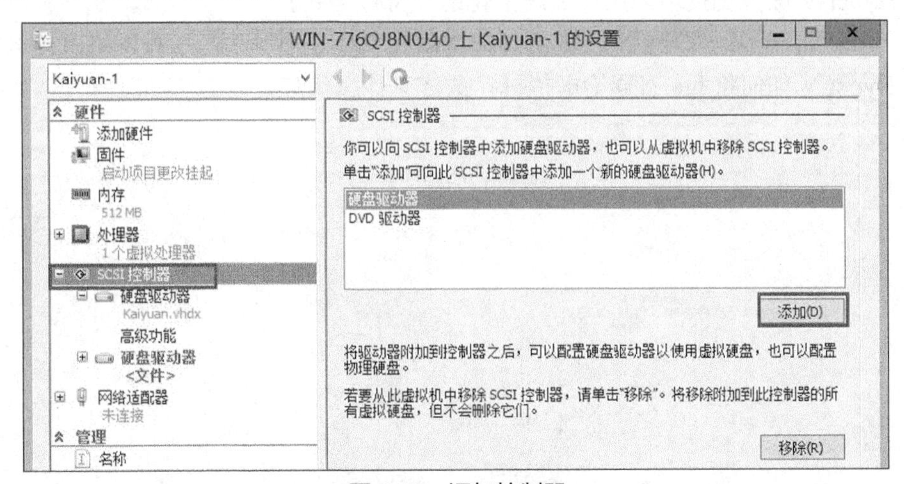

图 4-40 添加控制器

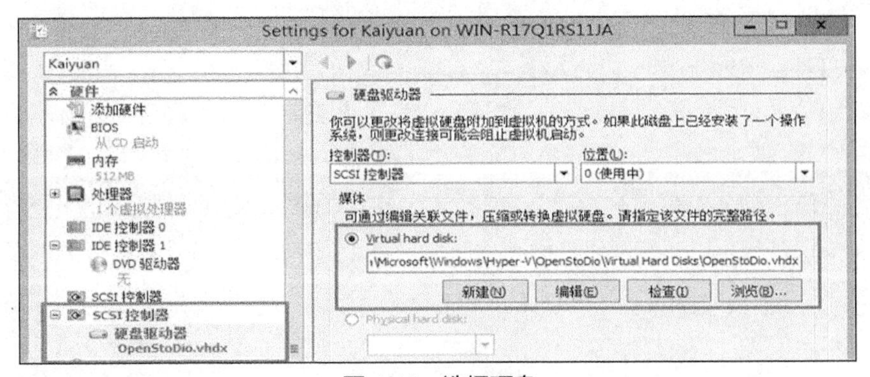

图 4-41 选择硬盘

4.7 本章小结

Hyper-V是微软的一款虚拟化产品，首先登录在Windows Server 2008上。虽然Hyper-V技术晚于其他虚拟化技术出现，但是得力于微软公司深厚的操作系统的技术实力，Hyper-V与Windows操作系统结合得十分出色。其性能在某些方面优于其他虚拟化技术，若是在虚拟化环境中运行Windows Server家族的系统，则Hyper-V技术必为首选。Hyper-V也能与Linux操作系统完美兼容。本章主要讲述了Hyper-V虚拟化技术的基本构架原理、Hyper-V网络的基本概念，使读者对Hyper-V技术有基本的理解。接着讲述了Windows Server的安装，如何开启Hyper-V虚拟化服务，Hyper-V虚拟机和存储的基本管理方式。案例中涉及的Hyper-V相关软件，可以通过微软中国官方网站下载该版本的评估版，并遵守相关软件协议。在实验过程中，读者可以通过本书介绍的虚拟机的方式进行实验，也可以在物理机上进行实验，以获得最好的实验效果。读者也可以尝试使用RDS应用虚拟化、快速迁移等高级特性。

4.8 扩展习题

1. 如何在Windows 10上开启Hyper-V虚拟化技术？
2. Hyper-V虚拟化技术采用什么虚拟化磁盘镜像格式？
3. Hyper-V“外部虚拟网络”“内部虚拟网络”“专用虚拟网络”3种网络有什么区别？
4. Hyper-V如何将lun直通给虚拟机？这样有什么优势？

第5章　KVM虚拟化技术

KVM是基于Linux内核的虚拟化技术，是开源的系统虚拟化模块，自Linux 2.6.20之后集成在Linux的各个主要发行版本中。它使用Linux自身的调度器进行管理，所以相对于Xen，其核心源码很少。KVM目前已成为应用最为广泛的开源虚拟化内核。本章主要介绍KVM的构架与安装使用。

本章教学重点

- KVM简介
- KVM安装与配置
- KVM网络管理
- KVM管理软件virt-manager
- KVM管理软件virsh
- KVM存储管理

5.1 KVM简介

5.1.1 什么是KVM

KVM（Kernel-based Virtual Machine，基于内核的虚拟机）是为AMD64和Intel 64硬件上的Linux提供的完全虚拟化的解决方案，它包括在标准Red Hat Enterprise Linux 7内核中。KVM可运行多种无须修改的Windows和Linux虚拟机操作系统。Red Hat Enterprise Linux的KVM虚拟机监控程序可以使用libvirt API和libvirt的工具程序（如virt-manager、virsh）进行管理。虚拟机以多线程的Linux进程形式运行，并通过上面提到的工具程序进行管理，如图5-1所示。

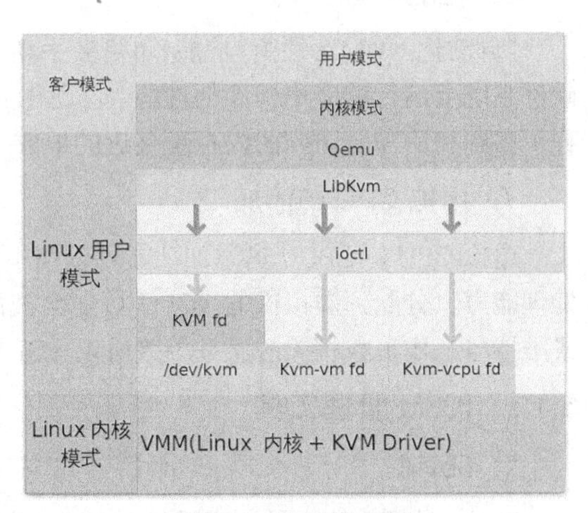

图5-1　KVM架构图

5.1.2 KVM特点

1. 资源超分

KVM监控程序支持系统资源“过度分配”（over committing）功能。过度分配意味着可以分配比系统中实际拥有的资源更多的虚拟化CPU或内存。过度分配内存允许主机充分利用物理内存来分配更多虚拟内存，从而达到提升虚拟机密度的目的。

2. 精简配置

“精简配置”（thin provisioning）允许灵活分配磁盘，并且为每个虚拟机优化可用空间。它产生一种现象，即虚拟机磁盘空间比实际可用的物理空间更多。这与过度分配功能不同，因为它只适用于存储，而不适用于 CPU 或内存分配。但是，与过度分配一样，精简配置同样存在实际物理资源被用尽造成的潜在不稳定现象。

3. 共享内存

KVM Hypervisor 使用的 Kernel Samepage Merging（KSM）允许 KVM 宿主机共享相同内存页面。

这些共享页一般是通用的库或其他相同的、高频使用的数据。KSM 通过避免重复的内存，使具有相同或相似虚拟机操作系统的虚拟机密度更大。

4. 集中管理

通过“QEMU 虚拟机代理”（QEMU Guest Agent），在虚拟化节点操作系统上运行。管理节点可以集中管理虚拟化节点。

5. 磁盘性能保护

当几个虚拟机同时运行时，可能会因为使用过多的磁盘 I/O 对系统性能形成干扰。KVM 中的“磁盘 I/O 节流”（Disk I/O throttling）对从虚拟机器向主机发出的磁盘 I/O 请求做出限定。这可以防止虚拟机过度使用共享资源，并影响其他虚拟机的性能。

6. 性能平衡

“自动化 NUMA 性衡”功能，不需要手动对虚拟机进行手工性能优化，自动提高 NUMA 硬件系统上运行的应用程序的性能。自动化 NUMA 平衡功能会把所执行的任务（线程或进程）移到和所需要访问的内存更接近的地方。

7. 虚拟 CPU 热添加

虚拟 CPU（vCPU）热添加功能可以在不停机的情况下，根据需要为运行的虚拟机增加处理能力。分配到虚拟机的 vCPU 可能会被添加到运行的虚拟机上，来满足工作量需求，或维持与工作负载相关的服务等级协议（SLA）。

5.1.3 KVM 管理工具

1. libvirt

libvirt 是目前使用最为广泛的对 KVM 虚拟机进行管理的工具和 API。

libvirt 程序包是一个与虚拟机监控程序相独立的虚拟化应用程序接口，它可以与操作系统的一系列虚拟化性能进行交互。

libvirt 程序包提供以下内容。

- 一个稳定的通用层来安全地管理主机上的虚拟机。
- 一个管理本地系统和联网主机的通用接口。
- 在虚拟机监控程序支持的情况下，部署、创建、修改、监测、控制、迁移及停止虚拟机操作都需要这些 API。

● 尽管 libvirt 可同时访问多个主机，但 API 只限于单节点操作。

libvirt 程序包被设计为用来构建高级管理工具和应用程序，如 virt-manager 与 virsh 命令行管理工具。libvirt 的主要功能是管理单节点主机，并提供 API 来列举、监测和使用管理节点上的可用资源，其中包括 CPU、内存、存储、网络和非一致性内存访问（NUMA）分区。管理工具可以位于独立于主机的物理机上，并通过安全协议和主机进行交流，如图 5-2 所示。

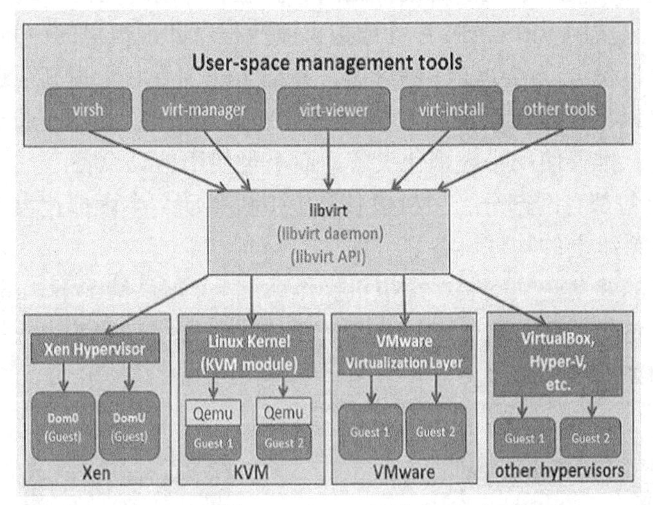

图 5-2 libvirt 程序包

libvirt 程序包在 GNU 较宽松的公共许可证下，可作为免费软件使用。libvirt 项目旨在为运行在不同虚拟机管理程序技术上的虚拟管理工具提供长期稳定的 API。

2. virsh

virsh 命令行工具是基于 libvirt API 创建的，它可以作为图形化的 virt-manager 应用的备选工具。没有相关权利的用户可以使用只读的模式运行 virsh 命令，而具有 root 权限的 virsh 用户可以使用所有的管理功能。virsh 命令可以被用来创建虚拟化任务来管理脚本，如安装、启动和停止虚拟机。

3. virt-manager

virt-manager 是管理虚拟机的图形化桌面工具。它允许访问图形化的虚拟机控制台，并可以执行虚拟化管理，以及虚拟机创建、迁移和配置等任务。它也提供了查看虚拟机、主机数据、设备信息和性能图形的功能。本地的虚拟机监控程序可以通过单一接口进行管理。

5.1.4 虚拟化功能

KVM 的虚拟化功能为虚拟机提供了 3 种不同形式的系统设备，包括虚拟仿真设备、半虚拟化设备、物理共享设备。这些硬件设备都被显示为物理连接到虚拟机，但设备的驱动以不同方式工作。

1. 虚拟仿真设备

KVM 在软件中实现了虚拟机的多个核心设备。这些仿真硬件设备对虚拟化操作系统至关重要。仿真设备即完全使用软件实现的虚拟化设备。仿真驱动可能使用物理设备，或虚拟化软件设备。仿真驱动是虚拟机和 Linux 内核（管理源设备）间的“翻译层”。设备层的指示会由 KVM 虚拟机监控程序进行完全转换。任何可以被 Linux 内核识别的同类设备（存储、网络、键盘和鼠标），都可以作为仿真驱动的后端源设备。

2. 半虚拟化设备

半虚拟化为虚拟机使用主机上的设备提供了快速且高效的通信方式。KVM 为虚拟机提供准虚拟化设备，它使用 Virtio API 作为虚拟机监控程序和虚拟机的中间层。

一些半虚拟化设备可以减少 I/O 的延迟，并把 I/O 的吞吐量提高至近裸机水平，而其他准虚拟化设备可以把本来无法使用的功能添加到虚拟机上。当虚拟机运行需要密集 I/O 操作的应用程序时，推荐使用半虚拟化设备，而不是使用仿真设备。

所有 Virtio 设备都有两部分：主机设备和虚拟机驱动。半虚拟化设备驱动允许虚拟机操作系统访问主机系统上的物理设备。

半虚拟化设备的驱动必须安装在虚拟机操作系统上。默认情况下，Linux 主流操作系统都包含半虚拟化设备驱动包。在 Windows 操作系统中需要手动安装半虚拟化设备驱动。半虚拟化驱动示意图如图 5-3 所示。

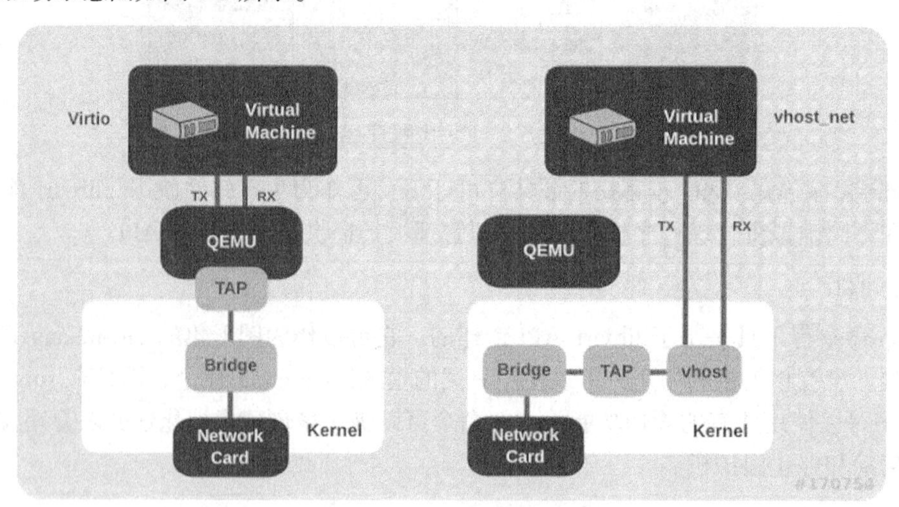

图 5-3 半虚拟化驱动示意图

3. 物理共享设备

特定硬件平台允许虚拟机直接访问多种硬件设备及组件。在 KVM 虚拟化技术中，此操作被称为“设备分配”（Device Assignment）。设备分配又被称作“直通”（Pass Through）。

5.1.5 KVM 存储技术概述

虚拟机从它使用的物理存储器中提取存储空间，通过使用半虚拟化或仿真设备驱动与虚拟机相连。“储存池”（Storage Pool）即一个由 libvirt 管理的文件、目录或存储设备，其目的是为虚拟机提供存储空间。储存池被分隔为“存储卷”（Storage Volume），可以用来存储虚拟机镜像或附加到虚拟机作为额外存储。多个虚拟机可共享同一储存池，允许储存资源得到更好分配。

1. 本地储存池

本地储存池直接连接到主机服务器。它们包括本地目录、直接连接的磁盘、物理分区和本地设备上的 LVM 卷组。本地储存池对开发、测试及不需要迁移或具有大量虚拟机的小型部署十分有用。因为本地储存池不支持实时迁移，所以它可能不适用于某些生产环境。

2. 网络（共享）储存池

网络储存池包括在网络上使用标准协议共享的储存设备。使用网络存储可以使虚拟机在不同的物理机上进行迁移。网络储存池由 libvirt 进行管理。

3. 存储卷

储存池进一步划分为“存储卷”。存储卷是物理分区、LVM 逻辑卷、基于文件的磁盘镜像及其他由 libvirt 控制的储存形式的抽象层。不论基于何种硬件，储存卷会作为本地储存设备呈现给虚拟机。

4. 仿真储存设备

虚拟机的主机提供一系列仿真的储存设备。每种储存设备都适用于特定的使用情况，具有可以选择不同种类储存设备的功能，可以使灵活性以及与虚拟机操作系统的兼容性达到最大化。

5. 镜像文件

镜像文件存储在主机文件系统中。它可以存储在本地文件系统中（如 ext4 或 xfs），也可以存储在网络文件系统中（如 NFS）。KVM 上的主要磁盘镜像格式包括 raw、qcow2 等。

raw 镜像文件指不包含附加元数据的磁盘内容，raw 文件可以是预分配（pre-allocated）或稀疏（sparse）文件。稀疏文件根据需求分配主机磁盘空间，因此它是一种精简配置形式（thin provisioning）。预分配文件的所有空间需要被预先分配，但它比稀疏文件性能好。当对磁盘 I/O 的性能要求非常高，而且通常不需要通过网络传输镜像文件时，可以使用 raw 文件。

qcow2 镜像文件提供许多高级磁盘镜像特征，如快照、压缩及加密。它们可以用来代表通过模板镜像创建的虚拟机。因为只有虚拟机写入的扇区部分才会分配在镜像中，所以 qcow2 文件的网络传输效率较高。

5.2 KVM 安装与配置

安装 KVM 需要一台可以运行最新 Linux 内核的 Intel 处理器（含 VT 虚拟化技术）或 AMD 处理器（含 SVM 安全虚拟机技术的 AMD 处理器，也叫 AMD-V），并确保每台服务器至少有一个空闲磁盘分区，此处将在每台服务器挂载一块 40GB 的云盘，并且确保关闭系统防火墙。

本节以图形安装方式为例介绍安装 KVM 虚拟机的具体步骤。

（1）安装完操作系统后，编辑系统 hosts 配置文件，给每个 host 定义主机名，如图 5-4 所示。

```
cat/etc/hosts
```

```
[root@KVM-2 ~]# cat /etc/hosts
127.0.0.1   localhost localhost.localdomain localhost4 localhost4.localdomain4
::1         localhost localhost.localdomain localhost6 localhost6.localdomain6
10.17.110.110   KVM-1
10.17.114.114   KVM-2
[root@KVM-2 ~]#
```

图 5-4　编辑 hosts 配置文件

（2）检查处理器是否支持虚拟化，如果输出的结果包含 vmx，则它是 Intel 处理器虚拟机技术标志；如果包含 svm，则它是 AMD 处理器虚拟机技术标志；如果没有任何输出，那么系统并没有支持虚拟化的处理，不能使用 KVM。另外，Linux 发行版本必须在 64bit 环境中才能使用 KVM，如图 5-5 所示。

```
egrep "(vmx|svm)" /proc/cpuinfo
```

```
[root@10-17-110-110 ~]# egrep "(vmx|svm)" /proc/cpuinfo
flags           : fpu vme de pse tsc msr pae mce cx8 apic sep mtrr pge mca cmov pat pse36 clfl
ush mmx fxsr sse sse2 ss ht syscall nx pdpe1gb rdtscp lm constant_tsc arch_perfmon rep_good no
pl eagerfpu pni pclmulqdq vmx ssse3 fma cx16 pcid sse4_1 sse4_2 x2apic movbe popcnt tsc_deadli
ne_timer aes xsave avx f16c rdrand hypervisor lahf_lm abm tpr_shadow vnmi flexpriority ept fsg
sbase tsc_adjust bmi1 avx2 smep bmi2 erms invpcid xsaveopt
flags           : fpu vme de pse tsc msr pae mce cx8 apic sep mtrr pge mca cmov pat pse36 clfl
ush mmx fxsr sse sse2 ss ht syscall nx pdpe1gb rdtscp lm constant_tsc arch_perfmon rep_good no
pl eagerfpu pni pclmulqdq vmx ssse3 fma cx16 pcid sse4_1 sse4_2 x2apic movbe popcnt tsc_deadli
ne_timer aes xsave avx f16c rdrand hypervisor lahf_lm abm tpr_shadow vnmi flexpriority ept fsg
sbase tsc_adjust bmi1 avx2 smep bmi2 erms invpcid xsaveopt
[root@10-17-110-110 ~]#
```

图 5-5　检查处理器

（3）安装 KVM 模块、管理工具和 libvirt （一个创建虚拟机的工具），输入以下命令行进行安装（各个安装包的作用如表 5-1 所示），安装完成后重启服务，如图 5-6 所示。

```
yum -y install kvm bridge-utils virt-v2v libgesttfs-tools libcanberra-gtk2
qemu-kvm.x86_64 qemu-kvm-tools.x86_64 libvirt.x86_64 libvirt-cim.x86_64libv
irt-client.x86_64 libvirt-java.noarch libvirt-python.x86_64 libiscsidbus-de
vel virt-clone tunctl virt-manager libvirt python-virtinst virt-viewer virt-top
dejavu-lgc-sans-fonts nfs-utils
systemctl start libvirtd.service
systemctl enable libvirtd.service
```

表 5-1　KVM 安装包释义

KVM 安装包	含　义
qemu-kvm	主要的 KVM 程序包
python-virtinst	创建虚拟机所需要的命令行工具和程序库
virt-manager	GUI 虚拟机管理工具
virt-top	虚拟机统计命令
virt-viewer	GUI 连接程序，连接到已配置好的虚拟机
libvirt	C 语言工具包，提供 libvirt 服务
libvirt-client	为虚拟客户机提供的 C 语言工具包
virt-install	基于 libvirt 服务的虚拟机创建命令
bridge-utils	创建和管理桥接设备的工具

```
yum -y install kvm virt-manager libvirt
```

```
[root@10-17-110-110 7.2]# yum -y install kvm virt-manager libvirt
service libvirtd start
chkconfig libvirtd on已加载插件：fastestmirror, langpacks, priorities
centos7.2                                                          | 3.6 kB  00:00:00
Loading mirror speeds from cached hostfile
没有可用软件包 kvm。
软件包 virt-manager-1.2.1-8.el7.noarch 已安装并且是最新版本
软件包 libvirt-1.2.17-13.el7.x86_64 已安装并且是最新版本
无须任何处理
[root@10-17-110-110 7.2]# service libvirtd start
Redirecting to /bin/systemctl start  libvirtd.service
[root@10-17-110-110 7.2]# chkconfig libvirtd on
```

图 5-6　安装管理工具

（4）确定系统是否正确加载 KVM 模块，如图 5-7 所示。

```
systemctl status libvirtd.service
```

```
[root@10-17-110-110 ~]# systemctl status libvirtd.service
● libvirtd.service - Virtualization daemon
   Loaded: loaded (/usr/lib/systemd/system/libvirtd.service; enabled; vendor preset: enabled)
   Active: active (running) since 日 2016-12-25 16:22:12 CST; 2min 22s ago
     Docs: man:libvirtd(8)
           http://libvirt.org
 Main PID: 21177 (libvirtd)
   CGroup: /system.slice/libvirtd.service
           ├─ 5894 /sbin/dnsmasq --conf-file=/var/lib/libvirt/dnsmasq/default.conf --leasef...
           ├─ 5895 /sbin/dnsmasq --conf-file=/var/lib/libvirt/dnsmasq/default.conf --leasef...
           └─21177 /usr/sbin/libvirtd

12月 25 16:22:12 10-17-110-110 systemd[1]: Starting Virtualization daemon...
12月 25 16:22:12 10-17-110-110 systemd[1]: Started Virtualization daemon.
12月 25 16:22:12 10-17-110-110 dnsmasq[5894]: read /etc/hosts - 2 addresses
12月 25 16:22:12 10-17-110-110 dnsmasq[5894]: read /var/lib/libvirt/dnsmasq/default.addn...es
12月 25 16:22:12 10-17-110-110 dnsmasq-dhcp[5894]: read /var/lib/libvirt/dnsmasq/default...le
Hint: Some lines were ellipsized, use -l to show in full.
[root@10-17-110-110 ~]#
```

图 5-7　安装 libvirt

使用以下命令检查 KVM 模块是否成功安装。如果结果如图 5-8 和图 5-9 所示进行输出，那么 KVM 模块已成功安装。

```
lsmod | grep kvm
```

```
[root@10-17-110-110 ~]# lsmod | grep kvm
kvm_intel              162153  0
kvm                    525259  1 kvm_intel
[root@10-17-110-110 ~]#
```

图 5-8　检查 KVM 模块是否正确加载

```
virsh -c qemu:///system list
```

```
[root@10-17-110-110 ~]# virsh -c qemu:///system list
 Id    名称                         状态
----------------------------------------------------

[root@10-17-110-110 ~]#
```

图 5-9　检查 KVM 是否成功安装

5.3 KVM 网络管理

KVM 上网有两种配置。一种是 default，它支持主机与虚拟机的互访，同时也支持虚拟机访问互联网，但不支持外界访问虚拟机，默认的网络连接是 virbr0，它的配置文件在 /var/lib/libvirt/network 目录下。另外一种方式是虚拟网桥（Virtual Bridge），设置好后客户机与互联网，客户机与主机之间可以通信，适用于需要多个公网 IP 的环境，可以使虚拟机成为网络中具有独立 IP 的主机。

（1）创建 ifcfg-br0 文件，输入下面内容，如图 5-10 所示，修改“要桥接的网卡”部分为真实相关环境。

```
cat ifcfg-br0


TYPE="Bridge"
BOOTPROTO="static"
DEFROUTE="yes"
PEERDNS="yes"
PEERROUTES="yes"
IPV4_FAILURE_FATAL="no"
IPV6INIT="yes"
IPV6_AUTOCONF="yes"
IPV6_DEFROUTE="yes"
IPV6_PEERDNS="yes"
IPV6_PEERROUTES="yes"
IPV6_PRIVACY="no"
IPV6_FAILURE_FATAL="no"
STP="yes"
DELAYE="0"
NAME="br0"
DEVICE="br0"
ONBOOT="yes"
IPADDR="10.17.110.110" #要桥接的网卡上的 IP
PREFIX="16"
GATEWAY="10.17.10.1"
DNS1="114.114.114.114"
DCMAIN="mi.kvm"
```

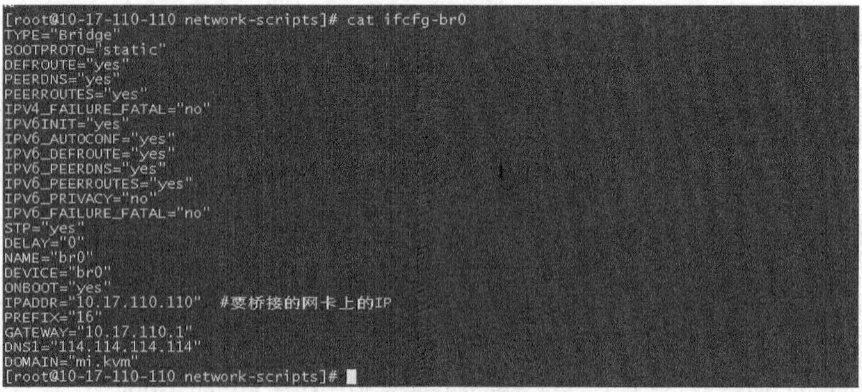

```
[root@10-17-110-110 network-scripts]# cat ifcfg-br0
TYPE="Bridge"
BOOTPROTO="static"
DEFROUTE="yes"
PEERDNS="yes"
PEERROUTES="yes"
IPV4_FAILURE_FATAL="no"
IPV6INIT="yes"
IPV6_AUTOCONF="yes"
IPV6_DEFROUTE="yes"
IPV6_PEERDNS="yes"
IPV6_PEERROUTES="yes"
IPV6_PRIVACY="no"
IPV6_FAILURE_FATAL="no"
STP="yes"
DELAY="0"
NAME="br0"
DEVICE="br0"
ONBOOT="yes"
IPADDR="10.17.110.110"  #要桥接的网卡上的IP
PREFIX="16"
GATEWAY="10.17.110.1"
DNS1="114.114.114.114"
DOMAIN="mi.kvm"
[root@10-17-110-110 network-scripts]#
```

图 5-10　创建 ifcfg-br0 文件

（2）修改要桥接网卡的配置文件，如图 5-11 所示。注意备份。

```
cat ifcfg-eth0
```

```
# TYPE="Ethernet"
# BOOTPROTO="dhcp"
# DEFROUTE="yes"
# PEERDNS="yes"
# PEERROUTES="yes"
# IPV4_FAILURE_FATAL="no"
# IPV6INIT="yes"
# IPV6_AUTOCONF="yes"
# IPV6_DEFROUTE="yes"
# IPV6_PEERDNS="yes"
# IPV6_PEERROUTES="yes"
# IPV6_FAILURE_FATAL="no"
NAME="eth0"
UUID="42093bd2-39ee-464f-ad04-61f5c8283a1f"
DEVICE="eth0"
ONBOOT="yes"
BRIDGE="br0"
```

```
[root@10-17-110-110 network-scripts]# cat ifcfg-eth0
# TYPE="Ethernet"
# BOOTPROTO="dhcp"
# DEFROUTE="yes"
# PEERDNS="yes"
# PEERROUTES="yes"
# IPV4_FAILURE_FATAL="no"
# IPV6INIT="yes"
# IPV6_AUTOCONF="yes"
# IPV6_DEFROUTE="yes"
# IPV6_PEERDNS="yes"
# IPV6_PEERROUTES="yes"
# IPV6_FAILURE_FATAL="no"
NAME="eth0"
UUID="42093bd2-39ee-464f-ab04-61f5c8283a1f"
DEVICE="eth0"
ONBOOT="yes"
BRIDGE="br0"
[root@10-17-110-110 network-scripts]#
```

图 5-11　修改桥接网卡的配置文件

（3）重启网络并查看网桥状态，如图 5-12 所示。

```
systemctl restart network.service
brctl show
ifconfig
```

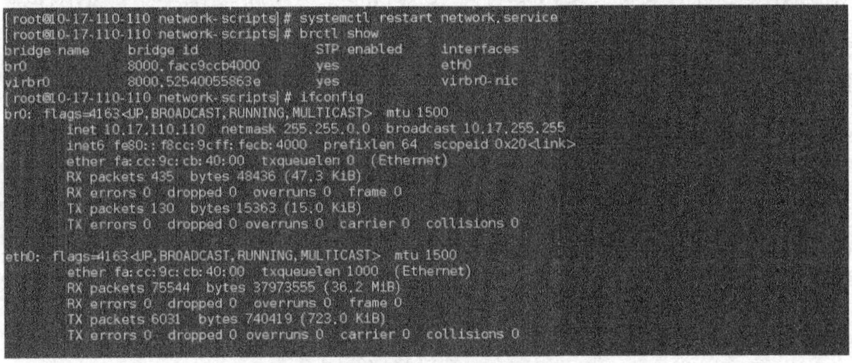

```
[root@10-17-110-110 network-scripts]# systemctl restart network.service
[root@10-17-110-110 network-scripts]# brctl show
bridge name     bridge id               STP enabled     interfaces
br0             8000.facc9ccb4000       yes             eth0
virbr0          8000.52540055863e       yes             virbr0-nic
[root@10-17-110-110 network-scripts]# ifconfig
br0: flags=4163<UP,BROADCAST,RUNNING,MULTICAST>  mtu 1500
        inet 10.17.110.110  netmask 255.255.0.0  broadcast 10.17.255.255
        inet6 fe80::f8cc:9cff:fecb:4000  prefixlen 64  scopeid 0x20<link>
        ether fa:cc:9c:cb:40:00  txqueuelen 0  (Ethernet)
        RX packets 435  bytes 48436 (47.3 KiB)
        RX errors 0  dropped 0  overruns 0  frame 0
        TX packets 130  bytes 15363 (15.0 KiB)
        TX errors 0  dropped 0 overruns 0  carrier 0  collisions 0

eth0: flags=4163<UP,BROADCAST,RUNNING,MULTICAST>  mtu 1500
        ether fa:cc:9c:cb:40:00  txqueuelen 1000  (Ethernet)
        RX packets 75544  bytes 37973555 (36.2 MiB)
        RX errors 0  dropped 0  overruns 0  frame 0
        TX packets 6031  bytes 740419 (723.0 KiB)
        TX errors 0  dropped 0 overruns 0  carrier 0  collisions 0
```

图 5-12　重启网络并查看网桥状态

网桥模式需要在物理机 eth0 配置文件中添加 BRIDGE="br0"，否则真机与虚拟机无法互通。配置完毕后，eth0 口不会显示地址信息，新配置的 br0 口会代替 eth0 口成为真机网口,装好的虚拟机 eth0 口将与真机 br0 口互通。

5.4 KVM 管理软件 virt-manager

5.4.1 virt-manager 简介

随着虚拟化的引入，物理主机得以摆脱单一实例操作系统的禁锢。将多个操作系统用作虚拟机可以有效地复用主机。但是，一个主机上的操作系统越密集，管理需求就越多。这种管理问题的一个解决方案是 Virtual Machine Manager，或称为 virt-manager。本节探讨虚拟机管理器的使用，阐述了它在普通硬件上的能力，并展示了如何管理和监视实时虚拟机性能。

服务器管理在过去问题很多，虚拟化管理简化了一些问题，却放大了另一些问题。一个服务器上的单一操作系统的时代已成过去，并由多个位于各自的虚拟机（VM）容器中的操作系统所取代。此属性（称为虚拟机密度）很有用，因为随着越来越多的虚拟机占用更少数量的服务器，所需要的服务器硬件更少了，这带来了更少的硬件、更低的功耗，但增加了管理复杂性。

所幸，已有解决方案可减少服务器虚拟化带来的问题，其中以开源解决方案为首。由 Red Hat 开发的解决方案，名为 Virtual Machine Manager，该解决方案显著简化了管理虚拟机（在关键的开源虚拟管理程序上运行）的能力，同时为这些虚拟机提供了度量其性能和监视资源利用率的功能。

虚拟化为管理虚拟机、其资源和物理主机的基础资源带来了新的挑战。多个操作系统现在以虚拟机的形式共享一个物理主机的资源，操作系统与物理主机之间不再存在一对一的映射关系。每个虚拟机使用一个容器和其他元数据来表示，该容器持有一个或多个虚拟磁盘，而这些元数据用来描述该虚拟机的配置和约束条件。每个虚拟机共享物理主机的资源，不仅需要配置主机，还需要了解主机资源的利用率（以确保虚拟机具有合适的密度，能够最合理地使用主机，既不会给可用资源带来重负，也不会浪费它们）。

Virtual Machine Manager（virt-manager）是一个轻量级应用程序套件，形式为一个管理虚拟机的命令行或图形用户界面。除了提供对虚拟机的管理功能之外，virt-manager 还通过一个嵌入式虚拟网络计算 VNC 客户端查看器为 Guest 虚拟机提供一个完整图形控制台。

作为一个应用程序套件，virt-manager 包括了一组常见的虚拟化管理工具。这些工具在表 5-2 中列出，包括虚拟机构造、复制、映像制作和查看工具。virsh 虚拟机管理程序不是 virt-manager 软件包的一部分。

表 5-2　虚拟化管理应用程序

应用程序	描述
virt-manager	虚拟机桌面管理工具
virt-install	虚拟机配给工具
virt-clone	虚拟机映像复制工具

续表

应用程序	描述
virt-image	从一个 XML 描述符构造虚拟机
virt-viewer	虚拟机图形控制台
virsh virsh Guest	域的交互式终端

virt-manager 采用了 libvirt 虚拟化 API 接口，为用户提供了一个便捷的 GUI，用来在多个虚拟机管理程序和主机上创建和管理虚拟机。

virt-install 提供了丰富的配置选项，包括安装方法、存储配置、网络配置、图形配置、虚拟化选项，以及一个庞大的虚拟化设备选项列表。

virt-image 工具类似于 virt-install 工具，可以通过 XML 文件定义虚拟机的配置细节。该 XML 描述符文件指定了虚拟机的一般元数据、域属性（CPU、内存等），以及存储配置。

virt-clone 工具提供了一种复制现有的虚拟机映像的方式。在复制过程中，会更新该虚拟机的参数，以确保新虚拟机是唯一的，从而避免发生冲突（如 MAC 地址冲突）。

virt-viewer 工具为一个使用 VNC 协议的给定虚拟机提供了一个图形控制。virt-viewer 可附加到在本地主机或远程主机上运行的虚拟机。

virt-manager 使用 libvirt 虚拟化库来管理可用的虚拟机管理程序。libvirt 公开了一个应用程序编程接口（API），该接口与大量开源虚拟机管理程序相集成，以实现控制和监视。libvirt 提供了一个名为 libvirtd 的守护程序，帮助实施控制和监视，如图 5-13 所示。

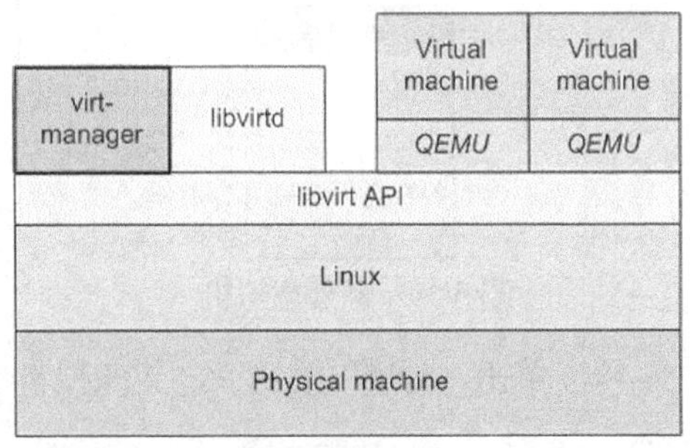

图 5-13　包含 QEMU 的 virt-manager 堆栈的简单表示

Virtual Machine Manager 由 Red Hat 使用 Python 语言开发，用于控制虚拟机的生命周期，包括配给、管理虚拟网络，统计数据收集和报告，以及提供对虚拟机本身的简单图形访问。

5.4.2　安装 virt-manager

安装 virt-manager 包，可使用针对具体发行版的包管理器。对于 Ubuntu 系列系统，使用 apt。

```
apt-get install virt-manager -y
```

用程序套件使用大约 22MB 的磁盘空间。安装之前要保证 libvirt 程序在运行。使用以下命令进行验证：

```
ps ax | grep libvirtd
```

该命令应显示 libvirtd 进程正在运行，libvirtd 程序为 virt-manager 应用程序提供了一个 api 接口，运行 virt-manager 来对 KVM 虚拟机镜像进行管理。

要确认 virt-manager 包是否已经安装，以及了解 virt-manager 文件的位置，可使用 which 命令：

```
which virt-manager
```

virt-manager 的位置是套件中其他应用程序的主目录。

5.4.3 使用 virt-manager 创建虚拟机

使用 virt-manager 创建虚拟机的具体步骤如下。

（1）下载需要安装的 Linux 系统 ISO 镜像文件。

（2）使用 virt-manager 创建虚拟机，使用 sudo 以 root 用户启动 virt-manager，如图 5-14 所示。

```
sudo virt-manager
```

（3）单击创建新虚拟机图标，这将启动虚拟机配置向导。从一个本地 ISO 开始操作系统安装，如图 5-15 所示。

图 5-14 新建虚拟机

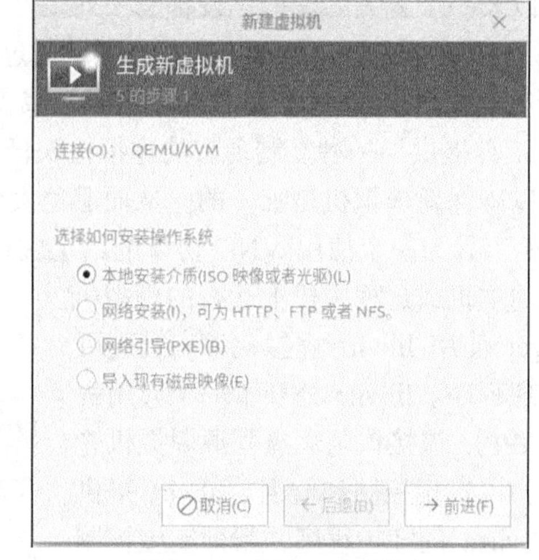

图 5-15 创建一个虚拟机

（4）单击“前进”按钮，定义虚拟机的安装文件并为操作系统选择一个类型，如图 5-16 所示。

（5）定义虚拟机的执行环境。为此虚拟机分配 1GB 内存和一个 CPU，如图 5-17 所示。

图 5-16 定义安装介绍

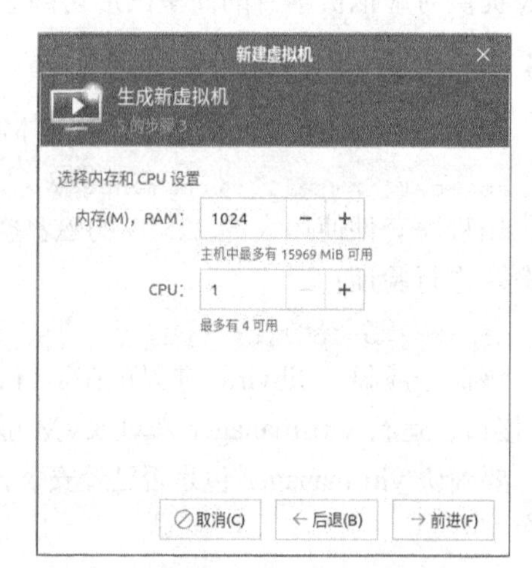

图 5-17 定义执行环境

（6）定义虚拟机的存储环境，根据虚拟机存储的使用情况分配存储空间大小，如图5-18所示。

（7）进行自定义配置，virt-manager提供了该虚拟机到目前为止的摘要信息，并输入虚拟机名称“vml”，如图5-19所示。

图5-18　定义存储环境

图5-19　虚拟机的最后检查

（8）单击“完成”按钮启动虚拟机。virt-manager首先引导一个CD-ROM。安装完成时，虚拟化会重新启动，如图5-20所示。

图5-20　运行轻量级 SliTaz Linux 发行版的虚拟机

5.4.4 使用 virt-manager 复制虚拟机

使用 virt-manager 复制虚拟机的步骤如下。

（1）要创建一个新虚拟机，只需复制现有的、已安装的虚拟机即可。在 virt-manager 中选择需要复制的虚拟机，然后复制整个磁盘，如图 5-21 所示。

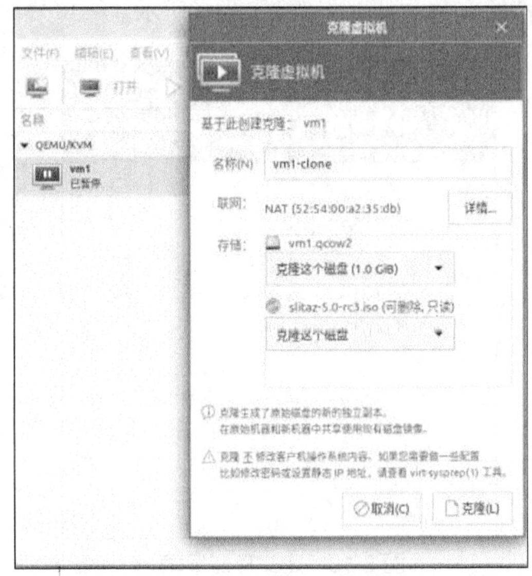

图 5-21 在 virt-manager 中复制一个虚拟机

（2）复制虚拟机，单击 Clone 按钮后，将基于第一个虚拟机创建一个新虚拟机，并且这个虚拟机可在它自己的 KVM 环境中同时运行。这种方法能够及时抓取操作系统和应用程序环境的快照，或者快速创建一个本地虚拟化集群，如图 5-22 所示。

本例阐述了虚拟机的创建、配置和执行的简单方法，无须详细了解基础虚拟机管理程序及其公开的众多选项（比如针对存储和网络管理）。Linux 内核虚拟机（KVM）管理程序可用于获取接近裸机的性能（使用硬件支持，比如 Intel® Virtual Technology）。除了复制虚拟机外，这种功能还可通过 virt-manager 应用程序创建、暂停和重新启动虚拟机。

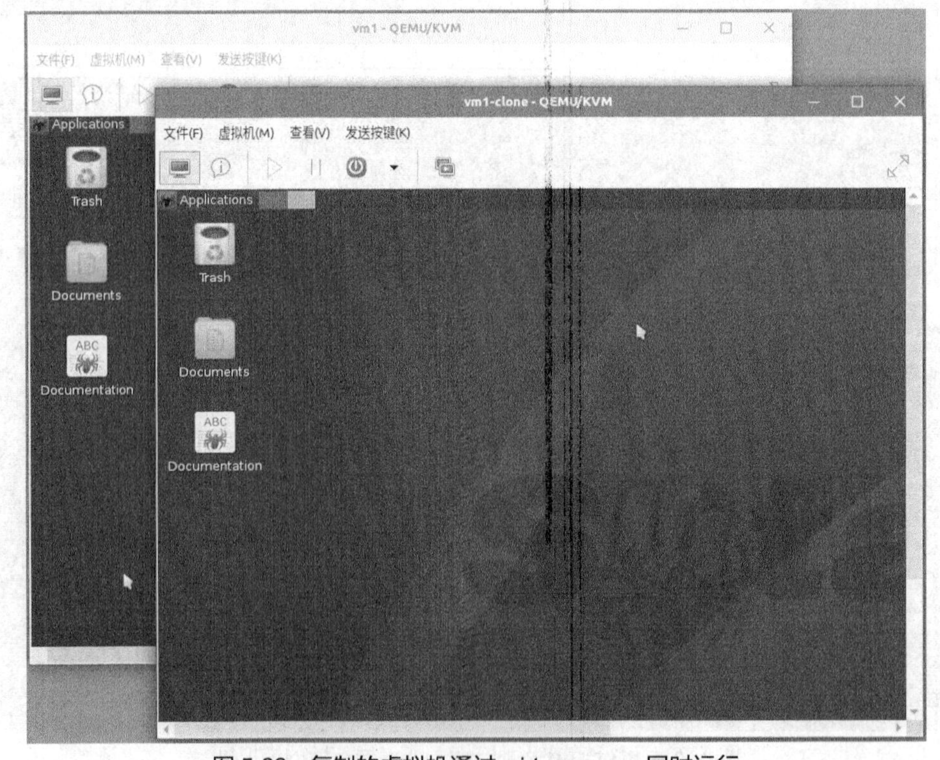

图 5-22 复制的虚拟机通过 virt-manager 同时运行

5.4.5　使用 KVM 安装 Windows 操作系统

使用 KVM 安装 Windows 操作系统的具体步骤如下。

（1）使用以下命令创建一个格式为 qcow2、名称为 xp、最大空间为 10GB 的虚拟磁盘。

```
qemu-img create -f qcow2 xp.qcow2 10GB
```

（2）打开 virt-manager，创建虚拟机，选中“导入现有（e）磁盘映像”单选按钮，如图 5-23 所示。

（3）选择创建的磁盘镜像路径，并且选择操作系统为 Windows XP，如图 5-24 所示。

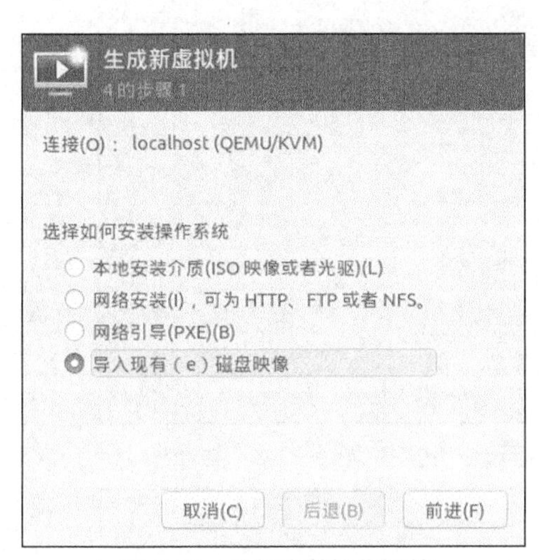

图 5-23　选择安装操作系统

图 5-24　选择镜像路径

（4）根据安装的操作系统选择合适的内存大小和 CPU 数量，如图 5-25 所示。

（5）选择在安装前自定义配置，如图 5-26 所示。

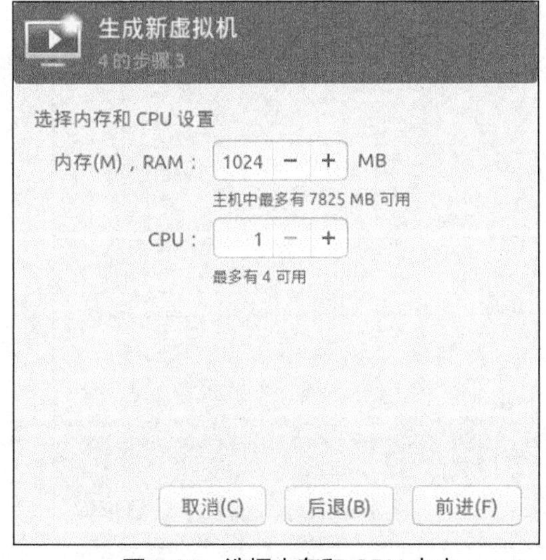

图 5-25　选择内存和 CPU 大小

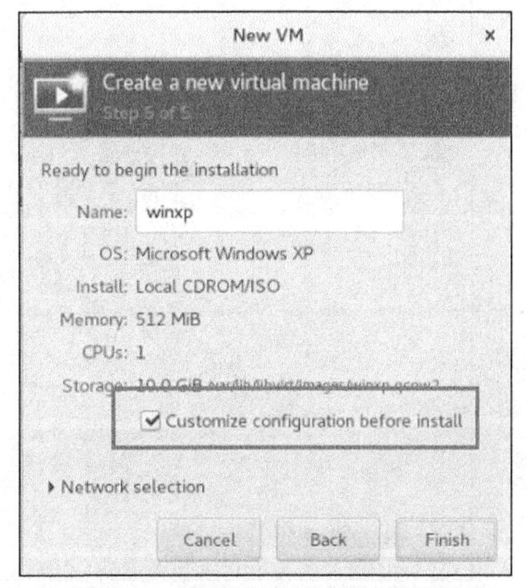

图 5-26　选择在安装前自定义配置

（6）修改磁盘和网卡总线为 Virtio，如图 5-27 和图 5-28 所示。

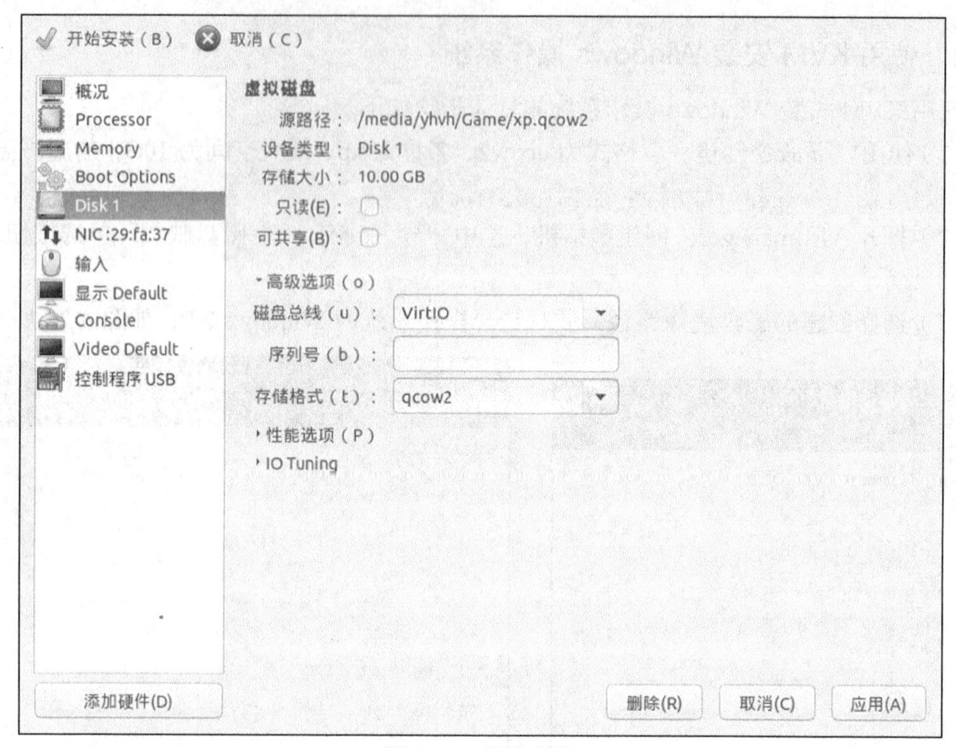

图 5-27　修改磁盘

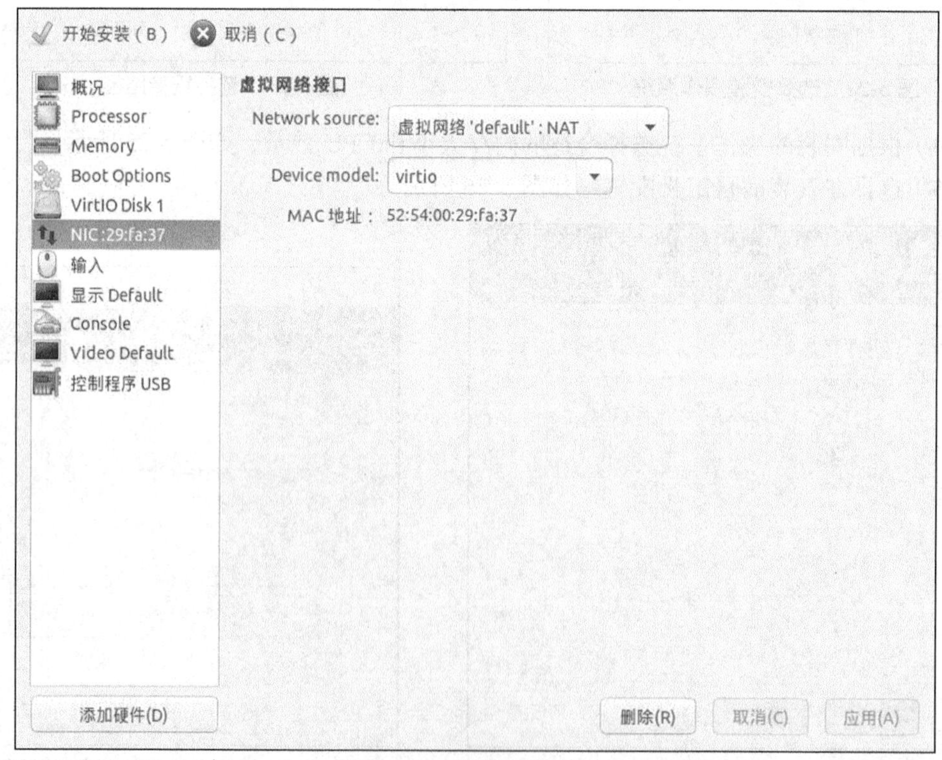

图 5-28　修改网卡总线

（7）导入 Windows XP 的安装镜像，如图 5-29 所示。

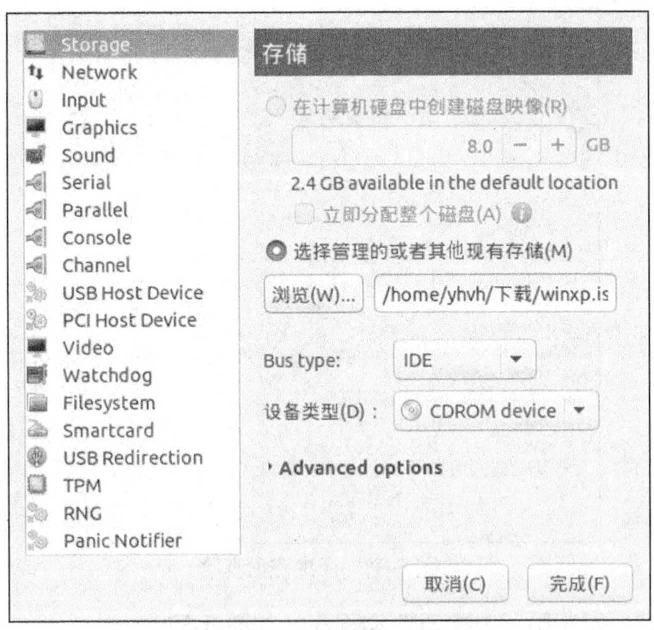

图 5-29　导入安装镜像

（8）修改引导光驱，如图 5-30 所示。

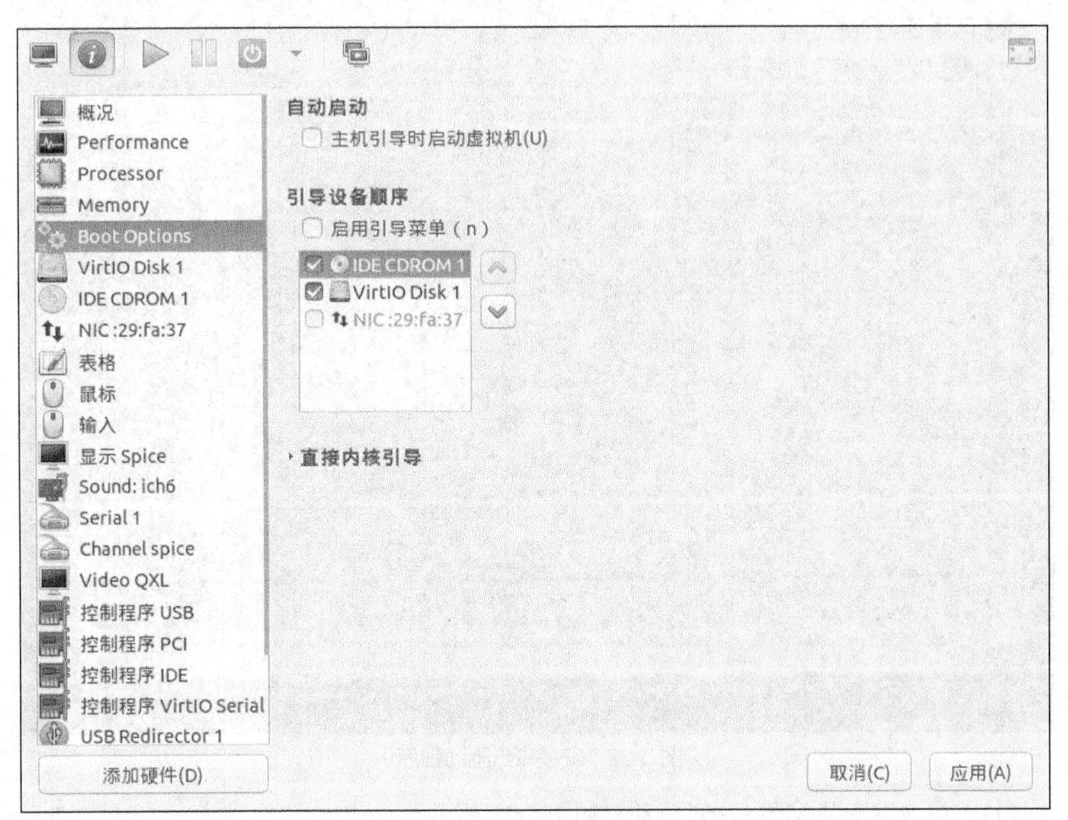

图 5-30　修改引导光驱

（9）添加 Windows XP 的 Virtio 磁盘驱动，如图 5-31 所示。

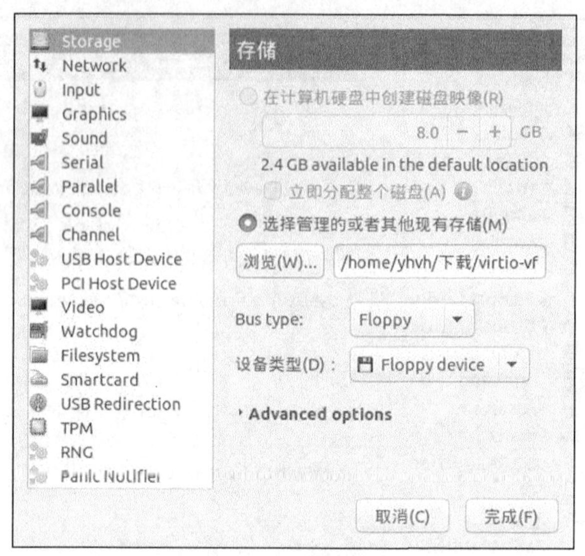

图 5-31　添加磁盘驱动

（10）按 F6 键，安装第三方磁盘驱动程序，如图 5-32 所示。

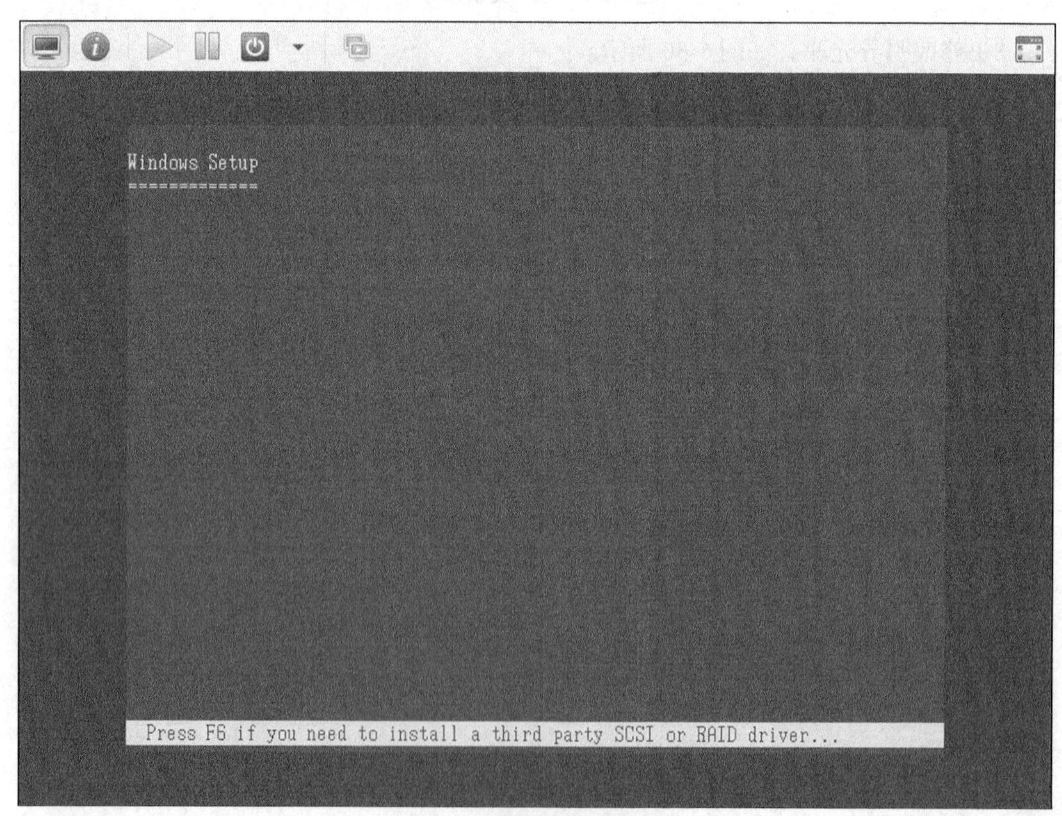

图 5-32　安装磁盘驱动程序

（11）按 S 键安装 Virtio 磁盘驱动，如图 5-33 所示。

（12）按 Enter 键安装红帽 Virtio 磁盘驱动，如图 5-34 所示。

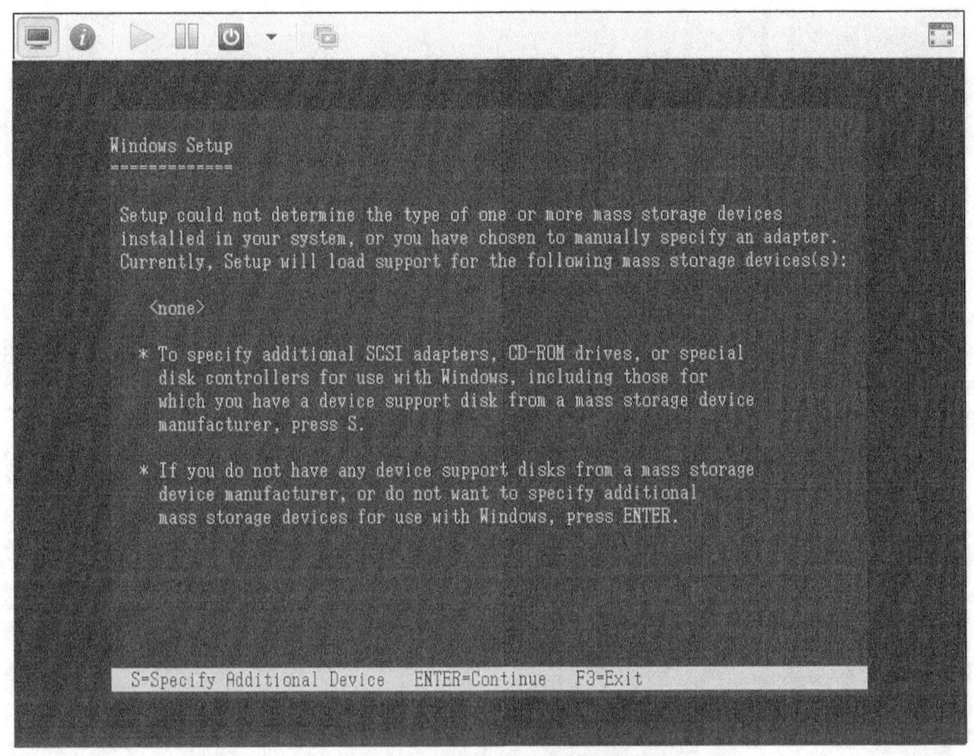

图 5-33 安装 Virtio 磁盘驱动

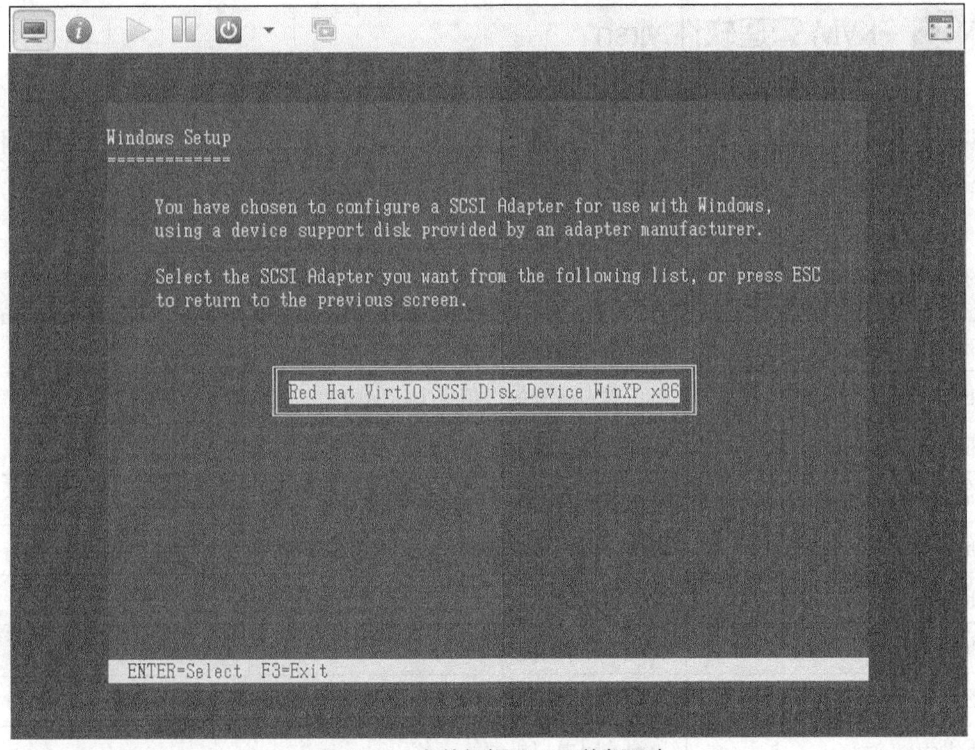

图 5-34 安装红帽 Virtio 磁盘驱动

（13）按 Enter 键安装 Windows XP 系统，如图 5-35 所示。

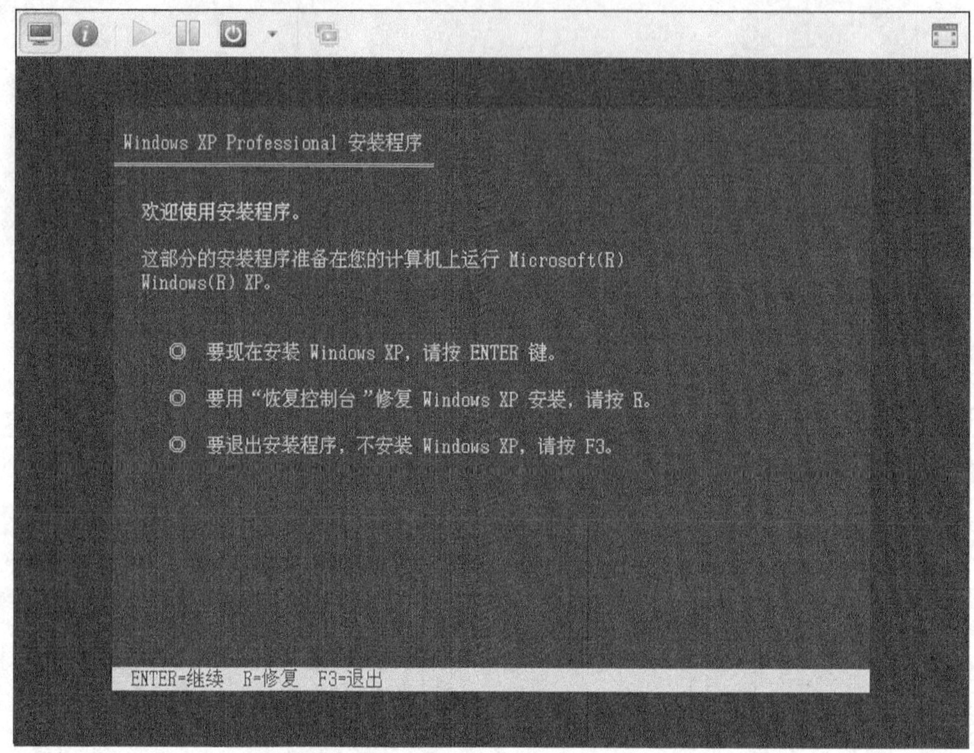

图 5-35 安装 Windows XP 系统

5.5 KVM 管理软件 virsh

virsh 是 KVM 的命令管理工具，可提供管理虚拟机更高级的能力。利用 virsh 可以对虚拟机进行启动、删除、控制等操作，也可以利用 virsh 来管理 KVM 中所有的虚拟机。virsh 命令及其释义如表 5-3 所示。

表 5-3 virsh 命令及其释义

命令	解释
virsh list	显示本地活动虚拟机
virsh list －all	显示本地所有的虚拟机（活动的和不活动的）
virshdefine vm.xml	通过配置文件定义虚拟机（这个虚拟机不是活动的）
virsh start vm	启动名称为 vm 的不活动虚拟机
virsh create ubuntu.xml	创建虚拟机（创建后，虚拟机立即执行，成为活动主机）
virsh suspend vm	暂停虚拟机
virsh resume vm	启动暂停的虚拟机
virsh shutdown vm	正常关闭虚拟机
virsh destroy vm	强制关闭虚拟机
virsh domstate vm	显示虚拟机的当前状态

续表

命令	解释
virsh dumpxml vm	显示虚拟机的当前配置文件
virsh setmem ubuntu vm	给不活动虚拟机设置内存大小
virsh setvcpus vm 4	为不活动虚拟机设置 CPU 个数
virsh edit vm	编辑配置文件（一般是在刚定义完虚拟机之后）

生成虚拟机时会自动生成一个默认 xml 格式的配置文件，文件存放在/etc/libvirt/qemu目录下，以后需要调整虚拟机参数时可以修改此配置文件，然后使虚拟机生效。在初次建立虚拟机时，里面的参数都是根据第一次生成虚拟机的配置指定的。

xml 配置文件示例如下。

```
<domain type='kvm'>
<name>kvm</name>
<uuid>e5ff1111-bbe1-e748-c8e4-8ecb3b66b902</uuid>
<memory>1048576</memory>
<currentMemory>1048576</currentMemory>
<vcpu>1</vcpu>
<os>
<type arch='x86_64' machine='rhel6.0.0'>hvm</type>
<boot dev='hd'/>
</os>
<features>
<acpi/>
<apic/>
<pae/>
</features>
<acpi/>
<apic/>
<pae/>
</features>
<clock offset='localtime'/>
<on_poweroff>destroy</on_poweroff>
<on_reboot>restart</on_reboot>
<on_crash>restart</on_crash>
<devices>
<emulator>/usr/libexec/qemu-kvm</emulator>
<disk type='file' device='disk'>
<driver name='qemu' type='raw' cache='none'/>
<source file='/home/kvm/images/dcs01.img'/>
```

```
<target dev='hda' bus='ide'/>
<address type='drive' controller='0' bus='0' unit='0'/>
</disk>
<disk type='file' device='cdrom'>
<driver name='qemu' type='raw'/>
<target dev='hdc' bus='ide'/>
<readonly/>
<address type='drive' controller='0' bus='1' unit='0'/>
</disk>
<disk type='file' device='cdrom'>
<driver name='qemu' type='raw'/>
<target dev='hdc' bus='ide'/>
<readonly/>
<address type='drive' controller='0' bus='1' unit='0'/>
</disk>
<disk type='file' device='cdrom'>
<driver name='qemu' type='raw'/>
<target dev='hdc' bus='ide'/>
<readonly/>
<address type='drive' controller='0' bus='1' unit='0'/>
</disk>
<controller type='ide' index='0'>
<address type='pci' domain='0x0000' bus='0x00' slot='0x01' function='0x1'/>
</controller>
<interface type='bridge'>
<mac address='52:54:00:ad:75:98'/>
<source bridge='br0'/>
<address type='pci' domain='0x0000' bus='0x00' slot='0x03' function='0x0'/>
</interface>
<input type='tablet' bus='usb'/>
<input type='mouse' bus='ps2'/>
<graphics type='vnc' port='-1' autoport='yes'/>
<video>
<model type='vga' vram='9216' heads='1'/>
<address type='pci' domain='0x0000' bus='0x00' slot='0x02' function='0x0'/>
</video>
<memballoon model='virtio'>
<address type='pci' domain='0x0000' bus='0x00' slot='0x05' function='0x0'/>
</memballoon>
```

```
</devices>
</domain>
```

注释如下：

- 定义虚拟机类型。

```
<domain type='kvm'>
```

- 虚拟机名称，由字母和数字组成，不能包含空格。

```
<name>kvm</name>
```

- uuid，由命令行工具 uuidgen 生成。

```
<uuid>e5ff1111-bbe1-e748-c8e4-8ecb3b66b902</uuid>
```

- 在不重启的情况下，虚拟机可以使用的最大内存，以 KB 为单位。

```
<memory>1048576</memory>
```

- 虚拟机启动时的内存，可以通过 virsh setmem 来调整内存，但不能大于最大可使用内存。

```
<currentMemory>1048576</currentMemory>
```

- 分配的虚拟 CPU。

```
<vcpu>1</vcpu>
```

- 有关 OS 的介绍。

架构：i686、x86_64。

machine：宿主机的操作系统。

boot：指定启动设备，可以重复多行，指定不同的值，作为启动设备列表。

```
<os>
<type arch='x86_64' machine='rhel6.0.0'>hvm</type>
<boot dev='hd'/>
</os>
```

- 处理器特性。

```
<features>
<acpi/>
<apic/>
<pae/>
</features>
```

- 时钟，使用本地时间：localtime。

```
<clock offset='localtime'/>
```

- 定义了在 KVM 环境中的默认动作。

为 poweroff 时的默认的动作为 destroy，为 reboot、crash 时的默认动作为 restart。

```
<on_poweroff>destroy</on_poweroff>
<on_reboot>restart</on_reboot>
<on_crash>restart</on_crash>
```

- 设备定义开始。

```
<devices>
```

- 模拟元素，此处的写法用于 KVM 的虚拟机。

```
<emulator>/usr/libexec/qemu-kvm</emulator>
```

- 用于 KVM 存储的文件。在这个例子中，在虚拟机中显示为 IDE 设备。

使用 qemu-img 命令创建该文件，kvm image 的默认目录为/var/lib/libvirt/images/。

```
<disk type='file' device='disk'>
<driver name='qemu' type='raw' cache='none'/>
<source file='/home/kvm/images/dcs01.img'/>
<target dev='hda' bus='ide'/>
<address type='drive' controller='0' bus='0' unit='0'/>
</disk>
```

定义多个磁盘时，采用普通的驱动，即硬盘和网卡都在默认配置情况下，网卡工作在模拟的 rtl 8139 下，速度为 100Mbit/s 全双工。采用 Virtio 驱动后，网卡工作在 1000Mbit/s 的模式下。

采用普通的驱动，即硬盘和网卡都采用默认配置的情况下，硬盘是 ide 模式。采用 Virtio 驱动后，硬盘工作如下。

```
<disk type='file' device='disk'>
<driver name='qemu' type='raw'/>
<source file='/usr/local/kvm/vmsample/disk.os'/>
<target dev='vda' bus='virtio'/>
</disk>
CD-ROM device:
<disk type='file' device='cdrom'>
<driver name='qemu' type='raw'/>
<target dev='hdc' bus='ide'/>
<readonly/>
<address type='drive' controller='0' bus='1' unit='0'/>
</disk>
```

- 使用网桥类型。确保每个 KVM 虚拟机的 MAC 地址唯一。将创建 tun 设备，名称为 vnetx（x 为 0,1,2...）。

```
<interface type='bridge'>
<mac address='52:54:00:ad:75:98'/>
<source bridge='br0'/>
<address type='pci' domain='0x0000' bus='0x00' slot='0x03' function='0x0'/>
</interface>
```

使用默认的虚拟网络代替网桥，即虚拟机为 NAT 模式。也可以省略 MAC 地址元素，这样将自动生成 MAC 地址。

```
<interface type='network'>
<source network='default'/>
<mac address="3B:6E:01:69:3A:11"/>
</interface>
```

默认分配 192.168.122.x/24 的地址，也可以手动指定。网关为 192.168.122.1。

采用普通的驱动，即硬盘和网卡都采用默认配置的情况下，网卡工作在模拟的 rtl 8139 下，速度为 100Mbps 全双工。采用 Virtio 驱动后，网卡工作在 1000M/1000bit/s 的模式下。

```
<interface type='bridge'>
<source bridge='br1'/>
<model type='virtio' />
</interface>
```

- 输入设备。

```
<input type='tablet' bus='usb'/>
<input type='mouse' bus='ps2'/>
```

- 定义与虚拟机交互的图形设备。

在这个例子中，使用 VNC 协议。listen 的地址为 host 的地址。prot 为-1，表示自动分配端口号，通过以下的命令查找端口号。

```
virsh vncdisplay <KVM Guest Name>
<graphics type='vnc' port='-1' autoport='yes'/>
```

- 设备定义结束。

```
</devices>
```

- KVM 定义结束。

```
</domain>
```

5.6 KVM 存储管理

5.6.1 本地存储管理

本地存储管理的具体步骤如下。

（1）使用以下命令创建磁盘镜像，如图 5-36 所示。

```
qemu-img create -f qcow2 ~/vms/10-17-110-110/dev-1-centos-readmine.img 38G
```

```
[root@10-17-110-110 10-17-110-110]# qemu-img create -f qcow2 ~/vms/10-17-110-110/dev-1-centos-readmine.img 38G
Formatting '/root/vms/10-17-110-110/dev-1-centos-readmine.img', fmt=qcow2 size=40802189312 encryption=off cluste
r_size=65536 lazy_refcounts=off
[root@10-17-110-110 10-17-110-110]#
```

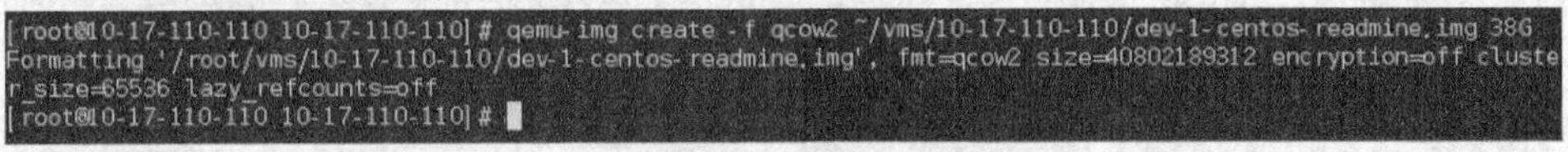

图 5-36 创建磁盘镜像

（2）使用以下命令创建虚拟机，如图 5-37 所示。

```
virt-install --virt-type kvm --name 10-17-110-110 --ram 4048
--cdrom=/home/ cloud/iso/centos/7.2/centos7.2.iso—disk
path=/root/vms/10-17-110-110/dev- 1-centos-readmine.img,size=38,format=q
cow2 -w bridge:br0 --graphics vnc,listen= 0.0.0.0
--noautoconsole --os-type=linux --os-variant=rhel6 --force
```

```
[root@10-17-110-110 10-17-110-110]# virt-install --virt-type kvm --name centos7.2 --ram 2048 --cdrom=/root/iso/c
entos/7.2/centos7.2.iso --disk path=/root/vms/10-17-110-110/dev-1-centos-readmine.img,size=38,format=qcow2 -w br
idge:br0 --graphics vnc,listen=0.0.0.0 --noautoconsole --os-type=linux --os-variant=rhel6 --force

开始安装......
创建域......                                                    |    0 B  00:00:00
域安装仍在进行。您可以重新连接
到控制台以便完成安装进程。
[root@10-17-110-110 10-17-110-110]#
```

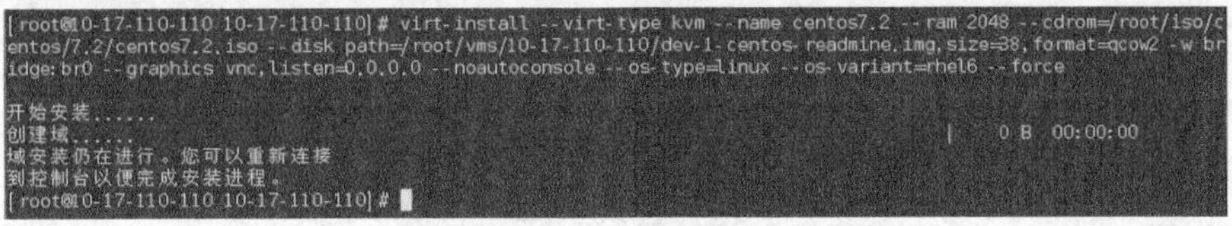

图 5-37 创建虚拟机

（3）使用以下命令查看虚拟机状态，如图 5-38 所示。

```
virsh domstate centos7.2
virsh dominfo centos7.2
```

```
[root@10-17-101-198 ~]# virsh domstate centos7.2
running

[root@10-17-101-198 ~]# virsh dominfo centos7.2
Id:             4
名称：          centos7.2
UUID:           2796c064-4c02-4e64-b528-c03225a7e2e4
OS 类型：       hvm
状态：          running
CPU：           1
CPU 时间：      15.4s
最大内存：      2097152 KiB
使用的内存：    2097152 KiB
持久：          是
自动启动：      启用
管理的保存：    否
安全性模式：    selinux
安全性 DOI：    0
安全性标签：    system_u:system_r:svirt_t:s0:c306,c468 (enforcing)

[root@10-17-101-198 ~]#
```

图 5-38　查看虚拟机状态

5.6.2　使用 virsh 管理共享存储

使用 virsh 管理共享存储的具体步骤如下。

（1）使用以下命令创建 KVM 存储池，如图 5-39 所示。

```
virsh pool-define-as kce_pool --type fs --source-dev --source-format ext4
--target /root/vms/poola-10-17-110-110
virsh pool-start kce_pool
virsh pool-info kce_pool
```

```
[root@10-17-110-110 ~]# virsh pool-define-as --name kce_pool --type fs --source-dev /dev/vdc --source-format ext
4 --target /root/vms/poola-10-17-110-110/
定义池 kce_pool

[root@10-17-110-110 ~]# virsh pool-start kce_pool
池 kce_pool 已启动

[root@10-17-110-110 ~]# virsh pool-autostart kce_pool
池 kce_pool 标记为自动启动

[root@10-17-110-110 ~]# virsh pool-info kce_pool
名称：          kce_pool
UUID:           2a03f581-d52b-4cf2-9f9b-e851dfbd30aa
状态：          running
持久：          是
自动启动：      是
容量：          39.25 GiB
分配：          48.02 MiB
可用：          39.20 GiB

[root@10-17-110-110 ~]#
```

图 5-39　创建 KVM 存储池

（2）使用以下命令在存储池上创建卷，如图 5-40 所示。

```
virsh vol-create-as --pool kce_pool --name kce_a.img --capacity 38G
--allocation 1G --format qcow2
virsh vol-info /root/vms/poola-10-17-110-110/kce_a.img
```

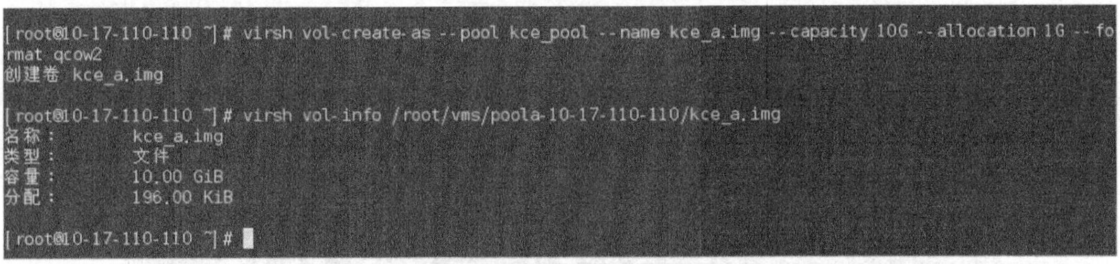

```
[root@10-17-110-110 ~]# virsh vol-create-as --pool kce_pool --name kce_a.img --capacity 10G --allocation 1G --format qcow2
创建卷 kce_a.img

[root@10-17-110-110 ~]# virsh vol-info /root/vms/poola-10-17-110-110/kce_a.img
名称：        kce_a.img
类型：        文件
容量：        10.00 GiB
分配：        196.00 KiB

[root@10-17-110-110 ~]#
```

图 5-40 在存储池上创建卷

（3）使用以下命令在存储卷上安装虚拟机并进行查看，如图 5-41 和图 5-42 所示。

```
virt-install --connect qemu:///system -n kce_a -r 1024 -f
/root/vms/ poola-10-17-110-110/kce_a.img -vnc--os-type=linux
--os-variant=rhel6 --vcpus=1 --network bridge=br0 -c
/root/iso/centos/7.2/centos7.2.iso
```

```
[root@10-17-110-110 ~]# virt-install --connect qemu:///system -n kce_a -r 1024 -f /root/vms/poola-10-17-110-110/kce_a.img --vnc --os-type=linux --os-variant=rhel6 --vcpus=1 --network bridge=br0 -c /root/iso/centos/7.2/centos7.2.iso

开始安装......
创建域......                                          |    0 B  00:00:00

(virt-viewer:23366): Gdk-CRITICAL **: gdk_window_set_cursor: assertion 'GDK_IS_WINDOW (window)' failed


(virt-viewer:23366): Gdk-CRITICAL **: gdk_window_get_width: assertion 'GDK_IS_WINDOW (window)' failed

(virt-viewer:23366): Gdk-CRITICAL **: gdk_window_get_height: assertion 'GDK_IS_WINDOW (window)' failed
创建域完成。
正在重启虚拟机。
```

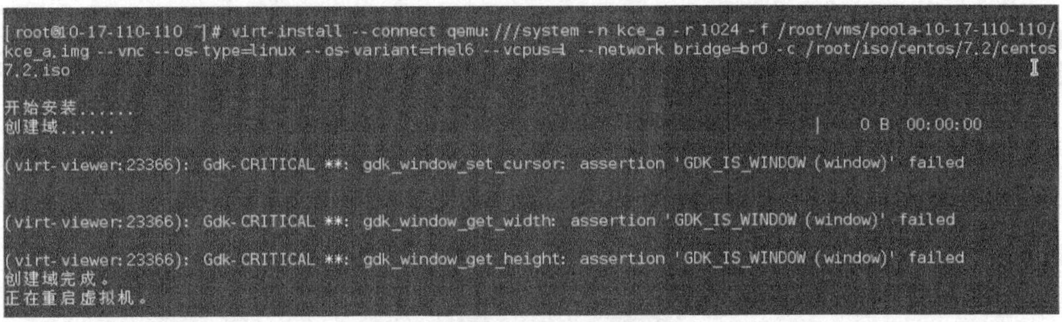

图 5-41 在存储卷上安装虚拟机

```
virsh list
```

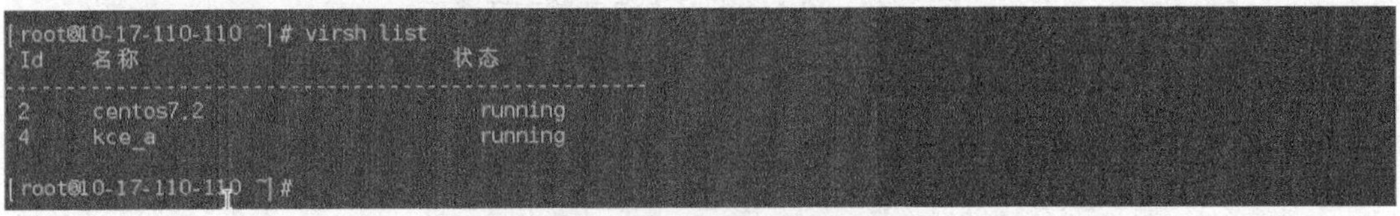

```
[root@10-17-110-110 ~]# virsh list
 Id    名称                           状态
----------------------------------------------------
 2     centos7.2                      running
 4     kce_a                          running

[root@10-17-110-110 ~]#
```

图 5-42 查看目前运行的虚拟机

（4）使用以下命令将存储卷附加到虚拟机，如图 5-43 所示。

```
virsh attach-disk centos7.2 /root/vms/virt-kce/kce-poola/kce_a.img vdb
--cache=none --subdriver=qcow2
```

```
[root@KVM-1 10-17-110-110]# virsh attach-disk centos7.2 /root/vms/virt-kce/kce-poola/kce_a.img vdb --cache=none --subdriver=qcow2
成功附加磁盘

[root@KVM-1 10-17-110-110]#
```

图 5-43 将存储卷附加到虚拟机

（5）直接在虚拟机内挂载即可，如图 5-44 所示。

```
fdisk -l
```

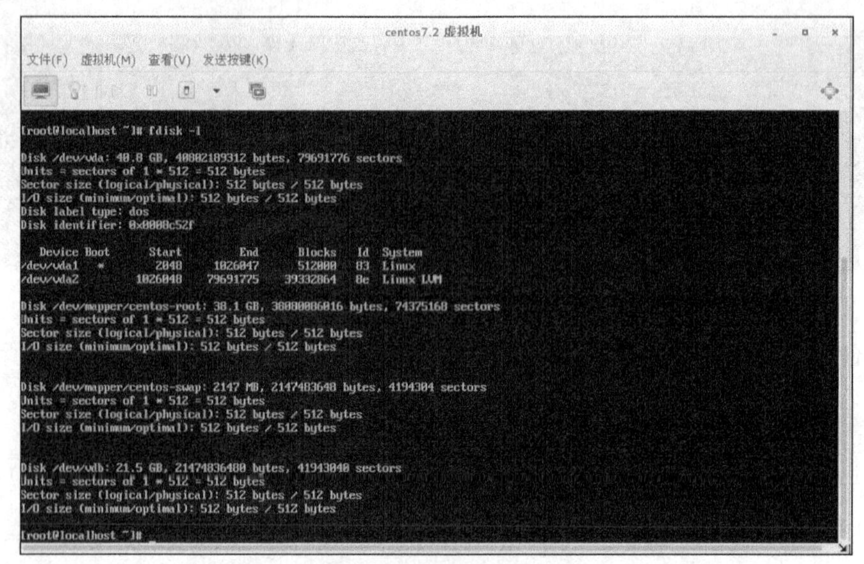

图 5-44 在虚拟机内挂载

5.6.3 使用 virsh 实现虚拟机静态迁移

使用 virsh 实现虚拟机静态迁移的具体步骤如下。

（1）将主机 A 的 xml 配置文件与磁盘文件复制到主机 B，实现 KVM1 到 KVM2 的静态迁移，如图 5-45 所示。

```
scp root@10.17.110.110:/etc/libvirt/qemu/centos7.2.xml /etc/libvirt/qemu
scp -r root@10.17.110.110:/root/vms ./
```

```
[root@KVM-2 jauto]# scp root@10.17.110.110:/etc/libvirt/qemu/centos7.2.xml /etc/libvirt/qemu
centos7.2.xml                                    100% 3927     3.8KB/s   00:00
[root@KVM-2 jauto]# scp -r root@10.17.110.110:/root/vms ./
dev-1-centos-readmine.img                        100% 1067MB  89.0MB/s   00:12
[root@KVM-2 jauto]#
```

图 5-45 KVM1 到 KVM2 的静态迁移

（2）使用以下命令在主机 B 启动虚拟机，如图 5-46 所示。

```
virsh start centos7.2
virsh autostart centos7.2
virsh dominfo centos7.2
```

```
[root@KVM-2 ~]# virsh start centos7.2
域 centos7.2 已开始

[root@KVM-2 ~]# virsh autostart centos7.2
域 centos7.2标记为自动开始

[root@KVM-2 ~]# virsh dominfo centos7.2
Id:             5
名称：          centos7.2
UUID:           2796c064-4c02-4e64-b528-c03225a7e2e4
OS 类型：       hvm
状态：          running
CPU：           1
CPU 时间：      19.8s
最大内存：      2097152 KiB
使用的内存：    2097152 KiB
持久：          是
自动启动：      启用
管理的保存：    否
安全性模式：    selinux
安全性 DOI：    0
安全性标签：    system_u:system_r:svirt_t:s0:c187,c844 (enforcing)

[root@KVM-2 ~]#
```

图 5-46 在目标主机启动虚拟机

静态迁移即在虚拟机关闭的状态下复制虚拟磁盘文件与配置文件到目标主机的迁移方式，虚拟主机各自使用本地存储存放虚拟机磁盘文件。

5.7 本章小结

KVM 是目前应用最为广泛的开源虚拟化技术，并且写入了 Linux 的内核，使得其相较于 XEN 更轻量级，并且有着更好的 I/O 性能。作为一款优秀的开源虚拟化技术，它能够非常方便地在各个 Linux 发行版本中获得，快速地搭建一个虚拟化环境。目前，KVM 已经成为公有云服务提供商的主要服务器虚拟化技术，并且将逐步取代 XEN 的位置。本章主要讲述了 KVM 虚拟化技术的基本构架原理、安装与配置、KVM 网络的基本管理方式、图形化的 KVM 管理工具 virt-manager，以及命令行的管理工具 virsh 和 KVM 的存储管理。在实验过程中，读者可以通过本书介绍的虚拟机的方式进行实验，也可以在物理机上进行实验，以获得最好的实验效果。读者还可以尝试将其他类型的虚拟化磁盘转换至 KVM 的虚拟化磁盘，实现 v2v，并使用其他 Linux 虚拟网络工具来管理 KVM 虚拟机网络，添加其他存储类型。

5.8 扩展习题

1. 详解 KVM、libvirt、Qemu 三者之间的关系。
2. 如何将物理设备直通至 KVM 虚拟机中？
3. 如何使 KVM 虚拟机连接至外部二层网络中？
4. 添加 KVM 存储资源池后，KVM 虚拟机的默认磁盘文件存放在哪里？

第6章 容器技术

Docker 是 PaaS 提供商 dotCloud 开源的一个基于 LXC 的高级容器开源引擎，源代码托管在 Github 上，基于 Go 语言并遵从 Apache 2.0 协议开源。它可以轻松地为任何应用创建一个轻量级的、可移植的、自给自足的容器。Docker 自 2013 年以来便非常受欢迎，很多企业基于 Docker 进行业务编排。本章主要介绍 Docker 的原理、安装和使用。

本章教学重点

- Docker 简介
- Docker 组件
- Docker 与配置管理

6.1 容器技术简介

6.1.1 容器技术

在计算世界中，容器拥有一段漫长且传奇的历史。容器与管理程序虚拟化（Hypervisor Virtualization，HV）有所不同，管理程序虚拟化通过中间层将一台或多台独立的机器虚拟运行于物理硬件上，而容器则是直接运行在操作系统内核之上的用户空间。因此，容器虚拟化也被称为“操作系统级虚拟化”，容器技术可以使多个独立的用户空间运行在同一宿主机上。

由于“客居”于操作系统，容器只能运行与底层宿主机相同或相似的操作系统。例如，可以在 Ubuntu 服务器中运行 Red Hat Enterprise Linux，却无法在服务器上运行 Microsoft Windows。

相对于彻底隔离的管理程序虚拟化，容器被认为是不安全的。反对这一观点的人认为，由于虚拟机所虚拟的是一个完整的操作系统，这无疑增大了攻击范围，而且还要考虑管理程序层潜在的暴露风险。

尽管有诸多局限性，容器还是被广泛部署于各种各样的应用场合。在超大规模的多租户服务部署、轻量级沙盒及对安全要求不太高的隔离环境中，容器技术非常流行。最常见的一个例子是“权限隔离监牢”（chroot jail），它创建一个隔离的目录环境来运行进程。如果权限隔离监牢中正在运行的进程被入侵者攻破，入侵者便会发现自己“深陷囹圄”，因为权限不足被困在容器创建的目录中，无法对宿主机进行进一步的破坏。

最新的容器技术引入了 OpenVZ、Solaris Zones 及 Linux 容器（如 lxc）。使用这些新技术，容器不再仅仅是一个单纯的运行环境。在自己的权限范围内，容器更像是一个完整的宿主机。对 Docker 来说，它得益于现代 Linux 内核特性，如控件组（Control Group）、命名空间（Name Space）技术，容器和宿主机之间的隔离更加彻底。容器有独立的网络和存储栈，还拥有自己的资源管理能力，使得同一台宿主机中的多个容器可以友好地共存。

容器经常被认为是精益技术，因为容器需要的开销有限。和传统的虚拟化及半虚拟化相比，容器运行不需要模拟层（Emulation Layer）和管理层（Hypervisor Layer），而是使用操作系统的系统调用接口。这降低了运行单个容器所需的开销，也使得宿主机中可以运行更多的容器。

尽管有着光辉的历史，容器仍未得到广泛的认可。一个很重要的原因就是容器技术的复杂性：容器本身就比较复杂，不易安装，管理和自动化也很困难。而 Docker 就是为改变这一切而生的。

Linux 容器是在单一 Linux 主机上提供多个隔离的 Linux 环境的操作系统级虚拟技术。不像虚拟机，容器并不需要运行专用的访客操作系统。容器共享宿主机的操作系统内核，并使用访客操作系统的系统库来提供所需的功能。由于不需要专用的操作系统，因此容器要比虚拟机的启动快得多。

容器技术是容器有效地将由单个操作系统管理的资源划分到孤立的组中，以便更好地在孤立的组之间平衡有冲突的资源使用需求。与虚拟化相比，这样既不需要指令级模拟，也不需要即时编译。容器可以在核心 CPU 本地运行指令，而不需要任何专门的解释机制。此外，也避免了准虚拟化和系统调用替换时的复杂性。

早期的容器技术有如下几种。

（1）UNIX Chroot 是一套“UNIX 操作系统”，旨在将其 root 目录及其他子目录变更至文件系统内的新位置，且只接受特定进程的访问。这项功能的设计，目的在于为每个进程提供一套隔离化磁盘空间。

（2）FreeBSD Jails 是最早的容器技术之一，它由 R&D Associates 公司的 Derrick T. Woolworth 在 2000 年为 FreeBSD 引入。这是一个类似 chroot 的操作系统级的系统调用，但是为文件系统、用户、网络等的隔离增加了进程沙盒功能。因此，它可以为每个 jail 指定 IP 地址，可以对软件的安装和配置进行定制，等等。

（3）Linux VServer 是另外一种 jail 机制，它用于对计算机系统上的资源（如文件系统、CPU 处理时间、网络地址和内存等）进行安全的划分。每个划分出的分区被称为一套安全背景（Security Context），其中的虚拟系统叫作虚拟私有服务器。

（4）Solaris 容器相当于将系统资源控制与由分区提供的边界加以结合。各分区立足于单一操作系统实例内，以完全隔离的虚拟服务器形式运行。

（5）LXC 是指 LinuX Containers，它是第一个最完善的 Linux 容器管理器的实现方案，是通过 cgroups 和 Linux 命名空间实现的。LXC 存在于 liblxc 库中，提供了各种编程语言的 API 实现，包括 Python 3、Python 2、Lua、Go、Ruby 和 Haskell。与其他容器技术不同的是，LXC 可以工作在普通的 Linux 内核上，而不需要增加补丁。

虽然这些容器技术经过多年的演化已经十分成熟，但由于各种原因，这些技术并没有被集成到主流 Linux 内核中，使用起来不方便。

6.1.2　容器技术之 Docker

Docker 的英文本意是码头工人，也就是搬运工，这种搬运工搬运的是集装箱（Container），集装箱里面装的可不是商品货物，而是任意类型的 APP。Docker 把 APP 封装在 Container 内，通过 Linux Container 技术的包装将 APP 变成一种标准化的、可移植的、自管理的组件，这种组件可以在笔记本电脑上开发、调试、运行，最终非常方便和一致地运行在生产环境下。

Docker 提供了一种可移植的标准化部署过程，使得规模化、自动化、异构化的部署成为可能，甚至是轻松简单的事情；而对于开发者来说，Docker 提供了一种开发环境的管理方法，包括映像、构建、共享等功能。

Docker 基于 Go 语言实现的云开源项目，诞生于 2013 年初，最初发起者是 DotCloud 公司。Docker 自开源后受到广泛的关注和讨论，目前已有多个相关项目，逐渐形成了围绕 Docker 的生态体系。DotCloud 公司后来也改名为 Docker Inc.，专注于 Docker 相关技术和产品的开发。

现在主流的 Linux 操作系统都已经支持 Docker。例如，RHEL 6.5/CentOS 6.5 与 Ubuntu 14.04 以上的操作系统，都已默认带有 Docker 软件包。Docker 的主要目标是“Build,Ship and Run Any App,Anywhere”，即通过对应用组件的封装、分发、部署、运行等生命周期的管理，达到应用组件级别的“一次封装，到处运行”。这里的组件，既可以是一个 Web 应用，也可以是一套数据库服务，甚至是一个操作系统或编译器。

Docker 引入了整个管理容器的生态系统，这包括高效、分层的容器镜像模型、全局和本地的容器注册库、清晰的 REST API、命令行等。稍后的阶段，Docker 推动实现了一个叫作 Docker Swarm 的容器集群管理方案。

Docker 基于 Linux 的多项开源技术提供了高效、敏捷和轻量级的容器方案，并且支持在多种主流平台（PaaS）和本地系统上部署。

6.1.3　Docker 的特点

1. 简单快速

Docker 上手非常快，用户只需要几分钟，就可以把自己的程序“Docker 化”。Docker 依赖于“写时复制”（copy-on-write）模型，使修改应用程序也非常迅速，可以说达到了“随心所至，代码即改”的境界。

随后，就可以创建容器来运行应用程序了。大多数 Docker 容器不到 1s 即可启动。由于去除了管理程序的开销，Docker 容器拥有很高的性能，同一时间同一台宿主机中也可以运行更多的容器，使用户可以尽可能充分地利用系统资源。

2. 逻辑分离

使用 Docker，开发人员只需要关心容器中运行的应用程序，而运维人员只需要关心如何管理容器。Docker 设计的目的就是要加强开发人员写代码的开发环境与应用程序要部署的生产环境的一致性，从而降低那种“开发时一切都正常，肯定是运维的问题”的风险。

3. 快速高效

Docker 的目标之一就是缩短代码从开发、测试到部署、上线运行的周期，使开发的应用程序具备可移植性，易于构建，并易于协作。

4. 面向服务

Docker 还鼓励面向服务的架构和微服务架构。Docker 推荐单个容器只运行一个应用程序或进程，这样就形成了一个分布式的应用程序模型。在这种模型下，应用程序或服务可以表示为一系列内部互联的容器，从而使分布式部署应用程序、扩展或调用应用程序变得非常简单，提高了程序的扩展性。

6.1.4 Docker 的优势

Docker 之前的各种容器技术，最大的问题是使用起来不方便，只有少数技术高手能熟练应用。而 Docker 最大的优势，就是让容器的管理变得积极及方便，不需要掌握高深的技术就能使用。正是 Docker 的出现使得容器技术开始大规模地应用起来，它相比以往产品拥有如下几个优势。

（1）更快速的交付和部署。Docker 可以快速创建和删除容器，实现快速迭代，大量节约开发、测试、部署的时间，并且各个步骤都有明确的配置和操作，整个过程全程可见。

（2）更高效的资源利用。Docker 容器不像虚拟机那样需要额外的管理程序，它依赖系统内核运行，所以在资源开销上比虚拟机要低很多。

（3）更轻松的迁移和扩展。Docker 容器可以在跨操作系统、跨环境中运行，这种兼容性让用户可以在不同平台之间轻松地迁移应用。

（4）更简单的更新管理。使用 Dockerfile，使更新变得简单方便，而且这些更新是可跟踪的，在开发环境中这种形式更为可靠。

6.1.5 Docker 与虚拟机比较

作为一个轻量级的虚拟化方式，Docker 在运行应用上跟传统的虚拟机方式相比具有一定的优势（如表 6-1 所示）。

（1）Docker 容器很快，启动和停止可以在秒级实现，这相比传统的虚拟机方式要快得多。

（2）Docker 容器对系统资源的需求很少，一台主机上可以同时运行数千个 Docker 容器。

（3）Docker 通过类似 Git 的操作来方便用户获取、分发和更新应用镜像，指令简明，学习成本较低。

（4）Docker 通过 Dockerfile 配置文件来支持灵活的自动化创建和部署机制，提高效率。

Docker 容器除了运行其中的应用之外，基本不消耗额外的系统资源，在保证应用性能的同时，尽量减少系统开销。传统虚拟机方式运行多个不同的应用就要启动多个虚拟机（每个虚拟机需要单独分配独占的内存、磁盘等资源），而 Docker 只需要多个隔离的容器，并将应用放到容器内即可。

在隔离性方面，传统的虚拟机方式多了一层额外的隔离，但这并不意味着 Docker 利用 Linux 系统上的多种防护机制实现了严格可靠的隔离。从 1.3 版本开始，Docker 引入了安全选项和镜像签名机制，极大地提高了使用Docker的安全性。

表6-1 Docker容器与传统虚拟机方式对比

特征	容器	虚拟机
启动速度	秒级	分钟级
硬盘使用	一般为MB	一般为GB
性能	接近原生	弱于原生
系统支持量	单机支持上百个容器	一般几十个
隔离性	安全隔离	完全隔离

6.1.6 Docker的使用场景

Docker主要适用以下场景。

（1）使用Docker容器开发、测试、部署服务。由于Docker容器非常轻量化，所以本地开发人员可以构建、运行并分享Docker容器，容器可以在开发环境中创建，然后测试，最终进入生产环境。

（2）创建隔离的运行环境。在很多企业应用中，同一服务的不同版本服务于不同用户，使用Docker可以很容易地创建不同的生产环境来运行不同服务。

（3）搭建测试环境。由于Docker的轻量化，开发者很容易利用Docker在本地搭建测试环境，用来测试程序在不同系统上的兼容性，甚至是搭建集群部署测试。

（4）构建多用户的平台及服务基础设施。

（5）提供软件及服务应用程序。

（6）高性能、超大规模的宿主机部署。

6.2 Docker核心组件

6.2.1 Docker组件

1. Docker镜像

Docker镜像（Image）类似于虚拟镜像，可以将它理解为一个面向Docker引擎的只读模板，包含了文件系统。

如果一个镜像只包含一个完整的Ubuntu操作系统环境，则可以把它称为一个Ubuntu镜像。镜像也可以安装Apache应用程序，称为Apache镜像。

镜像是创建Docker的基础。通过版本管理和增量的文件系统，Docker提供了一套十分简单的机制来创建和更新现有的镜像。用户也可从网上下载一个已经做好的应用镜像，通过简单的命令就可使用了。

2. Docker容器

Docker容器（Container）类似于一个轻量级的沙盒，Docker利用容器来运行和隔离应用。容器是从镜像创建应用运行实例，如启动、开始、停止、删除，而这些容器都是互相隔离、互不可见的。可以把容器看作一个简易版 Linux 系统环境，以及运行在其中的应用程序打包而成的应用盒子。镜像自身是只读的，容器从镜像启动的时候，Docker 会在镜像的最上层创建可写层，镜像本身将保持不变。

3. Docker 仓库

仓库是集中存放镜像文件的场所。有时候会把仓库和仓库注册服务器（Registry）混为一谈，并不严格区分。实际上，仓库注册服务器上往往存放着多个仓库，每个仓库中又包含了多个镜像，每个镜像有不同的标签（Tag）。用户可以在本地网络内创建一个私有仓库，基本架构如图 6-1 所示。

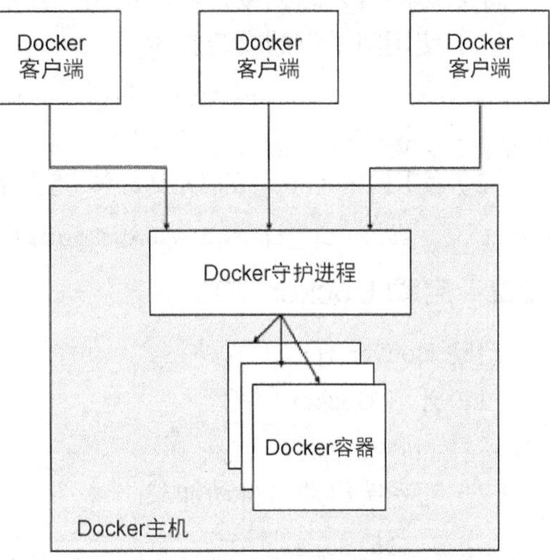

图 6-1 Docker 构架图

当用户创建了自己的镜像之后就可以使用 push 命令将它上传到公有或者私有仓库，这样下次在另外一台机器上使用这个镜像时，只需要从仓库上使用 pull 命令就可以了。

6.2.2 Docker 的技术组件

Docker 可以运行于任何安装了现代 Linux 内核的 x64 主机上。推荐的内核版本是 3.8 或者更高。Docker 的开销比较低，可以用于服务器、台式机或笔记本电脑。它包括以下几个部分。

- 一个原生的 Linux 容器格式：Docker 中称为 libcontainer，或者是 Linux 中很流行的容器技术 lxc。libcontainer 格式现在是 Docker 容器的默认格式。
- Linux 内核的命名空间（Name Space）：用于隔离文件系统、进程和网络。
- 文件系统隔离：每个容器都有自己的 root 文件系统。
- 进程隔离：每个容器都运行在自己的进程环境中。
- 网络隔离：容器间的虚拟网络接口和 IP 地址都是分开的。
- 资源隔离和分组：使用 cgroups（即 control group，Linux 的内核特性之一）将 CPU 和内存之类的资源独立分配给每个 Docker 容器。
- 写时复制：文件系统都是通过写时复制创建的，这就意味着文件系统是分层的、快速的，而且占用的磁盘空间更小。
- 日志：容器产生的 STDOUT、STDERR 和 STDIN 这些 I/O 流都会被收集并记入日志，用来进行日志分析和故障排错。
- 交互式 shell：用户可以创建一个伪 tty 终端，将其连接到 STDIN，为容器提供一个交互式的 shell。

6.3 Docker 技术实践

6.3.1 安装 Docker

在 Linux 发行版本的系统源里都有 Docker 的软件包，一般版本太低，并不推荐。Docker

官方正式的安装方法，直接使用官网脚本链接即可。

```
curl -fsSL https://get.docker.com/ | sh
```

如果访问官方源太慢，可以使用国内的源安装，有以下两种方式。

（1）使用阿里云的安装脚本。

```
curl-sslhttp://acs-public-mirror.oss-cn-hangzhou.aliyuncs.com/docker-engine/internet.sh
```

（2）使用 DaoCloud 的 Docker 安装脚本。

```
curl -sSL https://get.daocloud.io/Docker | sh
```

6.3.2 启动 Docker

启动 Docker 有以下两种方式。

（1）开启 Docker 服务。

```
service docker start
```

（2）随系统启动时自动加载。

```
chkconfig docker on
```

6.3.3 Docker 镜像操作

Docker 运行容器前需要本地存在对应的镜像，如果本地没有镜像，Docker 会先尝试从默认镜像仓库下载，用户也可以通过配置，使用自定义的镜像仓库。

1. 获取镜像

镜像是 Docker 运行的前提，可以使用 docker pull 命令从网络上下载镜像。这条命令的格式为：

```
docker pull NAME[ :TAG]
```

对于 Docker 镜像，如果不显示指定 TAG，则默认会选择 latest 作为标签。下载仓库中最新版本的镜像，如图 6-2 所示。

```
docker pull centos
```

```
[root@133-130-111-189 ~]# docker pull centos
Using default tag: latest
Trying to pull repository docker.io/library/centos ...
latest: Pulling from docker.io/library/centos
08d48e6f1cff: Pull complete
Digest: sha256:b2f9d1c0ff5f87a4743104d099a3d561002ac500db1b9bfa02a783a46e0d366c
Status: Downloaded newer image for docker.io/centos:latest
```

图 6-2　获取镜像

该命令下载的是 centos，使用的是默认标记 latest。在下载的过程中可以看出，镜像文件是由若干层组成的。下载过程中会获取并输出镜像的各层信息。

之前的两条命令都是从默认的注册服务器 reqistry.hub.Docker.com 中的仓库下载的镜像，也可以用其他注册服务器的仓库下载。这需要在仓库名称前指定完整的仓库注册服务器地址。

下载镜像到本地之后，就可以使用该镜像，创建一个容器，在其中运行 bash 应用，如图 6-3 所示。

```
docker run -t -i centos /bin/bash
```

```
[root@133-130-111-189 ~]# docker run -t -i centos  /bin/bash
[root@2d53022f3d65 /]#
[root@2d53022f3d65 /]#
[root@2d53022f3d65 /]#
[root@2d53022f3d65 /]#
```

图 6-3 运行 bash 应用

2. 查看镜像信息

使用 docker images 命令可以列出本地主机上已有的镜像，如图 6-4 所示。

```
docker images
```

```
root@133-130-111-189 ~]#
root@133-130-111-189 ~]#
root@133-130-111-189 ~]# docker images
REPOSITORY          TAG                 IMAGE ID            CREATED             SIZE
docker.io/centos    latest              0584b3d2cf6d        3 weeks ago         196.5 MB
root@133-130-111-189 ~]#
```

图 6-4 查看镜像

从这些列出的信息中，可以看到镜像来自哪个仓库、镜像的标签信息、镜像的 ID 号、创建的时间和镜像的大小。其中，镜像的 ID 信息十分重要，它是镜像的唯一标识。

TAG 信息用于标记来自同一个仓库的不同镜像。通过 TAG 信息可以区分发行版本。

3. 搜寻镜像

使用 docker search 命令可以搜索远端仓库中共享的镜像，默认搜索 DockerHub 官方仓库的镜像。docker search 命令支持的参数包括：--automated=false 表示仅显示自动创建的镜像；--no-trunc=false 表示输出信息不截断显示；-s,--stars=0 指定仅显示评价为指定星级以上的镜像。

例如，搜索带有 httpd 关键字的镜像，如图 6-5 所示。

```
docker search httpd
```

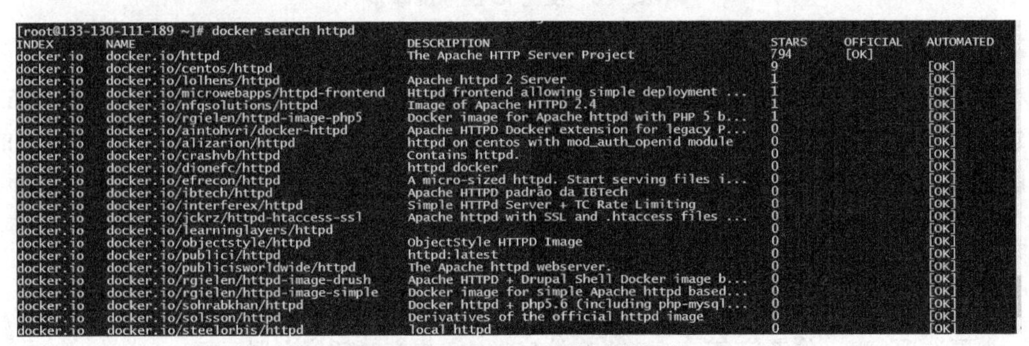

图 6-5 搜索 httpd 关键字的镜像

默认的输出结果将按照星级评价进行排序。

4. 删除镜像

使用 docker rmi 命令可以删除镜像，命令格式为：

```
docker rmi IMAGE
```

其中，IMAGE 可以为标签或 ID，如图 6-6 所示。

```
docker rmi ubuntu:latest
```

```
[root@133-130-111-189 ~]# docker rmi ubuntu:latest
Untagged: ubuntu:latest
Deleted: sha256:e4415b714b624040f19f45994b51daed5cbdb00e0eb9a07221ff0bd6bcf55ed7
Deleted: sha256:2376de67376e394bacd54cf46c6e381de3ed0c89b92b1180f6f7275210114e27
Deleted: sha256:ee0f021882bcaaa78cec72082efd81bef483098334cd6433e540c595333be4e6
Deleted: sha256:c5b75c815fe3fb5035774723dfcfc0b140c252eabc570a27b8c6c897388c61d8
Deleted: sha256:7619cf689c8980fadbcb9e1c77d2009588d4e233b170d154c8448185a42e6bde
Deleted: sha256:e7ebc6e16708285bee3917ae12bf8d172ee0d7684a7830751ab9a1c070e7a125
```

图 6-6 使用标签删除镜像

当该镜像创建的容器存在时，必须先删除该镜像所创建的容器，否则该镜像是无法删除的。例如，使用 centos 镜像创建一个简单的容器，输出“hello,world”，如图 6-7 所示。

```
docker run centos echo “hello,world”
```

```
[root@133-130-111-189 ~]# docker run centos echo "hello,world"
hello,world
[root@133-130-111-189 ~]# docker rmi centos
Failed to remove image (centos): Error response from daemon: conflict: unable to
 remove repository reference "centos" (must force) - container 2d53022f3d65 is u
sing its referenced image 0584b3d2cf6d
[root@133-130-111-189 ~]#
```

图 6-7 运行容器后删除

可以使用-f 参数来强制删除一个存在的容器依赖的镜像，但这样往往会有遗留问题。

也可以先删除使用该镜像所创建的容器，再使用临时的 ID 来删除镜像，此时会正确地显示出所删除的各层信息，如图 6-8 所示。

```
docker rm 595eb0e0cbc
```

```
[root@133-130-111-189 ~]# docker rm 595eb0ec0cbc
595eb0ec0cbc
[root@133-130-111-189 ~]# docker rmi  0584b3d2cf6d
Untagged: docker.io/centos:latest
Deleted: sha256:0584b3d2cf6d235ee310cf14b54667d889887b838d3f3d3033acd70fc3c48b8a
Deleted: sha256:97ca462ad9eeae25941546209454496e1d66749d53dfa2ee32bf1faabd239d38
```

图 6-8 使用 ID 删除镜像

5. 创建镜像

创建镜像的方法有 3 种：基于已有镜像的容器创建、基于模板导入创建和基于 Dockerfile 创建。这里介绍前两种较为方便的方法，使用 Dockerfile 创建镜像是 Docker 中较为高级的使用方法，暂不做介绍。

（1）基于已有镜像的容器创建

这种创建方法是使用 docker commit 命令，命令格式为：

```
docker commit CONTAINER
```

主要选项：-a，作者信息；-m，提交消息；-p，提交时暂停容器运行。

首先，启动一个镜像，并在其中进行修改操作，例如创建一个 hello 文件，然后退出，如图 6-9 所示。

```
docker run -ti ubuntu:14.04 /bin/bash
```

```
[root@133-130-111-189 ~]# docker run -ti ubuntu:14.04 /bin/bash
root@b8965977cad8:/# touch  hello
root@b8965977cad8:/# quit
bash: quit: command not found
root@b8965977cad8:/# exit
exit
```

图 6-9 基于已有镜像运行容器

记住此时容器的 ID 为 b8965977，此时，该容器跟原 ubuntu:14.04 镜像相比，已经发生了改变。使用 docker commit 命令来提交一个新的镜像，提交时可以使用 ID 或名称来指定容器，如图 6-10 所示。

```
docker commit -a"zzl"b8965977cad8 sports
```

```
[root@133-130-111-189 ~]# docker commit -a "zzl"  b8965977cad8  sports
sha256:6a868f60157eed8721926e394c46527bfcab722549daa82997e9f73036e67f2d
[root@133-130-111-189 ~]# docker images
REPOSITORY          TAG                 IMAGE ID            CREATED             SIZE
sports              latest              6a868f60157e        34 seconds ago      187.9 MB
docker.io/ubuntu    latest              e4415b714b62        8 days ago          128.1 MB
docker.io/ubuntu    14.04               4d44acee901c        8 days ago          187.9 MB
[root@133-130-111-189 ~]#
```

图 6-10　提交新的镜像运行容器

（2）基于模板导入创建

这种方式可直接从一个操作系统模板文件导入一个镜像，需要首先从本地导入一个 ubuntu-16.04 的镜像到/mnt 目录下，然后生成压缩包，通过 docker import 命令来创建镜像，如图 6-11 所示。

```
tar -tzvf ubuntu-16.04-desktop-amd64.iso.tar.gz

ls

cat ubuntu-16.04-desktop-amd64.iso.tar.gz | docker import -ubuntu:16.04

docker images
```

```
[root@133-130-111-189 mnt]#  tar -tzvf ubuntu-16.04-desktop-amd64.iso.tar.gz
drwxr-xr-x root/root          0 2016-11-26 01:07 mnt/
-rw-r--r-- root/root 1485881344 2016-05-15 19:08 mnt/ubuntu-16.04-desktop-amd64.iso
[root@133-130-111-189 mnt]# ls
ubuntu-16.04-desktop-amd64.iso  ubuntu-16.04-desktop-amd64.iso.tar.gz
[root@133-130-111-189 mnt]# ca
cacertdir_rehash     cache_metadata_size  cairo-sphinx         caller               capsh                cat
cache_check          cache_repair         cal                  cancel               captoinfo            catchsegv
cache_dump           cache_restore        ca-legacy            cancel.cups          case                 catman
[root@133-130-111-189 mnt]# ca
cacertdir_rehash     cache_metadata_size  cairo-sphinx         caller               capsh                cat
cache_check          cache_repair         cal                  cancel               captoinfo            catchsegv
cache_dump           cache_restore        ca-legacy            cancel.cups          case                 catman
[root@133-130-111-189 mnt]# cat ubuntu-16.04-desktop-amd64.iso.tar.gz | docker import  - ubuntu:16.04
sha256:c86491af01bcea57b87f2f9859e2e6f5e6608154091a512639ca51577ef514a8
[root@133-130-111-189 mnt]# docker images
REPOSITORY          TAG                 IMAGE ID            CREATED              SIZE
ubuntu              16.04               c86491af01bc        About a minute ago   1.486 GB
sports              latest              6a868f60157e        7 hours ago          187.9 MB
docker.io/ubuntu    latest              e4415b714b62        9 days ago           128.1 MB
docker.io/ubuntu    14.04               4d44acee901c        9 days ago           187.9 MB
```

图 6-11　本地导入创建镜像

可以使用 docker save 和 docker load 命令来存储和载入镜像。如果想要存储镜像到本地文件，可以使用 docker save 命令。例如，存储本地的 ubuntu:14.04 镜像文件为 ubuntu_14.04.tar，如图 6-12 所示。

```
docker save -o ubuntu_14.04.tar ubuntu:14.04

ls
```

```
[root@133-130-111-189 mnt]# docker save -o ubuntu_14.04.tar  ubuntu:14.04
[root@133-130-111-189 mnt]# ls
ubuntu_14.04      ubuntu_16.04                       ubuntu-16.04-desktop-amd64.iso.tar.gz
ubuntu_14.04.tar  ubuntu-16.04-desktop-amd64.iso     ubuntu_16.04.tar
[root@133-130-111-189 mnt]#
```

图 6-12　存储镜像

使用 docker load 命令可以从存储的本地文件中导入到本地镜像库，例如从文件 ubuntu_14.04.tar 导入镜像到本地镜像库，然后用 docker images 命令来查看所载入的镜像，如图 6-13 所示。

```
docker load <ubuntu_14.04.tar>
docker images
```

```
[root@133-130-111-189 mnt]# docker load < ubuntu_14.04.tar
[root@133-130-111-189 mnt]# docker images
REPOSITORY          TAG        IMAGE ID        CREATED            SIZE
ubuntu              16.04      c86491af01bc    44 minutes ago     1.486 GB
sports              latest     6a868f60157e    8 hours ago        187.9 MB
docker.io/ubuntu    latest     e4415b714b62    9 days ago         128.1 MB
docker.io/ubuntu    14.04      4d44acee901c    9 days ago         187.9 MB
ubuntu              14.04      4d44acee901c    9 days ago         187.9 MB
[root@133-130-111-189 mnt]#
```

图 6-13　载入镜像

6.3.4　Docker 的创建与启动

容器是直接提供应用服务的组件，也是 Docker 实现快速启动和高效服务性能的基础。

1. 下载镜像

由于本地没有 centos 镜像，所以需要下载一个 centos 镜像，如图 6-14 所示。

```
docker pull centos
docker ps
docker images
```

```
[root@localhost ~]# docker pull centos
Using default tag: latest
latest: Pulling from library/centos
8d30e94188e7: Pull complete
Digest: sha256:2ae0d2c881c7123870114fb9cc7afabd1e31f9888dac8286884f6cf59373ed9b
Status: Downloaded newer image for centos:latest
[root@localhost ~]# docker ps
CONTAINER ID        IMAGE               COMMAND             CREATED             STATUS              PO
[root@localhost ~]# docker ls
docker: 'ls' is not a docker command.
See 'docker --help'.
[root@localhost ~]# docker images
REPOSITORY          TAG                 IMAGE ID            CREATED             SIZE
centos              latest              980e0e4c79ec        5 weeks ago         196.7 MB
```

图 6-14　下载镜像

2. 新建容器

（1）使用 docker create 命令新建一个容器，例如：

```
docker create -it centos:latest
```

（2）使用图 6-15 所示的命令查看所创建的容器。

```
docker create -it centos:latest
docker ps
docker ps -a
```

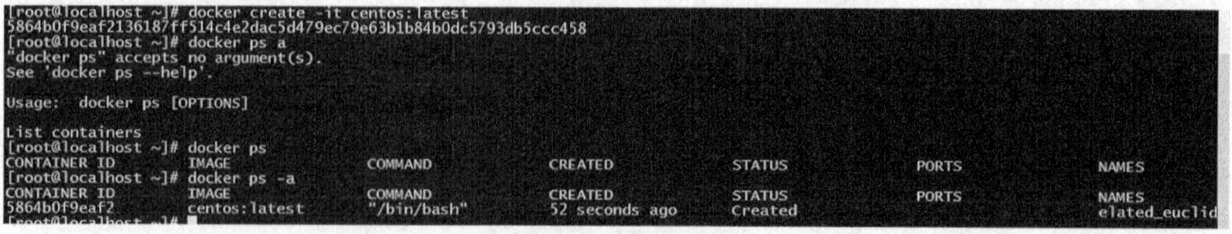

```
[root@localhost ~]# docker create -it centos:latest
5864b0f9eaf2136187ff514c4e2dac5d479ec79e63b1b84b0dc5793db5ccc458
[root@localhost ~]# docker ps a
"docker ps" accepts no argument(s).
See 'docker ps --help'.

Usage:  docker ps [OPTIONS]

List containers
[root@localhost ~]# docker ps
CONTAINER ID        IMAGE               COMMAND             CREATED             STATUS              PORTS               NAMES
[root@localhost ~]# docker ps -a
CONTAINER ID        IMAGE               COMMAND             CREATED             STATUS              PORTS               NAMES
5864b0f9eaf2        centos:latest       "/bin/bash"         52 seconds ago      Created                                 elated_euclid
[root@localhost ~]#
```

图 6-15　查看容器

由于使用 docker create 命令所创建的容器是处于停止状态的，所以需要用 docker start 命令来开启它。

3. 启动容器

启动容器有两种方式，一种是基于镜像新建一个容器并启动，另外一种是将终止状态（stopped）的容器重新启动。所用的命令主要是 docker run，等价于先执行 docker create 命令，再执行 docker start 命令。

利用 docker run 来创建并启动容器时，Docker 在后台运行的标准操作包括以下内容。

（1）检查本地是否存在指定的镜像，若不存在，则需在公有仓库下载。

（2）利用镜像创建并启动一个容器。

（3）分配一个文件系统，并在只读的镜像层外挂载一层可读/写层。

（4）从宿主主机配置的网桥接口中桥接一个虚拟接口到容器中去。

（5）从地址池配置一个 IP 地址给容器。

（6）执行用户指定的应用程序。

（7）执行完毕后容器被终止。

启动一个 bash 终端，允许用户进行交互，如图 6-16 所示。

```
docker run -t -i centos:latest
pwd
cd ..
tough 1.txt
ls
```

其中，-t 选项是让 Docker 分配一个伪终端并绑定到容器的标准输入，-i 则是让容器的标准输入保持打开状态。在交互模式下，用户可以通过所创建的终端来输入命令。

在容器内使用 ps 命令查看进程，只可以看到运行了 bash 应用，而其他没有运行的则看不到进程，如图 6-17 所示。

```
ps
```

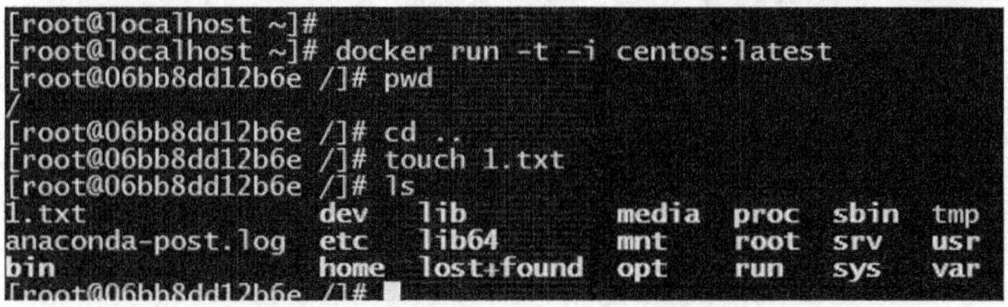

```
[root@localhost ~]#
[root@localhost ~]# docker run -t -i centos:latest
[root@06bb8dd12b6e /]# pwd
/
[root@06bb8dd12b6e /]# cd ..
[root@06bb8dd12b6e /]# touch 1.txt
[root@06bb8dd12b6e /]# ls
1.txt              dev   lib         media  proc  sbin  tmp
anaconda-post.log  etc   lib64       mnt    root  srv   usr
bin                home  lost+found  opt    run   sys   var
[root@06bb8dd12b6e /]#
```

图 6-16　使用 docker run 创建并启动容器

```
[root@06bb8dd12b6e /]# ps
  PID TTY          TIME CMD
    1 ?        00:00:00 bash
   15 ?        00:00:00 ps
```

图 6-17　查看进程

对于所创建的 bash 容器，使用 exit 命令退出之后，该容器就自动处于终止状态。这是因为对于 Docker 容器来说，当运行的应用退出后，容器就没有继续运行的必要了。

4. 守护态运行

更多的时候，需要让 Docker 容器在后台以守护态的形式运行。用户可以通过添加-d 参数来实现。

（1）后台运行容器。

```
docker run -d centos:latest /bin/sh -c "while true; do echo hello world; sleep 1; done"
```

（2）容器启动后返回一个唯一的 ID，也可以通过 docker ps 命令来查看容器信息，如图 6-18 所示。

```
docker ps
```

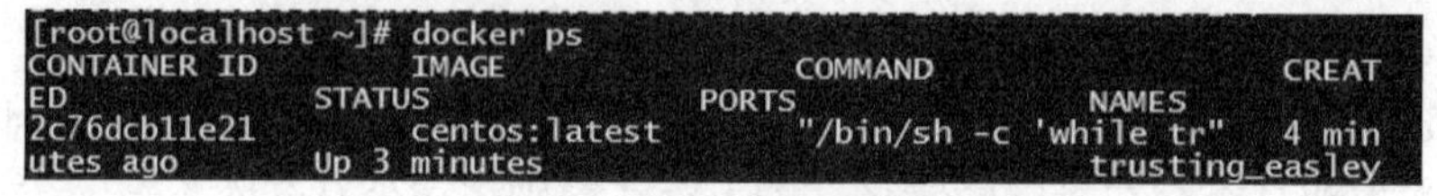

图 6-18　查看容器信息

（3）也可以通过 docker logs 命令来获取容器的输出信息，如图 6-19 所示。

```
docker logs
```

```
[root@localhost ~]# docker logs 2c76
hello world
hello world
hello world
hello world
hello world
hello world
hello world
hello world
hello world
hello world
hello world
hello world
hello world
hello world
hello world
```

图 6-19　获取容器输出信息

5. 终止容器

使用 docker stop 命令可以终止一个运行中的容器，命令格式为：

```
docker stop[-t | --time[=10]]
```

它会首先向容器发送 sigterm 信号，等待一段时间后（默认为 10s），再发送 sigkill 信号终止容器。

当 Docker 容器中指定的应用终止时，容器也自动终止。

（1）用 docker stop 终止一个运行中的容器。

```
docker stop 2c7
```

（2）使用 docker ps -a -q 命令可以看到处于终止状态的容器的 ID 信息。

```
docker ps -a  -q
```

（3）处于终止状态的容器，可以通过 docker start 命令来启动。

```
docker start 2c76
```

（4）使用 docker restart 命令会将一个运行态的容器终止，然后重新启动它。

```
docker restart 2c76
```

6. 进入容器

在使用-d 参数时，容器启动后会进入后台，用户无法看到容器中的信息。某些时候，如果需要进入容器进行操作，则有多种方法，包括 docker attach 命令、docker exec 命令，以及 nsenter 工具等。

（1）使用 docker attach 命令。

① 运行一个容器，如图 6-20 所示。

```
docker run -idt centos
```

```
[root@localhost ~]# docker run -idt centos
ff58d3d047a0f07a60395611b9396d657b604a0a6e7cfb1fd57e419acf5eca36
[root@localhost ~]# docker ps
CONTAINER ID        IMAGE               COMMAND             CREATED             ST
ATUS              PORTS               NAMES
ff58d3d047a0        centos              "/bin/bash"         10 seconds ago      Up
 7 seconds                            adoring_kowalevski
[root@localhost ~]#
```

图 6-20　运行容器

② 进入容器，如图 6-21 所示。

```
docker attach adoring_kowalevski
```

```
[root@localhost ~]# docker attach adoring_kowalevski
[root@ff58d3d047a0 /]#
```

图 6-21　进入容器

但是使用 docker attach 命令有时候并不方便。当多个窗口同时使用 attach 命令连接到同一个容器的时候，所有窗口都会同步显示。当某个窗口因命令阻塞时，其他窗口也无法执行操作。

（2）使用 docker exec 命令。

从 Docker 1.3 版本起，提供了一个更加方便的工具——exec，可以直接在容器内运行命令。

进入到创建的容器中，并启动一个 bash，如图 6-22 所示。

```
docker -exec -ti adoring_kowalevski /bin/bash
```

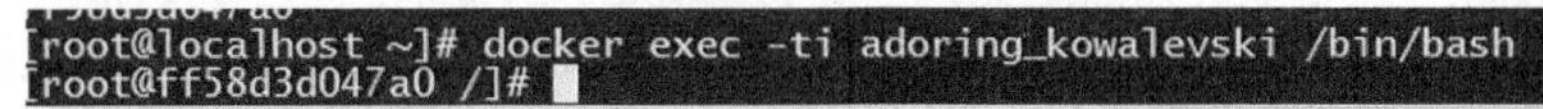

图 6-22　使用 exec 命令创建容器

（3）使用 nsenter 工具。

nsenter 工具在 until-linux 包 2.23 版本后包含。如果系统中的 until-linux 包没有该命令，可以按照下面的方法从源码安装。

① 下载源码文件。

```
wget https://www.kernel.org/pub/linux/utils/util-linux/v2.24/ util-linux-
2.24.tar.gz
```

② 如果出现图 6-23 所示的提示，则必须安装 gcc 软件。

```
yum -y install gcc
```

```
[root@localhost util-linux-2.24]# ./configure --without-ncurses
checking for gcc... no
checking for cc... no
checking for cl.exe... no
configure: error: in `/root/util-linux-2.24':
configure: error: no acceptable C compiler found in $PATH
See `config.log' for more details
```

图 6-23　安装 gcc

③ 配置源码文件。

```
./configure --without-ncurses
```

④ 安装 nsenter 软件。

```
make nesenter
```

⑤ 查找容器进程的 PID，可以通过下面的命令获取。

```
PID=$(Docker inspect --format "{{ .State.Pid }}"<container>)
```

⑥ 连接到容器，如图 6-24 所示。

```
docker run -idt centos
PID=$(docker-pid 864aal)
nsenter --target $PID --mount --uts --ipc --net -pid
```

```
[root@localhost util-linux-2.24]# docker run -idt centos
864aa11b008eba559e9cbd6d94d1981b2e942472321411cf289db71f8bf0307b
[root@localhost util-linux-2.24]#  PID=$(docker-pid 864aa1)
[root@localhost util-linux-2.24]# nsenter --target $PID --mount --uts --ipc --net --pid
[root@864aa11b008e /]# ls
anaconda-post.log  dev  home  lib64        media  opt   root  sbin  sys  usr
bin                etc  lib   lost+found   mnt    proc  run   srv   tmp  var
[root@864aa11b008e /]#
```

图 6-24　使用 nsenter 连接容器

6.4 Docker 容器打包

使用 docker commit 命令来打包镜像，可以将此想象为往版本控制系统里提交变更。创建一个容器，并在容器里做出修改，就像修改代码一样，最后将修改提交为一个新镜像。把之前所搭建的应用容器制作为镜像。

（1）要创建镜像，首先要使用 exit 命令从容器里退出，之后运行 docker commit 命令，如图 6-25 所示。

```
docker ps -l
docker commit 610ca3f9877f php-web
```

```
[root@133-130-111-189 data]# docker ps -l
CONTAINER ID        IMAGE               COMMAND             CREATED             STATUS                     PORTS               NAMES
610ca3f9877f        ubuntu:latest       "/bin/bash"         About an hour ago   Exited (0) 2 minutes ago                       web
[root@133-130-111-189 data]# docker commit  610ca3f9877f php-web
sha256:2e98a1440773b4c29ab278fcbbcf1237b06e4689c96711b8629f9407a61b48d8
[root@133-130-111-189 data]#
```

图 6-25　创建容器

可以看到，提交的命令中指定了 lamp 容器 ID（通过 docker ps -a 可以查看容器的 ID），以及一个目标镜像仓库和镜像名，这里是 php-web。值得注意的是，docker commit 提交的只是创建容器的镜像与容器的当前状态直接有差异的部分，这使得该更新非常轻量。

（2）使用以下命令来查看镜像列表，如图 6-26 所示。

```
docker images
```

图 6-26　查看镜像列表

（3）在提交镜像时指定更多的数据（包括标签）来详细描述所做的修改，如图 6-27 所示。

```
docker commit-m="sports"--author="zzl" 610ca3f9877f php-web2:WEB
docker  images
```

```
[root@133-130-111-189 data]# docker commit -m="sports" --author="zzl"  610ca3f9877f php-web2:W
EB
sha256:da0d0f3405db16c0e803b8a5e445f3c6b3a4b705b2b865e7fa93d200c498a6c9
[root@133-130-111-189 data]# docker images
REPOSITORY          TAG                 IMAGE ID            CREATED             SIZE
php-web2            WEB                 da0d0f3405db        16 seconds ago      1.373 GB
```

图 6-27　提交镜像

上面这条命令，指定了更多信息选项。首先用-m 选项来指定新创建的镜像的提交信息；其次，指定了-author 选项，用来列出该镜像的作者信息；再次，指定了想要提交的容器 ID；最后，php-web2 指定了镜像的用户名和仓库名，并为该镜像增加了一个 Web 标签。

（4）打包好镜像以后，将镜像保存在本地机器中。使用以下命令将其作为 tar 包备份，如图 6-28 所示。

```
docker save -o php-web php-web
ls
```

```
[root@133-130-111-189 data]# docker save -o php-web  php-web
[root@133-130-111-189 data]# ls
admin         article.php  index.bak  json     res      sports.sql  templates_c  zui
adminer.php   common       index.php  php-web  smarty   template    upload
```

图 6-28 打包镜像备份

6.5 本章小结

近些年，容器技术可谓异军突起，整个互联网行业刮起了一阵容器风，这源于容器技术更为方便的管理方式。紧接着出现了各类容器管理平台，其易扩展性与易管理性很适合云计算业务。目前各大虚拟化厂商以及云计算厂商纷纷推出了基于容器的产品及服务，虽然容器技术无法替代服务器虚拟化技术，但是在某些应用上，替代服务器虚拟化技术已经是必然的趋势。另外，虽然容器技术可以直接部署在裸机之上，但是容器在资源调用和隔离性上存在天生的缺陷。采用虚拟化技术管理容器的方式是目前的主流。本章首先对容器技术进行了简单介绍，选用了目前企业中最为流行的 Docker 技术，剖析了 Docker 的核心组件，讲述了 Docker 的基本操作及容器的打包发布过程。在实验过程中，读者可以通过本书介绍的虚拟机的方式进行实验，同时可以尝试在不同的操作系统平台上进行实验，来体验容器技术带来的便利，建议通过国内的容器服务提供商获得容器镜像。

6.6 扩展习题

1. 容器技术与服务器虚拟化技术的区别有哪些？
2. 如何自己制作一个 Docker 镜像？
3. Docker 的网络模式有哪些？分别适用哪些场景？
4. 如何同时管理多个容器？

第7章 桌面虚拟化技术

桌面虚拟化技术将计算机的终端系统进行虚拟化，达到桌面使用的安全性和灵活性。可以通过任何设备，在任何时间、任何地点通过网络访问属于个人的桌面系统。作为虚拟化的一种方式，由于所有的计算都放在服务器上，因此对终端设备的要求将大大降低，不需要传统的台式机、笔记本电脑，瘦客户端又重新回到市场当中。

本章教学重点

- 了解虚拟桌面架构的原理及应用
- 了解远程共享桌面在虚拟桌面架构的应用
- 了解无盘技术在虚拟桌面架构中的应用
- 了解应用虚拟化的原理及应用

7.1 VDI概述

桌面虚拟化的核心技术是虚拟桌面架构。VDI通过安装在用户客户端上的虚拟桌面客户端，使用桌面虚拟化通信协议连接到数据中心端虚拟化服务器上运行的虚拟桌面。VDI的特点是，一个虚拟机同时只能接受一个用户的连接，如图7-1所示。虚拟机内运行Windows XP、Windows 7等桌面操作系统（也有例外，如运营商提供的公有云桌面为了减少Windows许可成本，也可以运行Windows 2008/2012这样的服务器操作系统），这类产品主要有Citrix XenDesktop、VMware Horizon View、Microsoft VDI、华为FusionAccess、深信服aDesk、H3C CAS、ZStack VDI等。

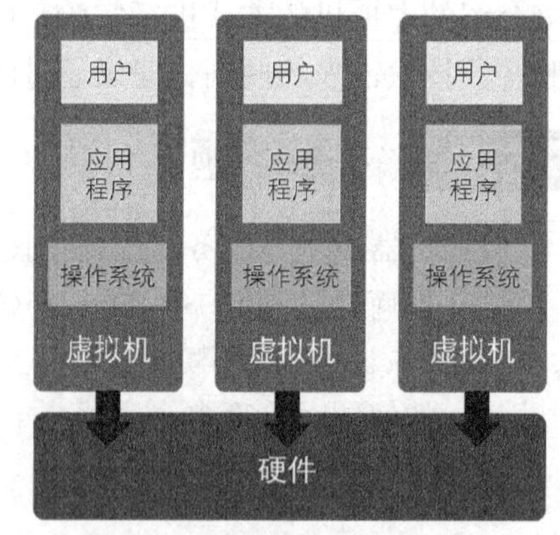

图7-1 虚拟桌面架构（VDI）

相较于传统桌面架构，虚拟桌面架构帮助企业解决了以下问题。

（1）传统PC模式下的IT建设，其部署麻烦，上线周期长，无法跟上业务拓展与人员增加的节奏。

（2）传统PC分散式的桌面模式，其运维烦琐，用户管理复杂且故障率高，桌面运维压力大。

（3）传统的PC无法保障数据的可靠性与防止数据外发。

（4）PC缺乏安全防护措施，难以对U盘复制、打印外发等数据外泄方式进行统一监管。

（5）PC时常发生软件系统崩溃、配件损坏（硬盘、内存）等故障，随着PC日益增多，运维难度逐年增加。

（6）应用随意安装，无法有效管控，随意下载应用容易造成PC主机及内网中毒。

通过IT管理部门不断探索保障数据安全并简化运维的方式，最终选择虚拟桌面架构（VDI）来解决以上问题。

7.2 VDI技术原理

VDI虚拟桌面架构组成较为复杂，通常可以分为终端设备层、网络接入层、桌面虚拟化控制层、虚拟化平台层、硬件资源层和应用层6个部分，如图7-2所示。

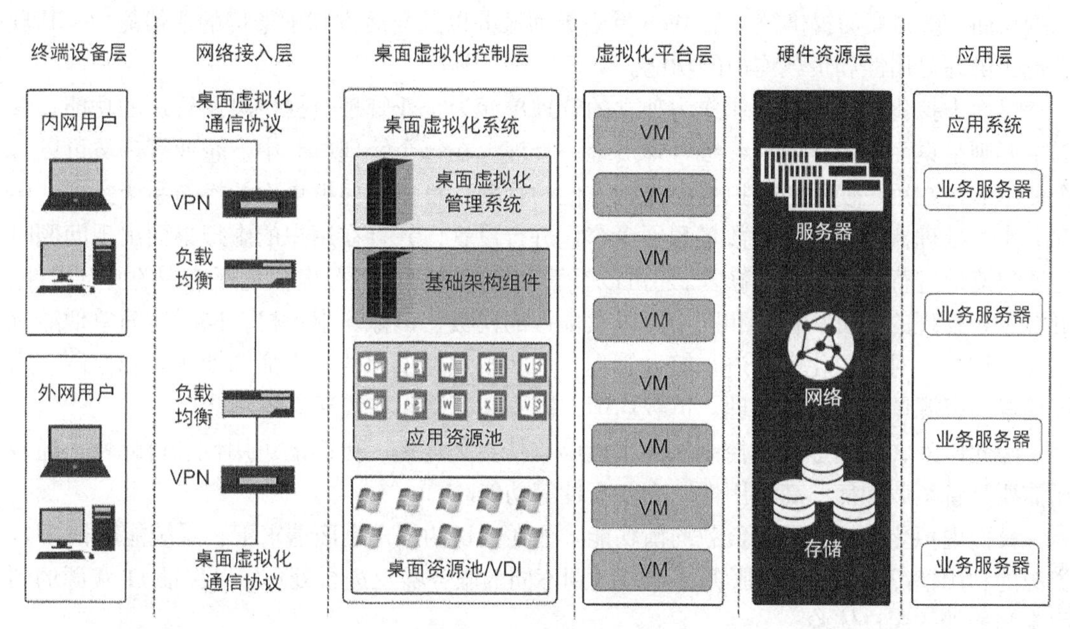

图7-2　VDI虚拟桌面架构

1. 终端设备层

虚拟桌面终端主要负责显示虚拟桌面视图，并通过外设接收用户端的输入，再将其发送到服务端。虚拟桌面客户端的主要功能是进行桌面虚拟化通信协议的解析，可分为瘦终端和软终端两大类。瘦终端是指根据实际需求定制的硬件终端及相关外设，具有体积小、功耗低等特点。瘦终端采用嵌入式操作系统，比PC更加安全、可靠地使用环境。软终端则指以客户端软件或者浏览器插件的形式存在的应用软件，可以安装和部署在用户端的PC、智能手机、平板电脑等硬件设备上。

终端设备层对终端设备类型的广泛兼容性保障了企业办公终端的自由性，终端用户可根据不同的场景选择不同的终端方式，真正实现BYOD移动办公。

2. 网络接入层

网络接入层将远程桌面输出到显示器，将键盘、鼠标及语音等输入传递到虚拟桌面。桌面虚拟化用户可以通过有线、无线、VPN网络接入，这些网络既可以是局域网，也可以是广域网，可采用普通连接，也可以采用安全连接。在网络接入层，网络设备除了提供网络接入以外，还提供了对接入终端的准入控制、负载均衡和带宽保障等。

终端在访问桌面云时通过桌面虚拟化通信协议实现桌面交付，包括虚拟桌面视图、用户输入、虚拟桌面控制信息等。在考虑访问的安全性时，桌面虚拟化交付协议提供必要的安全访问机制，设置专用的安全网关或者采用 SSL 的虚拟专网连接等，通过防火墙和流量技术确保虚拟桌面访问的安全性。

3. 桌面虚拟化控制层

桌面虚拟化控制层负责整个桌面虚拟化系统的调度，例如新虚拟桌面的注册，以及将虚拟桌面的请求指向可用的系统。用户通过与控制器交付进行身份认证，最终获得授权使用的桌面。虚拟桌面提供统一的 Web 登录界面服务以及与后方基础架构的通信能力，其自身也提供高可用性和负载均衡的功能。

桌面虚拟化控制层将企业作为独立的管理单元为企业管理员提供桌面管理的功能。管理单元则由桌面虚拟化的系统级管理员统一管理。在每个管理单元中，企业管理员可以对企业中的终端用户使用的虚拟桌面进行方便的管理，可以对虚拟桌面的操作系统类型、内存大小、处理器数量、网卡数量和硬盘容量进行设置，并且在用户的虚拟桌面出现问题时能够快速地进行问题定位和修复。还可以查看和管理物理环境及虚拟化环境内的所有组件、资源，如物理的主机、存储和网络，以及虚拟的模板、镜像、虚拟机，同时能简单地通过此单一控制台对虚拟化资源进行综合管理，如实现虚拟桌面的全生命周期管理和控制、高级检索、资源调度、电源管理、负载均衡，以及高可用和在线迁移等功能。

除此以外，桌面虚拟化控制层为了能够支持更大规模、更高的可用性和可靠性，通常还需要具备负载均衡、高可用性、高安全性等功能。

桌面虚拟化系统应具备负载均衡功能。如在大量的用户桌面请求下，系统能够根据 IT 资源的利用情况，将用户的服务请求分散到不同的服务器上进行处理，以保证 IT 资源的利用率和最佳的用户体验。

高可用性（HA）是系统保持正常运行、减少系统宕机时间的能力。桌面虚拟化系统主要通过避免单点故障和支持故障切换等方式实现高可用性。在整个架构中，会话层、资源层和系统管理层的服务器、存储和网络设备都应该具有一定的冗余能力，不会因为硬件或软件的单点故障而中断整个系统的正常工作。

安全要求包括网络安全要求和系统安全要求。网络安全要求是对桌面虚拟化系统应用中与网络相关的安全功能的要求，包括传输加密、访问控制、安全连接等。系统安全要求是对桌面虚拟化系统软件、物理服务器、数据保护、日志审计、防病毒等方面的要求。

4. 虚拟化平台层

虚拟化平台层是桌面虚拟化平台的核心，承担着虚拟桌面的“主机”功能。对于桌面虚拟化平台上的服务器，通常都将相同或者相似类型的服务器组合在一起作为资源分配的母体，即所谓的服务器资源池。在服务器资源池上，通过安装虚拟化软件，让计算资源能以一种虚拟服务器的方式被不同的应用使用。这里所提到的虚拟服务器，是一种逻辑概念。

对不同处理器架构的服务器及不同的虚拟化平台软件，其实现的具体方式不同。在 x86 系统的芯片上，主要以常规意义上的 VMware 虚拟机、Citrix 的 Xen 虚拟机或者开源的 KVM 虚拟机的形式存在。

虚拟化平台可以实现动态的硬件资源分配和回收。在创建虚拟桌面的时候，虚拟化平台会根据虚拟机对物理服务器的类型要求，比如虚拟机必须支持图形卡虚拟化，自动在满足条件的服务器上分配资源给新建的虚拟桌面。当虚拟桌面被管理员销毁时，虚拟化平台会自动回收其占用的服务器资源。虚拟化平台采用 HA 技术，可以为虚拟桌面提供无缝的后台迁移功能，以提高桌面虚拟化系统的可靠性。采用 HA 技术后，如果虚拟桌面所在的服务器出现故障，虚拟化平台会快速地在其他服务器上重新启动虚拟桌面。虚拟桌面的终端用户只会感觉到极短的延迟，而不会影响用户的使用体验。

5. 硬件资源层

硬件资源层由多台服务器、存储和网络设备组成。为了保证桌面虚拟化系统正常工作，硬件资源层应该同时满足 3 个要求：高性能、大规模、低开销。

服务器技术是桌面虚拟化系统中最为成熟的技术之一，因为中央处理器和内存原件的更新换代速度很快。这些资源使得服务器成为桌面虚拟化系统的核心硬件部件，对于桌面虚拟化部署来说，合理规划服务器的规模尤其重要。在两三年之前，如果不花费很大开销，则服务器还不能容纳 30 ~ 50 个桌面虚拟化会话。但是现在，可以在一台两路服务器上安装超过 24 个高性能核心和至少上 TB 的内存。这种性能上的提升为桌面虚拟化系统提供了很大的扩展空间，而且是在使用更少服务器的情况下。服务器技术已经相当成熟，随着时间的推移，单台服务器上将可承载更多的桌面虚拟化会话。

在桌面虚拟化平台中，存储系统对保证数据访问至关重要，存储系统的性能和可靠性是基本考虑要素。同时，在桌面虚拟化平台中，存储子系统需要具有高度的虚拟化、自动化和自我修复的能力。存储子系统的虚拟化兼容不同厂家的存储系统产品，从而实现高度扩展性，能在跨厂家环境下提供高性能的存储服务，并能跨厂家存储完成如快照、远程容灾复制等重要功能。自动化和自我修复能力使得存储维护管理水平达到云计算运维的高度，存储系统可以根据自身状态进行自动化的资源调节或数据重分布，实现性能最大化及数据的最高级保护，保证了存储云服务的高性能和高可靠性。

6. 应用层

应用层主要用于向虚拟桌面部署和发布各类用户所需的软件应用，从而节约系统资源，提高应用灵活性。应用流技术是虚拟桌面应用层的一个重要方面，它使得传统个人计算应用不经修改就可以直接用于虚拟桌面场景中，消除了应用软件对底层操作系统的依赖。利用应用流技术，软件不用在虚拟桌面上安装，同时其升级管理可以集中进行，实现了动态地应用交付。

7.3 VDI 主流通信协议

1. 桌面虚拟化通信协议的基本概念

桌面虚拟化通信协议是指通过对远程操作系统桌面输出和对客户端设备输入的编码与

解码，达成应用程序和底层网络通信的数据交互目的。

2. 桌面虚拟化通信协议的主要应用场景

随着云计算的发展和虚拟桌面架构解决方案的日益成熟，桌面虚拟化成为典型的云计算应用。虚拟桌面架构能够有效地解决传统个人计算机使用过程中存在的诸多问题，降低运维成本，受到业界的广泛关注。通常，虚拟桌面架构是指将计算机的操作系统转变为服务器上运行的虚拟机，即桌面虚拟化，用户通过各种手段，可以随时随地地在任何可联网的设备上访问到自己的桌面。而桌面虚拟化通信协议，则是用户实现虚拟桌面架构的核心与关键手段。

3. 桌面虚拟化通信协议的重要指标

桌面虚拟化通信协议分为单通道（Single-Channel）架构和多通道（Multi-Channel）架构，由于主流厂商的桌面虚拟化产品均采用多通道（Multi-Channel）架构，故本书所述的桌面虚拟化通信协议均为多通道架构。桌面虚拟化通信协议的多通道架构，即协议中针对虚拟桌面的图像、设备输入、通信、文件系统访问、音频、视频等不同内容设置专门的、彼此隔离的虚拟通道传输相关数据。为了尽量降低网络对传输造成的性能影响，桌面虚拟化通信协议会结合会话压缩、数据冗余消除等技术。

为了支持用户终端连接的外部设备正常使用，桌面虚拟化通信协议通过重定向（Redirection）使得用户能够利用远程虚拟桌面操控本地设备。同时，重定向技术将原本需要在服务器端处理的视频渲染成图片，然后逐张传递到终端，转变成由本地媒体播放器来处理，实现在终端处理服务器端的视频文件，可以大大降低服务器端的视频处理压力。

4. 主流的桌面虚拟化通信协议

当前，主流的多通道桌面虚拟化通信协议主要有 4 种，即微软的 RDP/RemoteFX 协议、Citrix 的 ICA/HDX 协议、VMware 的 PCoIP 协议、Red Hat 的 SPICE 协议。

5. 桌面虚拟化通信协议的价值

桌面虚拟化通信协议为终端设备访问虚拟桌面创造了数据互相交付的技术可能性，同时，桌面虚拟化通信协议的传输效率也决定了使用虚拟桌面的用户体验和实际效果，这也是成熟、优质的桌面虚拟化协议的价值所在。

7.3.1 RDP/RemoteFX 协议

1. RDP 概述

RDP（Remote Desktop Protocol，远程桌面协议）最早由 Citrix 开发，后被微软购买来作为微软虚拟桌面产品中的通信协议。RDP 的工作原理是通过 RDP 驱动截获在服务器端用于生成远程桌面屏幕显示内容的 GDI（Graphics Device Interface，图形设备接口）指令，并在服务器端进行渲染，然后以光栅图像（位图）的形式传送到用户终端上输出显示。同时，用户终端上安装的 RDP 协议客户端把鼠标、键盘等设备输入的信息通过 RDP 重定向到服务器端。

2. RDP 架构

RDP 通过建立多个独立的虚拟通道，承载不同的数据传输和设备通信，其总体架构如

图 7-3 所示。

3. RDP 虚拟通道

根据虚拟通道的工作机制，RDP 可以分为传输层、安全层、虚拟通道复用层及压缩层，如图 7-4 所示。

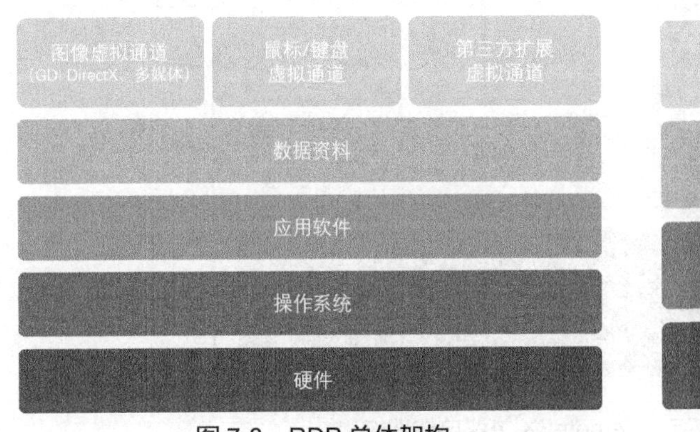

图 7-3 RDP 总体架构

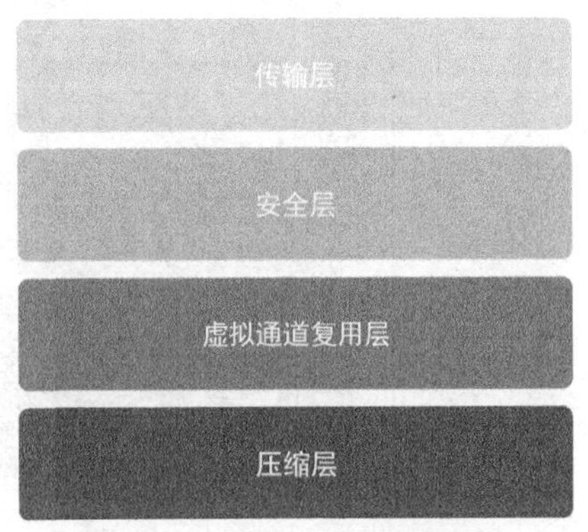

图 7-4 RDP 虚拟通道分层

（1）传输层。用于处理数据传输，管理连接过程。连接请求分为连接建立和连接断开，并由 RDP 的客户端发出。服务器端则负责同意或拒绝连接请求，当服务器端同意连接断开时，客户端将不会收到任何通知。因此，基于 RDP 协议的远程桌面需要建立必要的异常处理机制。基于传输层，RDP 能够提供多播（Multicast）服务，支持点到点、点到多点的连接，这对远程集中控制等应用场景非常有用。

（2）安全层。安全层由 RC4 加密、MD5 和 SHA-1 组合签名算法，以及对用户认证信息和相关许可信息进行传输管理等的服务组成。未经认证的用户无法对 RDP 连接进行监控，这防止了传输的数据流被篡改。

（3）虚拟通道复用层。允许多个虚拟通道复用同一个 RDP 连接。虚拟通道可扩展、设置优先级、提供缓存、开放给第三方使用，以保障 RDP 连接的服务质量，并添加终端外设的重定向机制等。虚拟通道由 RDP 客户端、服务器端两部分组成，它们通过 Terminal Services API 建立虚拟通道联系。

（4）压缩层。利用压缩算法对各个虚拟通道的数据进行压缩操作，可节约 30%～80% 的带宽。

4. RemoteFX 技术

RemoteFX 是微软基于远程桌面服务（Remote Desktop Services，RDS）提出的高清桌面虚拟化通信协议。RemoteFX 只是对 RDP 进行了增强，并非独立的协议。它通过提供虚拟 3D 显示适配器、智能编码、智能解码和 USB 重定向等技术为用户提供良好的桌面体验。其总体架构如图 7-5 所示。

RemoteFX 需要与微软的服务器虚拟化技术 Hyper-V 集成，RemoteFX 的图像处理组件分别运行在 Hyper-V 的父分区和子分区。父分区为 RemoteFX 的管理组件，用于管理图像的渲染、捕捉和压缩等，子分区运行 RemoteFX 的虚拟 GPU。

GPU 虚拟化是 RemoteFX 的核心，当虚拟机中的应用通过 DirectX 或 GDI 进行图像处理操作时，虚拟 GPU 把命令从子分区传递给 Hyper V 的父分区，并在物理 GPU 上高效处理。GPU 虚拟化让每个虚拟机都具有独立的虚拟 GPU 资源，从而提供图形加速能力，为高保真视频、2D/3D 图形图像、富媒体的处理操作提供了有效保障。

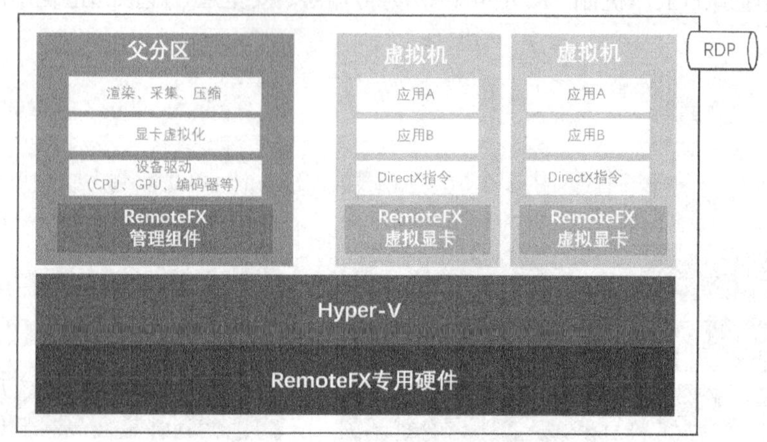

图 7-5　RemoteFX 协议总体架构

7.3.2　ICA/HDX 协议

1. ICA 协议概述

Citrix 独立开发的 ICA（Independent Computing Architecture，独立计算体架构）协议是当前最为成熟的桌面虚拟化通信协议。ICA 协议最早的版本可以追溯到 1992 年。直到 1998 年，ICA 协议已拥有许多引领业界的头衔，即第一个拥有图形界面的通信协议，最早支持多操作系统的通信协议，最早支持多用户访问的通信协议，最早集成 Thinwire1.0、打印、客户端驱动器映射、音频、剪贴板等功能并支持更多的网络协议和接入方式的通信协议，是第一个支持 Windows 应用程序的网页浏览器客户端的通信协议。经过多年发展，Citrix 将 ICA 协议重新封装并优化为 HDX 协议，即高清用户体验。

2. ICA 协议架构

ICA 协议的工作原理是为桌面内容和外设数据在服务器和用户终端之间的传输提供多种独立的虚拟通道。每个通道可采用不同的交互时序、压缩算法、安全设置等，ICA 虚拟通道通过在服务器和用户终端之间建立双向连接，以用于传输声音、图像、打印数据、外设驱动等信息。ICA 协议虚拟通道架构如图 7-6 所示。

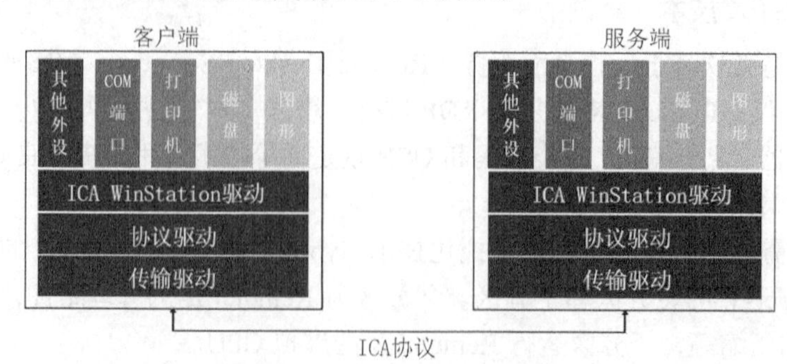

图 7-6　ICA 协议虚拟通道架构

3. ICA协议虚拟通道

ICA虚拟通道包含客户端的虚拟驱动程序和服务器端的虚拟驱动程序，两端的虚拟驱动程序实现双向的数据通信。其中，SpeedBrowse、EUEM、语音话筒、双音频、剪贴板、多媒体、无缝会话共享、SpeedScreen等由Wfshell.exe加载，这些虚拟通道工作在操作系统的用户模式，而其他的虚拟通道工作在操作系统的内核模式，如CDM.sys和vdtw30.sys。

客户端和服务器端的虚拟通道均通过WinStation驱动进行数据传输，图7-7所示为虚拟通道的客户端与服务器端的连接方式。

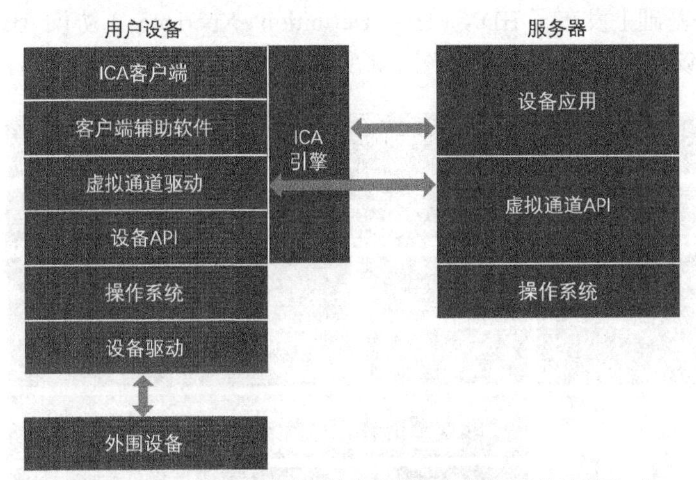

图7-7 ICA协议虚拟通道的客户端与服务器端的连接方式

ICA协议虚拟通道的工作方式是，通过客户端的虚拟通道驱动连接到服务器端，服务器端将图形界面信息通过虚拟通道API推送到客户端，并将其发送到WinStation驱动的缓冲区中。WinStation驱动根据数据的发送方向采取不同的处理模式。当客户端虚拟驱动有数据发送到服务器时，WinStation会采用轮询模式对数据进行执行或读取操作，即通过将数据加入缓存队列逐步处理。当服务器应用程序由数据发送到客户端时，WinStation驱动会直接将数据转发给压缩驱动程序或加密驱动程序，并转发至帧协议驱动，最终将数据包封装成数据帧，通过TCP/IP协议栈发送到客户端。客户端在接收到数据包后，就会对数据进行反解析，解码出相应的数据与命令，然后通过客户端操作系统向特定的驱动调用相应接口实现对应的功能。

4. ICA协议的优势

ICA协议经过多年的开发与改进，技术成熟度很高，应用场景也相当广泛，具有以下优势。

（1）支持广泛的终端设备。

ICA协议支持各种类型的客户端设备，其客户端软件支持Windows、Linux、Android、iOS等主流操作系统，并能有效地通过平板、智能手机、瘦客户机等设备进行访问。

（2）支持低网络带宽。

ICA协议采用高效的压缩算法，可以有效降低网络传输带宽需求，支持在10K ~ 20Kbit/s带宽下进行连接。

（3）平台无关性。

ICA 协议具有平台独立的特性，与交付的虚拟桌面的底层服务器虚拟化软件和虚拟机中部署的虚拟桌面操作系统无关。

（4）协议无关性。

ICA 协议可以工作在各种标准的网络协议上，包括 TCP/IP、NetBIOS、IPX/SPX，通过标准的通信协议（如 PPP、ISDN、帧中继、ATM、无线通信协议）进行连接。

5. HDX 协议

为加强在多媒体、语音、视频及 3D 图形等虚拟桌面的高清体验支持，Citrix 于 2009 年在 ICA 协议的基础上发布了 HDX（High Definition eXperience）协议。HDX 是独立的桌面虚拟化通信协议。HDX 技术架构如图 7-8 所示。

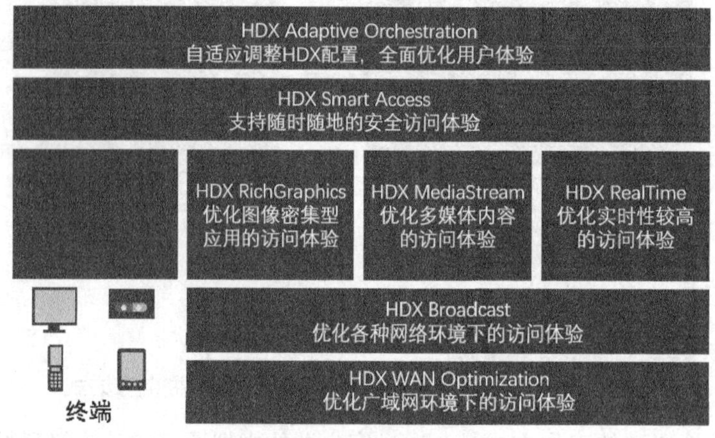

图 7-8　HDX 技术架构

HDX 协议共有 8 个技术类别，以下分别介绍。

（1）HDX Plug-n-Play。实现对虚拟环境下终端本地外设的连接及兼容支持，包括 USB 设备、多个显示器、打印机、扫描仪、智能卡和其他外设等。

（2）HDX RichGraphics。实现通过服务器端的软硬件资源处理，提供高分辨率图像处理，优化图形密集型的 2D/3D、富媒体应用的显示性能。

（3）HDX MediaStream。配合 HDX Adaptive Orchestration 将经过压缩的音频和视频发送到用户终端在本地播放，提升多媒体的传输性能，增强播放效果。

（4）HDX RealTime。改善用户访问的实时性，支持双向音频、局域网网络摄像机、视频会议等。

（5）HDX Broadcast。支持在 LAN、WAN、Internet 等网络环境下利用压缩、缓存等技术对远程桌面和应用高可靠性、高性能的访问。

（6）HDX WAN Optimization。支持分支机构、移动用户对虚拟桌面和应用的使用，优化广域网的访问性能和带宽消耗，提供自适应的加速和流量传输的 QoS 保证。

（7）HDX Smart Access。支持用户在任何地点、任何设备上安全地访问虚拟桌面，支持 SSO（Single-Sign-On，单点登录）。

（8）HDX Adaptive Orchestration。HDX 协议支持自适应主动协调技术，具有可感知数据中心、网络和设备的基础能力，动态优化端到端交付系统的性能，以适应各种独特的用户场景。对性能、安全、终端能力、网络状况等进行全面权衡并驱动相关技术的配置和调整，提供优化的用户体验和访问开销。同时，HDX 协议作为通用高清远程显示协议，可以支持各种类型的操作系统客户端，包括 Windows XP、Windows Vista、Windows 7、Windows 8、Android、iOS、Mac 等操作系统，甚至可以对 RDP、RemoteFX 等协议进行支持。

7.3.3 PCoIP 协议

1. PCoIP 协议概述

PCoIP 协议是加拿大公司 Teradici 在 2008 年开发的桌面虚拟化通信协议，在广域网和局域网内支持高分辨率、全帧速图像显示和媒体播放、多屏幕显示、USB 外设及高质量音频。除了软件实现外，该协议也有专有的硬件设备以用来加速编解码。PCoIP 协议主要用于在 VMware View 产品中提供桌面虚拟化通信协议交付功能。另外，Teradici 于 2012 年发布了 PCoIP 协议的专用板卡来降低服务器通用处理器的负载，实现性能加速，改进虚拟桌面的显示效果和应用体验。

2. PCoIP 协议架构

PCoIP 协议的最大特点是通过图像的方式压缩传输会话，对于用户的操作，只传输变化部分，保证在低带宽下也能高效地使用，并支持 4 台 32 位显示器及 2560 像素×1600 像素的分辨率。PCoIP 协议在 VMware 虚拟桌面产品 View 中的应用情况如图 7-9 所示。

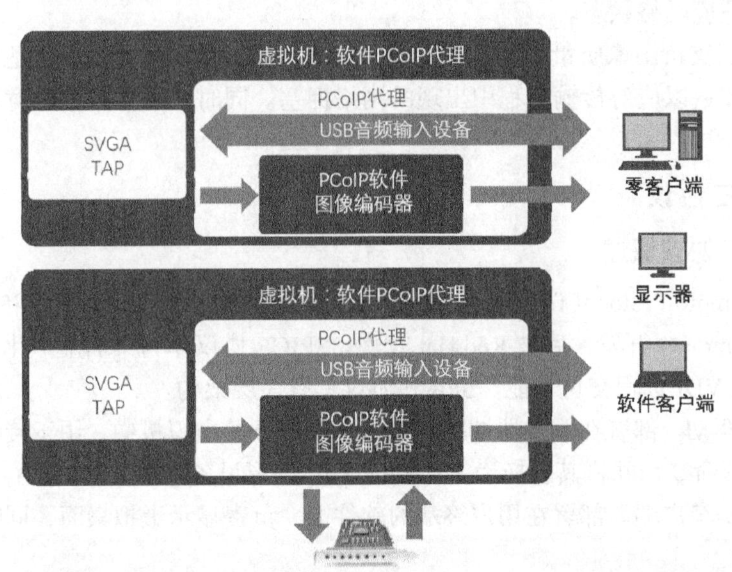

图 7-9　PCoIP 协议在 VMware 虚拟桌面产品 View 中的应用情况

3. PCoIP 协议的特征

PCoIP 协议的主要特征如下。

（1）服务器端渲染。

PCoIP 协议通过服务器端渲染图像，在低速线路下先传输低帧图像到客户端，随线路速度提高再传输高清图像到客户端。当服务器端渲染后，PCoIP 协议以广播方式将加密后的像素，而不是数据，通过网络传送到客户端。因此，只需能解密的零客户端即可对像素进行解码和显示，而不关心任何应用内容，所以服务器和客户端之间不存在应用依赖关系或者其他不兼容问题。零客户端的优势在于低维护量、高安全性、低开支等。另外，服务器端渲染也降低了此前提及的由客户端渲染导致的延迟。

（2）像素传输。

PCoIP 协议在传输用户会话时以图像的方式进行压缩，对于用户的操作，只传输变化部分，保证在低带宽下也能高效使用。PCoIP 协议只传输像素，而不传输数据文件，因此可以在实时协议的基础上保证响应速度快、交付性强的特点。

（3）多样化编码、解码。

PCoIP 协议对图像进行分析并进行元素分集，如对图形、文本、图表、视频等内容进行区分，然后使用合适的编码、解码算法对相关像素进行压缩。智能图像分集和优化图像解码有利于实现更有效的传输和解码，并节省带宽资源。同时，在像素处于稳定状态时，PCoIP 编码器可以对其进行无损处理，以确保完美的图像画质。

（4）基于 UDP 底层传输。

PCoIP 协议底层采用 TCP 和 UDP，其中，TCP 用于会话建立和控制，UDP 则用于优化传输多媒体内容。由于 TCP 在数据包中的校验包长度大于 UDP，因此不适用于有较高的网络延时及丢包的广域网环境，并且 UDP 协议可以最大限度地利用网络带宽，确保视频的流畅播放。

（5）动态适应网络状态。

PCoIP 协议支持图像质量设置，用于管理传输数据对带宽的使用，自适应编码器可自动调整图像的质量以应对传输过程中出现的网络拥塞。同时，动态调整带宽可充分利用网络资源。

7.3.4 SPICE 协议

1. SPICE 协议概述

SPICE（Simple Protocol for Independent Computing Environment）协议和 KVM 虚拟机技术最早由 Qumranet 开发，后被 Red Hat 收购。SPICE 协议作为桌面虚拟化通信协议，为 KVM 底层提供 VDI 远程交付功能。SPICE 协议具有 3 层架构。

（1）QXL 驱动。部署在服务器端提供虚拟桌面服务的虚拟机中，用于接收操作系统和应用程序的图形命令，并将其转换为 KVM 的 QXL 图形设备命令。

（2）SPICE 客户端。部署在用户终端的软件上，负责显示虚拟桌面，同时接收终端外设的输入。

（3）QXL 设备。部署在 KVM 服务器虚拟化的 Hypervisor 中，用于处理各虚拟机发来的图形图像操作。

2. SPICE 协议的特点

SPICE 协议最大的特点是增加位于 Hypervisor 中的 QXL 设备，本质是在 KVM 虚拟化平台中通过软件实现的 PCI 显示设备，利用循环队列等数据结构供虚拟化平台上的多个虚拟机共享以实现设备的虚拟化。但这种架构过分依赖服务器虚拟化软/硬件基础设施，SPICE 必须与 KVM 虚拟化环境绑定。

SPICE 协议的设计理念是充分利用用户终端的计算能力。如果用户终端能够处理复杂的图像，就尽可能地传输图像处理命令而不是渲染后的图像，这样可以极大地减少网络传输的数据量，从而使得 SPICE 协议在局域网和广域网都有良好的应用效果。

3. SPICE 协议的传输命令

SPICE 协议主要包括两种传输命令：一种是图形命令数据流，另一种是代理命令数据流。图形命令数据流是从服务器端流向用户终端，主要是将服务器端需要显示的图形图像信息传送到用户终端；代理命令数据流从用户终端流到服务器端，主要传输虚拟机中部署的代理模块接收到的用户在终端进行的键盘、鼠标等的操作信息。

SPICE 协议的图形命令数据流的传输过程如图 7-10 所示。

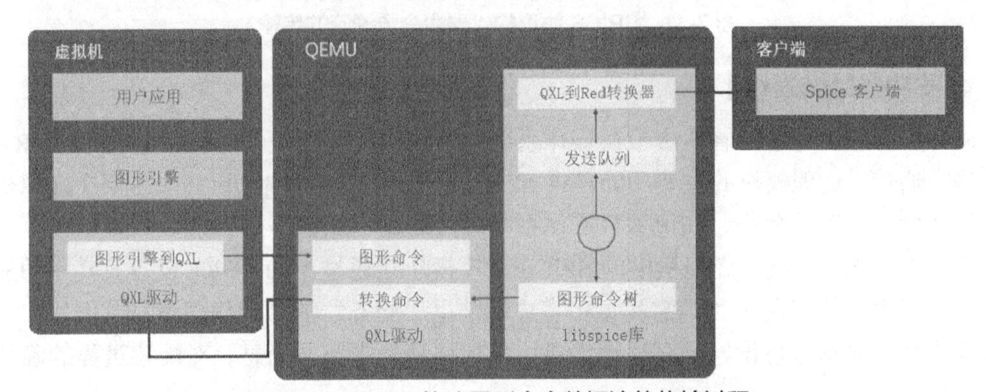

图 7-10　SPICE 协议图形命令数据流的传输过程

SPICE 协议的图形命令数据流的传输流程如下。

（1）虚拟机操作系统上的一个用户应用请求操作系统的图形引擎发送请求，希望进行渲染操作。

（2）图形引擎把相关图像处理命令请求传送给部署在虚拟操作系统中的 QXL 驱动。QXL 驱动会把操作系统命令转换为 QXL 命令格式。

（3）QXL 驱动推送 QXL 命令到 QXL 设备的命令循环队列缓冲中，然后由 libspice 库将其从队列中取出，放入图形命令树中。

（4）图形命令树包含一组操作命令，这些命令的执行会产生显示内容。图形命令树主要负责对 QXL 命令进行组织和优化，例如，消除那些显示效果会被其他指令覆盖的命令，同时还负责对视频流的侦测。

（5）经过图形命令树优化的 QXL 命令被放入发送队列。该命令队列由 libspice 库维护，被发送给客户端并更新其显示内容。

（6）当命令从 libspice 的发送队列发送给客户端时，首先通过 QXL 到 Red 的转换器，形成 SPICE 协议消息，然后被转送到 SPICE 客户端进行处理。同时，这个命令会从发送队列和图形命令树上移除。但是，该命令仍可能被当成 libspice 库保留以用于后续可能出现的

“重画”操作。当一个命令不再需要时，它会被推送到 QXL 设备的释放循环队列，并在 QXL 驱动的控制下释放相应的命令资源。

（7）当客户端从 libspice 接收到一个命令时，客户端在本地进行命令处理，更新显示内容。

SPICE 协议的代理命令数据流的传输如图 7-11 所示。

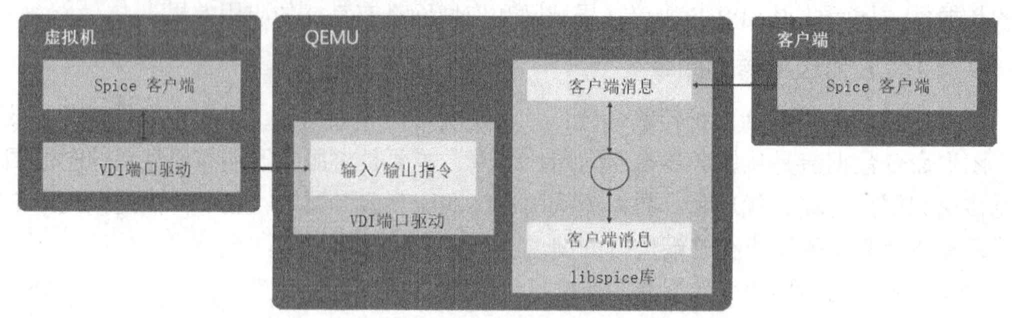

图 7-11　SPICE 协议的代理命令数据流的传输

4. SPICE 协议代理

SPICE 协议设计了部署在虚拟机操作系统中的软件代理模块，并提供了 VDI PORT 设备以进行通信。代理模块的主要功能是供 SPICE 服务器和客户端执行一些需要在虚拟机操作系统环境中实现的命令，如虚拟机操作系统界面的显示配置等。

客户端、服务器端、虚拟机中的 SPICE 代理模块在通过 VDI PORT 设备及其驱动进行通信的过程中，共存在 3 种消息类型：客户端消息、服务器消息和代理消息。例如，对虚拟机操作系统显示进行设置是客户端消息；鼠标移动是服务器消息；对配置过程的确认是代理消息。

部署在虚拟机操作系统上的驱动程序通过 VDI PORT 设备的输入/输出循环队列与设备进行通信。其中，客户端和服务器产生的消息都被放入相同的写队列，然后被写入 VDI PORT 设备的输出循环队列。同时，从 VDI PORT 设备的输入循环队列中读出的消息被放入读缓存中，然后根据消息端口信息决定该消息是交由 SPICE 服务器处理还是转发到 SPICE 客户端处理。当前，VDI PORT 设备的驱动有 Linux 和 Windows 版本。因此，SPICE 协议可以支持用户与部署了 Linux 和 Windows 操作系统的虚拟桌面进行交互及访问。

5. SPICE 协议多通道设置

SPICE 协议也支持多通道设置，利用不同的通道传输不同的内容。SPICE 协议的客户端和服务器端通过通道进行通信，每一个通道类型对应着特定的数据类型。

Main（主通道）：用于控制传输和配置命令，以及与代理模块通信。

Display Channel（显示通道）：用于处理图形化命令，以及图像和数据流。

Inputs Channel（输入通道）：用于传输用户终端的键盘和鼠标事件。

Cursor Channel（光标通道）：用于传输指针设备的位置、能见度和光标形状。

Playback Channel（播放通道）：用于从服务器接收视频、音频，然后到客户端播放。

Record Channel（录音通道）：用于捕捉和记录客户端的音频输入。

这些通道中的内容可以通过相应的图形命令数据流或代理命令数据流进行传输。每个通道使用专门的 TCP 端口，这个端口可以是安全的或者不安全的。在客户端，每一个通道会有一个专门的线程来处理，所以可以为每一个通道设置单独的优先级并进行加密，支持不同的 QoS。

7.3.5 通信协议对比分析

如上文所述，桌面虚拟化通信协议的效率决定了使用虚拟桌面的用户体验和实际效果，通过对 4 种主流协议进行分析和对比，得出表 7-1 所示的结果。

表 7-1 桌面虚拟化通信协议对比

	RDP	ICA	PCoIP	SPICE
传输带宽要求	高	低	高	中
图像展示体验	低	中	高	中
双向语音支持	中	高	低	高
视频播放支持	中	中	低	高
用户外设支持	中	高	中	高
传输安全性	中	高	高	高
支持厂商	Microsoft	Citrix	VMware	Red Hat

传输带宽要求的高低直接影响远程服务访问的流畅性。ICA 采用具有极高处理性能和数据压缩比的算法，极大地降低了网络带宽的需求，因此在传输带宽要求上领先。

图像展示体验反映了虚拟桌面视图的图像数据的组织形式和传输顺序。其中，PCoIP 采用分层渐进的方式在用户侧显示桌面图像，相比其他协议的分行扫描等方式更为优异。

双向语音支持需要协议能够同时传输上下行的用户音频数据，而当前的 PCoIP 协议缺乏用户端的语音支持。

视频播放支持是展示通信协议的重要指标，因为虚拟桌面视图内容以图片方式传输时，通过视频播放的每一帧画面在解码后都将转换为图片，从而导致数据量激增。为避免网络阻塞，ICA 采用压缩协议缩减数据规模，但会造成画面质量损失；而 SPICE 能感知用户侧设备的处理能力，自适应地将视频解码工作放在用户侧进行。

用户外设支持考验服务器端与用户端外设实现交互的能力。ICA 和 PCoIP 对外设的支持比较齐备（如支持串口、并口等设备），而 RDP 对外设的支持效果一般，SPICE 协议的外设重定向技术能很好地兼容特殊的外设，如 Ukey、串口、并口设备。

传输安全性体现了协议对数据可靠性的保障。各大主流协议均基于 TCP 和 UDP，尤其是优化后的 RDP/RemoteFX、ICA/HDX、PCoIP、SPICE 协议。其中，TCP 更加可靠，图像更为清晰；UDP 则交付速度更快，图像更为流畅。

在不含视频、3D 制图的情况下，通常 ICA/HDX 协议要优于 RDP、PCoIP、SPICE 协议，需要 30K～40Kbit/s 的带宽，并可在局域网和广域网使用，而 RDP 协议需要 60Kbit/s，只能在局域网使用。

7.4 主流 VDI 平台介绍

7.4.1 VMware Horizon View

VMware Horizon View 通过扩展基于 VMware 服务器的现有部署，为桌面带来虚拟桌面架构的优势。VMware Horizon View 以托管服务的形式从专为交付整个桌面而构建的虚拟化平台上交付丰富的个性化虚拟桌面，而不仅仅是应用程序，以实现简化桌面管理。通过 VMware Horizon View，用户可以将虚拟桌面整合到数据中心的服务器中，并独立管理操作系统、应用程序和用户数据，从而在获得更高业务灵活性的同时，使最终用户能够通过各种网络条件获得灵活的高性能桌面体验，实现桌面虚拟化的个性化。利用 VMware Horizon View 可以简化桌面和应用程序管理，同时加强安全性和控制力，为终端用户提供跨会话和设备的个性化、高逼真体验。实现传统 PC 难以企及的更高桌面服务的可用性和敏捷性，同时将桌面的总体拥有成本减少至 50%。终端用户可以享受到新的工作效率级别和从更多设备及位置访问桌面的自由，同时为 IT 提供更强的策略控制。VMware Horizon View 是企业级桌面虚拟化解决方案，它支持最终用户通过 PCoIP 等桌面虚拟化通信协议安全灵活地访问其虚拟桌面和应用程序，并利用 VMware vSphere 及其他基础架构组件集成，以安全托管的服务形式交付桌面。

VMware Horizon View 平台系统基础架构如图 7-12 所示。

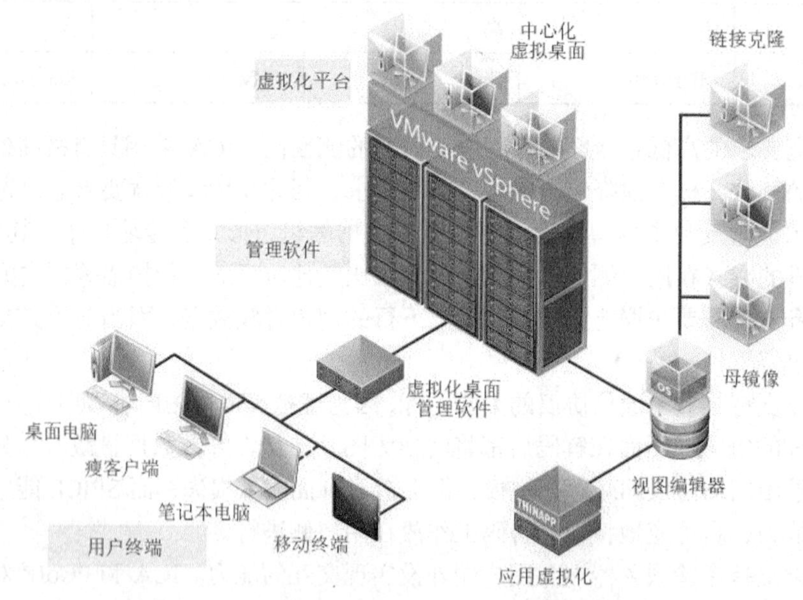

图 7-12 VMware Horizon View 平台系统基础架构

7.4.2 Citrix XenDesktop 概述

Citrix XenDesktop 是一套桌面虚拟化解决方案，可将 Windows 桌面和应用转变为一种按需服务，向任何地点的使用任何设备的任何用户交付。使用 XenDesktop，不仅可以安全地向 PC、Mac、平板设备、智能电话、笔记本电脑和手机客户端交付单个 Windows、Web 和 SaaS 应用或整个虚拟桌面，而且可以为用户提供高清体验。XenDesktop 是 Citrix 在 VDI 虚拟桌面架构领域的一款重要产品，服务端可以发布多个虚拟机、真实机或 PVS 镜像的桌面，而用户则可以在任意角落用浏览器或客户端连接到这些桌面上，自由地使用这些桌面上的操作系统和应用软件，数据运算处理都可在服务端完成，而作为接入的终端对硬件及软件环境都没有高标准的要求。同时，基于 Flexcast 技术提供的多种虚拟桌面应用框架，可以为 IT 部门提供简单的管理，快速部署，支持可视性和云就绪架构。XenDesktop 还可以通过简化桌面传递并支持使用者自助式服务，协助用户快速适应各种业务计划，如外包、运营管理和分支机构等。其开放性、可扩展性和已获验证架构可以大幅度简化虚拟桌面管理，支持系统整合工作，优化性能，提高安全性，降低成本。Citrix XenDesktop 是功能全面的企业级桌面虚拟化解决方案，提供先进的管理和监控功能及安全性。XenDesktop 采用 FlexCast 交付技术，通过 ICA 协议可以随时随地向用户交付包含按需应用的虚拟桌面。XenDesktop 基于 VDI 可扩展方案，用于交付虚拟桌面，采用了 Citrix HDX 技术、应用置备服务、配置文件管理和 StorageLink 技术。

Citrix XenDesktop 平台系统基础架构如图 7-13 所示。

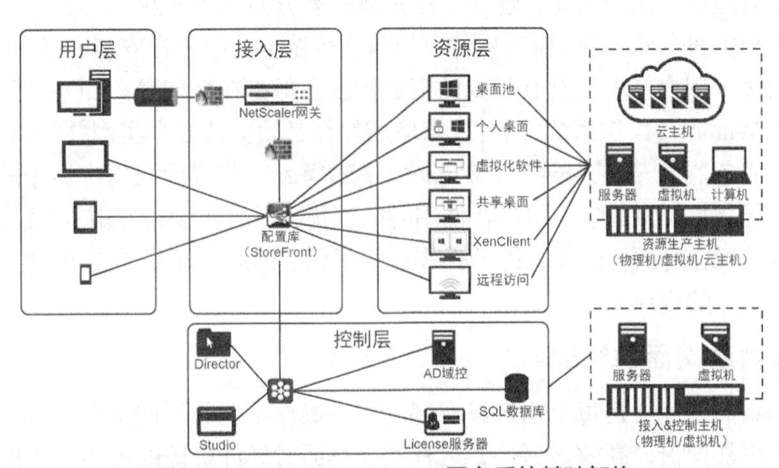

图 7-13　Citrix XenDesktop 平台系统基础架构

7.5 远程共享桌面

通常，基于服务器计算模式（Server Base Computing，SBC）和虚拟桌面架构均具有远程共享桌面的功能，然而业界所称的远程共享桌面则主要是指 SBC 模式，如图 7-14 所示。

图 7-14　基于服务器计算架构（SBC）

基于服务器计算模式（SBC）的 Citrix Presentation Server 或 Microsoft 终端服务器提供类似的解决方案已有 10 年之久，甚至超过了 VMware 公司的年龄。不过，SBC 方式是一种很特别的实现桌面虚拟化的方法，它提供的是 Windows 服务器版本远程桌面，如 Windows 2000、Windows 2003、Windows 2008、Windows 2012 等。尽管它们都从根本上解决了同一个业务目标，即通过瘦客户机远程通信协议为用户提供桌面，然而基于 Windows XP 或 Windows 7 虚拟机的 VDI 与 SBC 桌面发布有很大的不同，用户体验也有较大的差别。

7.5.1 远程共享桌面技术原理及应用

基于 SBC 的虚拟桌面，其技术原理是将应用软件统一安装在远程服务器上，用户通过和服务器建立的会话对服务器桌面及相关应用进行访问和操作，不同用户的会话是彼此隔离的。SBC 的基础是服务器上部署支持多用户多会话的操作系统，它允许多个用户共享操作系统桌面。同时，用户会话产生的输入/输出数据被封装为桌面信息化通信协议格式后在服务器和客户端之间传输。其实，这种方式在早期的服务器版 Windows 操作系统中已有支持。但是在早期的应用中，用户环境被固定在特定服务器上，导致服务器不能根据负载情况调整资源配给。另外，早期的虚拟桌面场景主要是会话型业务，其应用具有局限性，例如不支持双向语音、对视频传输支持较差等，而且服务器和客户端之间的通信安全性不高。因此，新型的基于 SBC 的虚拟桌面主要是在服务器版 Windows 操作系统提供的终端服务能力的基础上对虚拟桌面的功能、性能、用户体验等方面进行改造。

采用基于SBC的解决方案,应用软件可以像在传统方式中一样安装和部署到服务器上，并同时提供给多个用户使用，具有较低的资源需求，但是在性能隔离和安全隔离方面只能够依赖底层的 Windows 操作系统,同时要求应用软件必须支持多个实例并行以供用户共享。另外，SBC 在服务器上安装服务器版 Windows 操作系统，其界面与用户惯用的桌面版操作系统有一定差异，所以为了减少用户在使用时的困扰，当前的 SBC 解决方案往往只为用户提供应用软件的操作界面，而非完整的操作系统桌面。因此，基于 SBC 的虚拟桌面更适合于对软件需求单一的内部用户使用。

7.5.2 远程共享桌面的优缺点

远程共享桌面的优点是每个用户具有基于同一操作系统的不同桌面，这让用户在管理运维方面变得更加便捷、高效。另外，远程共享桌面对硬件资源的占用率较低，每个用户占用桌面所需的资源即可。而基于远程共享桌面的 SBC 架构更可以让用户在 IT 运维、投资、经营管理、使用价值等多方面得到收益。

远程共享桌面的缺点是用户无法独享资源，且其他用户的使用会影响到会话的资源占用。此外，远程共享桌面采用的是共享方式，通常需要复杂的组策略来严格限制每个用户的权限，以阻止对他人的影响。

7.5.3 远程共享桌面在桌面虚拟化中的应用

远程共享桌面是一种云端 IT 应用架构，它的所有应用程序都在服务器上部署、管理、支持和执行，客户端无须安装与维护应用程序，仅通过键盘输入、鼠标操作、屏幕信息共享在服务器和客户端之间传输。远程共享桌面借助终端服务（Terminal Service）或远程桌面服务（Remote Desktop Service）来实现所有应用都在服务器端运行。如 Windows RDS、Citrix 远程共享桌面，均提供了类似的桌面服务，Citrix 典型架构如图 7-15 所示。

Citrix 集中托管的共享桌面的实质是发布共享的 Windows 服务器的桌面，可提供封闭、经过简化的标准环境，提供一组核心应用，适合不需要（或者不允许）个性化定制的任务型用户。这种模式最多可在一台服务器上支持 500 位用户，与任何其他虚拟桌面技术相比都可以大大节约成本。后台基于 Windows Server 2003 或 2008 服务器，使用 Citrix XenApp

发布服务器的桌面以使前端用户同时访问，配置严格的组策略来保护共享的服务器工作环境。远程共享桌面主要用在应用相对比较简单、用户个性化需求不高的场景。

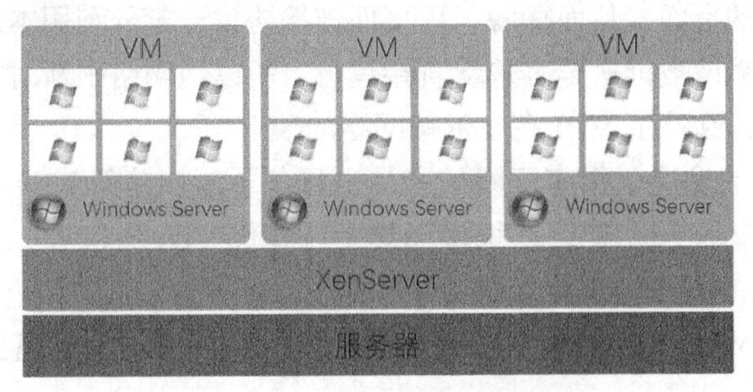

图 7-15　Citrix 共享桌面架构

7.6　无盘技术

1. 无盘技术的基本概念

无盘系统，泛指由无盘工作站组成的局域网。顾名思义，相对于普通的 PC，无盘工作站可以在没有任何外存（软驱、硬盘、光盘等）支持的情况下启动并运行操作系统，如图 7-16 所示。为了支撑这样的网络构架，需要采用专门的软件系统，此类的软件成为整个无盘系统的组成部分之一。

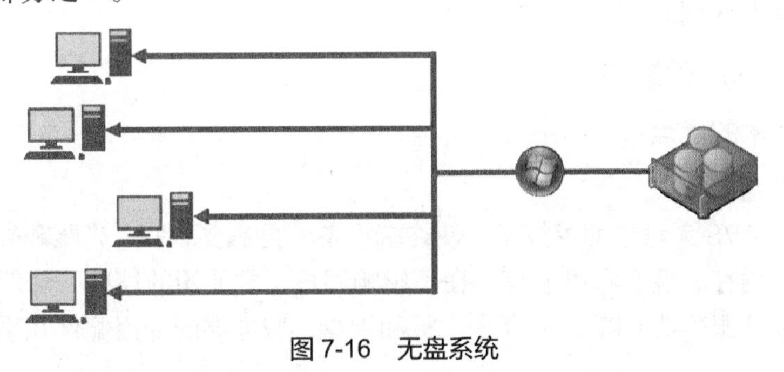

图 7-16　无盘系统

2. 使用无盘技术的目的

无盘系统的本意是为了降低 PC 工作站的成本，但主要却是为了管理和维护的方便。无盘工作站操作系统的文件和软件文件均放在服务器上，系统的管理和维护都在服务器上完成，软件升级只需要配置一次，网络中的所有计算机就都能用上新软件，这对网络管理员来说大大降低了运维管理难度。随着信息技术的发展和软件公司的不断创新完善，无盘系统已经发展成熟，无盘工作站在部分场景中的优越性已经超过传统 PC。

7.6.1　无盘技术在虚拟桌面的应用

无盘系统可以应用在网络教室，企业内部局域网、网吧、酒店、点歌娱乐行业。自 VDI 出现之初，它一般能够满足普通办公及简单媒体的需求，但 3D、丰富多媒体、高速设计等场景往往受限于协议的带宽、客户端设备/软件的能力等因素而不能被满足。为此，部分厂商在无盘技术的基础上，结合虚拟化技术，推出了既能统一管理又能最大化客户端体验的

IDV（Intelligent Desktop Virtualization，智能桌面虚拟化）架构。其原理是在无盘管理的基础上，将带有虚拟化软件的镜像推送到具备硬件虚拟化能力及较强性能的客户端设备中，让用户使用本地虚拟化后的桌面，从而摆脱远程桌面连接协议，充分利用本地显卡的能力，最大化用户体验。又由于镜像被推送至客户端直接运行，所以当网络中断时，客户端本地运行的虚拟机不受任何影响，弥补了 VDI 高度依赖网络的缺点。

IDV 历经了多年的发展，很多厂商的产品也具备了诸如镜像 P2P 下发、用户系统镜像自动保存等增强用户体验的功能，在很多场景中有替代 VDI 的趋势。

其中，Citrix 公司的桌面虚拟化解决方案中通过 FlexCast 技术将基于服务器端的虚拟桌面通过 PVS（Provisioning Server）发布到终端个人计算机使用，实现了无盘技术在虚拟桌面中的应用。

基于 Streaming Media（流媒体）技术的 PVS 无盘桌面通过网络将单一标准桌面镜像，将操作系统和软件按需交付给物理/虚拟桌面，如图 7-17 所示。PVS 无盘桌面一方面可以配合终端使用场景实现虚拟桌面的单一镜像管理；另一方面适用于三维图形要求更高的环境，除了硬盘之外，内存、CPU、GPU 都调用本地的计算资源，所以性能基本上和传统桌面没有区别。

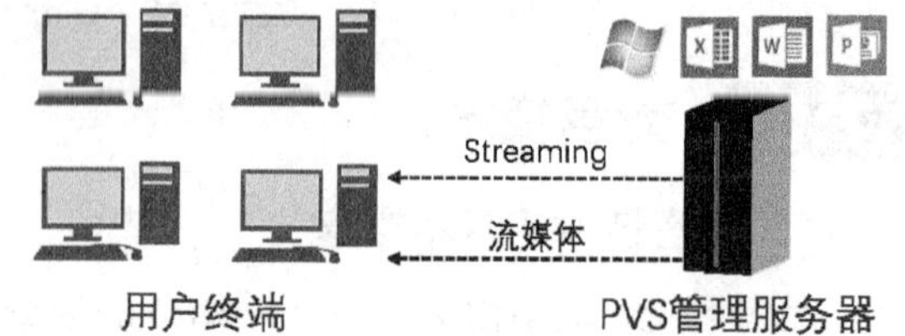

图 7-17　Citrix PVS 无盘桌面

7.6.2　无盘技术的优缺点

1．无盘技术的优点

（1）节省硬盘开支。

无盘系统和 PVS 无盘桌面等技术，使终端设备不再需要软驱、光驱和硬盘，并按需配置主板、CPU、内存、显卡和声卡等，在不影响用户正常使用的情况下降低了硬件成本。同时，基于专业的服务器 CPU、内存、主板和硬盘，服务器的专用配件几乎不会损坏，更换频率更低。

（2）日常维护简单方便。

无盘系统和 PVS 无盘桌面安装简单，运维方便，大大节约了人力成本和管理难度。

（3）安全稳定。

由于无盘系统不存在硬盘，整个系统在无盘系统的管理下非常安全。无盘系统能够有效杜绝病毒，如熊猫烧香、机器狗等。无盘系统利用多服务器做热备份，任何服务器出现故障，客户机都不受影响，避免了停机事件的发生。

（4）性能得到最大程度的发挥。

无盘系统通过采用负载均衡技术，可以按照服务器的硬件性能智能分配客户端，使得硬件性能能够得到极致的发挥。同时，极强的网络并发及网卡分流技术可以极大地提升桌面性能。

2．无盘技术的缺点

（1）应用范围狭窄。

大多数无盘系统由于其技术原理，不能让用户定制个性化的操作系统，例如用户无法自定义安装软件，因此无盘系统的应用范围有一定的局限性，通常适用于网吧、电子教室等无须保存用户数据且用户流动量大的使用场景。

（2）网络范围狭窄。

无盘系统和PVS无盘桌面只能适用于局域网，对于通过广域网管控的办公场景，无盘系统无法支持。同样，无盘系统也无法对移动化办公提供支持。

（3）管理范围狭窄。

无盘系统在部署时需要定制无盘镜像，由于无盘镜像对硬件要求较高，因此不同时期购买的硬件就需要定制专门的无盘镜像。因此，在管理镜像和解决硬件差异性方面，无盘系统存在致命的缺陷。

7.7 应用虚拟化

应用虚拟化是指客户端通过远程会话协议直接访问服务器（虚拟机或物理机）操作系统上的应用程序，使用户获得独立的会话空间和应用程序访问体验，如图7-18所示。应用虚拟化的最大特点是可以在同一操作系统上同时接受多个用户的并发连接。根据各厂商的应用特点，应用虚拟化又被称为应用发布、应用流等，而这类技术的主要代表有思杰XenApp、VMware ThinApp等。

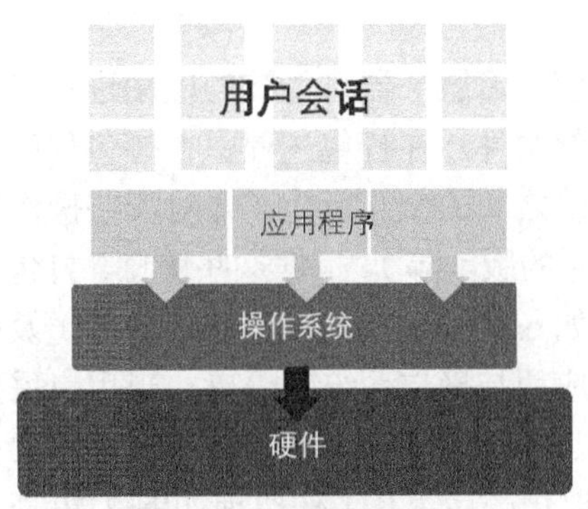

图7-18 应用虚拟化

7.7.1 应用虚拟化技术的原理及应用

应用发布技术使应用程序无须在本地计算机进行安装，即可直接使用，让用户得到近似本地的体验。应用发布使得应用与操作系统隔离，实现了客户端和应用程序的快速部署和管理，从而降低了应用程序交付的成本和复杂度。应用虚拟化一般属于VDI的扩展应用，也可单独部署。

应用发布的原理是基于应用/服务器（Application/Server，A/S）计算架构的，把应用程序界面、输入/输出信号与计算逻辑隔离开来。在用户访问被虚拟化后的应用时，用户客户端只需要把人机交互逻辑传送到服务器端，服务器端为用户开设独立的会话空间，应用程序的计算逻辑在这个会话空间中运行，把变化后的人机交互逻辑传送给客户端，并且在客户端的相应设备展示出来，从而使用户获得如同运行本地应用程序一样的访问感受。Citrix XenApp作为业界最为成熟的应用虚拟化产品，其工作原理如

图 7-19 所示。

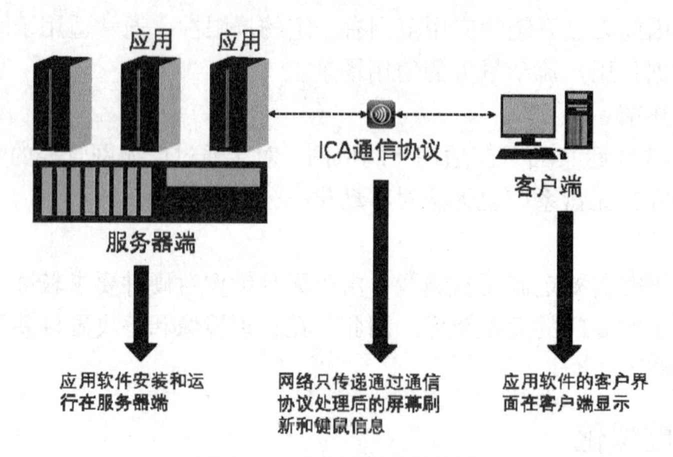

图 7-19　应用虚拟化工作原理

7.7.2　应用流技术

应用虚拟化的另外一种应用技术被称为应用流（Application Streaming），它是一个集中的按需软件传送模式，其主要功能就是将应用程序及其运行环境打包成不需要安装即可运行的单一可执行程序，实现瘦客户端和应用程序的快速部署及管理，从而降低应用程序交付的成本和复杂性。

应用流技术需要专门的应用流服务器将传统的应用进行打包和存储。其中，应用打包是指将应用做成一个应用映像文件。在打包过程中，打包程序需要监测和记录应用软件在安装和执行过程中与操作系统之间的交互行为，并对哪些操作系统部件会被应用所依赖和使用进行分析（如动态链接库的版本等）。根据这些信息，打包软件会生成一个虚拟应用的映像，与应用相关的资源（如 exe、dll、ocx、注册表项等）及程序运行时需要的资源都包含在这个映像中，从而实现应用与操作系统的隔离。当用户需要启动某个应用时，可以自动从应用流服务器上将虚拟应用映像下载到客户端，不需要安装就可以执行。VMware ThinApp 作为主流的应用虚拟化产品，其工作原理如图 7-20 所示。

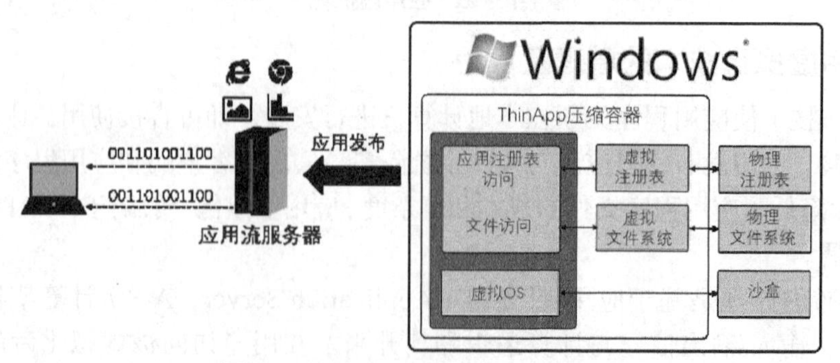

图 7-20　VMware ThinApp 工作原理

7.7.3　应用虚拟化的优缺点

应用虚拟化技术的优点是能够实现应用的中心化管理，从而将使用与管理分开。因此，应用虚拟化常常与虚拟桌面绑定使用并动态发布，即在服务器侧不采用传统的软件安装方式部署用户使用的应用软件，而采用应用虚拟化将用户需要的应用部署到虚拟桌面或虚拟服务器上，实现随时随地的移动办公。

应用虚拟化技术的缺点是不能够进行离线使用，这是因为实际的应用安装在应用服务器端，用户只能通过网络使用应用。另外，应用虚拟化的应用流技术有着一个致命的缺点，那就是并非所有的应用程序都可以实现应用流。例如，杀毒软件、虚拟光驱等与底层驱动密切相关的软件就难以实现应用流。

7.8 本章小结

桌面虚拟化是虚拟化技术的重要组成部分，尤其在办公场景、教育场景等 PC 较为集中的场景中，其应用十分广泛。采用桌面虚拟化的方式构建办公环境或多媒体教室，已经成为当下信息化建设的主流。在桌面虚拟化应用的早期，用户的体验往往比较糟糕，但是它带来的运维、成本、能耗等优势在一定程度上抵消了这些负面的影响，随着这项技术的发展，也出现了诸多的技术流派，用户的实际体验在逐步上升，甚至超过了物理机的使用效果。本章主要介绍了桌面虚拟化技术，着重讲解了 VDI 技术，包括技术原理、主流的通信协议和平台。其次分别讲解了远程共享桌面、无盘技术及应用虚拟化技术。本章较为全面地讲解了目前桌面虚拟化技术的各个流派。桌面虚拟化技术的部署基本是以商业软件及专业的应用方式部署的，本章涉及多个技术，加上大部分软件的操作部署都较为复杂，因此本章并没有针对每类技术进行实践讲解，读者在实际的生产中，可按照官方手册进行安装部署。在下一章的综合实战中，加入了 VDI 的部署实践，读者可以阅读下一章内容进行实践。

7.9 扩展习题

1. VDI 技术与 IDV 技术有什么区别？
2. 如何解决虚拟桌面开机风暴的问题？
3. 应在需要进行大型图形渲染的场景中使用什么样的解决方案？
4. 应用虚拟化可以发布哪些应用？适用什么样的场景？

第8章 虚拟化综合项目实战

本章将开发带来一个完整的虚拟化项目，从项目背景、项目准备，到部署虚拟化系统、部署桌面虚拟化、封装虚拟桌面操作系统模板，进行涵盖虚拟化与桌面虚拟化知识的综合实战。本章选用了我国优秀的私有软件 ZStack 作为载体，方便读者更为快速地体验虚拟化的魅力。

本章教学重点

- ZStack 私有云的搭建
- 桌面虚拟化系统的部署
- 桌面虚拟化操作系统的封装

8.1 项目背景

8.1.1 传统业务现状

近几年来，IT 建设取得了重大发展，IT 基础设施建设不断完善，各种电子业务信息系统承载上线运行，企业信息资源逐步积累充实，极大地提高了业务管理和办公效率。

但是在不断递进的建设中，随着 IT 基础设施的日益完善和复杂，系统运维保障要求也越来越高。伴随着系统规模的增长，系统运维服务保障能力降低是其中比较突出的一个问题。大量新生业务应用系统部署在 x86 PC Server 平台上，这就使大量的应用系统运行在不同品牌的 x86 架构服务器上，这些应用种类繁杂、部署分散，会造成众多问题，主要表现如下。

1. 基础设施复杂，现有硬件资源浪费

随着信息化进程的不断深入，信息化应用和服务器的数目不断上升。因前期建设缺乏系统的规划，机房中堆满了不同时期采购的不同的基础设施。又由于系统状况复杂，所以很难实现统一自动化管理。目前主要以手工管理为主，管理、维护的工作量非常大。新硬件设备和应用的部署时间长，大大降低服务器重建和应用加载时间，需要大量的 IT 技术支持人员。硬件维护需要数天的变更管理准备和数小时的维护时间周期。同时根据对客户前期的数据了解，企业内现有服务器中的 CPU 硬件资源利用率最高为 50%，而更多的服务器 CPU 利用率仅为 15%左右。另外，大多数服务器内存的利用率低于 20%。因此造成物理服务器的硬件资源大量闲置。

2. 单点故障多，服务保障水平较低

目前各项应用系统往往采用单独的服务器部署，一旦服务器出现问题就会导致应用瘫

痪。而且每台服务器的利用率都不高，服务器数量较多，因此故障节点比较多，管理员疲于安装、检修等管理工作，但依然无法避免宕机时间的不断加长；出现问题后恢复时间较长，导致服务保障水平降低，用户满意度下降，严重影响了各项应用系统的正常运行。系统维护和升级或者扩容时候需要停机，造成应用中断。可用性低，大量分散部署的服务器难以实现有效的高可用性。

3. 应用环境复杂，系统存在严重安全隐患

由于应用需求差异化，各项系统的开发人员水平不一致且采用的开发环境各异，权限配置要求复杂，配置工作均为手工完成且各管理人员执行的安全标准不同，因此容易造成安全隐患，导致服务器易受攻击，轻则无法继续运行服务，重则数据被攻击者清空造成无法估量的损失。

4. 软硬件资源分配不合理

IT 业务发展的稳步推进带来用户数量的急剧增加及信息系统的快速发展，使得服务器资源紧张。各种应用使现有服务器资源产生了巨大压力，同时，大量独立服务器由于利用率低而造成了资源闲置，但又无法投入其他应用。

5. 整体成本高

整体成本高包括硬件成本较高、运营和维护成本高。成本包括数据中心空间、机柜、网线，耗电量，冷气空调和人力成本等。

6. 应用系统软硬件兼容性差

系统和应用迁移到新的服务器硬件平台，需要新的服务器硬件平台和旧系统应用兼容，特别是已经使用很长时间的应用，很难甚至无法迁移到新的服务器硬件平台上。

通过建设一套成熟、完善、高效的 x86 架构主机管理系统——服务器虚拟架构解决方案，来解决上述传统物理服务器部署应用方式所造成的弊端，并支持企业内现有的 IT 基础环境优化。

8.1.2 项目建设目标

服务器虚拟化建设的总体目标：通过虚拟化软件，将硬件资源共享成资源池，按需分配资源，动态调度资源，以合理利用冗余的硬件资源，节省服务器采购数量，保障应用运行的稳定性和数据的安全性。

通过建设一套成熟、完善、高效的 x86 主机管理系统，对现有服务器资源进行整合，对将来服务器资源进行合理规划，提高服务器整合的效率，大幅度简化了服务器群管理的复杂性，提高了整体系统的可用性，同时还明显地减少了投资成本，具有很好的技术领先性和性价比，建成后能够实现以下目标。

（1）改善基础设施的管理方式，极大地降低管理工作量，节约服务器管理、维护成本。

（2）降低单点故障，增强了数据安全性和灾难恢复能力，提高服务保障水平。

（3）降低各项应用系统管理的复杂性，减少系统安全漏洞，缩短宕机时间。

（4）缓解因服务器资源利用率不高而导致的整体资源紧张问题。

（5）机房整体成本节省，包括机房空间、空调、电力、人员管理成本等。

（6）提高运营效率。

（7）提高服务水平。

（8）旧系统的投资保护。

（9）整合 IT 基础服务器。

（10）整合重要应用服务器。

（11）基于虚拟机的集群冗余简化。

（12）不依赖原始硬件的数据恢复。

（13）故障转移，服务器的整合和自动化。

（14）在同一物理硬件上运行多种操作系统。

8.2 项目准备

8.2.1 ZStack 简介

本项目通过 ZStack 私有云软件，采用 KVM 虚拟化内核，同时可以纳管 VMware VCenter，支持本地存储、NFS 存储、SAN 存储、Ceph 等多种存储接入，并支持 vxlan、云路由等高级 SDN 特性。在虚拟化层面与其他软件相比，ZStack 具有易用、稳定、灵活、超高性能等特点。ZStack 可以做到 15min 完成安装部署，版本间 5min 无缝升级，全 API 交付，零手工配置；可以单节点管理十万物理机、百万级虚拟机，同时响应数万并发 API 调用。

ZStack 的架构具有以下特点。

1. 高扩展性

（1）采用了全异步架构，可以轻松处理百万级 API 并发请求，管理上万台物理机及数万级别的虚拟机。

（2）采用了无状态连接服务，可实现管理人员针对多台管理节点的部署，与单台部署无异。

（3）采用无锁架构，在业务逻辑层，并发与同步由消息队列来完成，可对请求的并发量进行控制。

2. 高伸缩性和灵活性

（1）采用进程内的微服务架构，能够实现更快、更小、更强的 API 请求，降低了 IaaS 软件的复杂度，实现服务独立灵活扩展。

（2）采用了全插件系统，可将不同的资源均设计为插件模式进行实现，新增插件对其他插件及系统均无影响，且可随时删除或新增。

（3）采用了基于工作流的回滚架构，工作流由 XML 或其他方法便捷控制，并且工作流还可进一步降低业务逻辑间的耦合度。

（4）采用标签系统，更易实现资源分类及搜索，并可与其他业务逻辑进行协作化处理。

（5）采用了资源管理瀑布架构，资源操作及进行瀑布级的子集资源处理，资源可随时通过插件进行加入，或删除资源瀑布列表，但对其他资源均无影响。

3. 高易用性及高可维护性

（1）通过 Ansible 进行一键安装，无缝升级，灵活配置。

（2）多样的 API 查询可快速定位问题。

本项目采用 ZStack 作为虚拟化管理平台与 VDI 管理平台，采用 NFS 存储方式，以及扁平网络模式。

8.2.2 准备安装软件

1. 软件准备

读者可从对应的官方网站下载相应软件包

（1）最新 ZStack 系统镜像，ZStack-x86_64-DVD-x.x.x.iso。

（2）最新 ZStack 云操作系统安装包，ZStack-installer-x.x.x.bin。

（3）镜像刻录软件，UltraISO。

（4）Windows 镜像（Windows7）。

2. 硬件设备准备

需要 3 台服务器，对服务器硬件需求如下。

（1）服务器：CPU 支持 64 位，支持 Intel VT 或 AMD VT 硬件虚拟化技术，不低于 8 核心；内存不低于 6GB；至少一个 SATA 硬盘，容量不低于 1TB；至少配备一块千兆网卡。

（2）网络交换机：至少配备一个千兆交换机，推荐万兆交换机；若干五类跳线。

3. 镜像刻录安装 U 盘

在 Windows 环境下，管理员使用 UltraISO 工具可把 ISO 文件刻录到 U 盘。

（1）打开 UltraISO，单击“文件”菜单，打开已下载好的 ISO 文件。

（2）打开 UltraISO 软件，选择镜像文件。如图 8-1 所示。

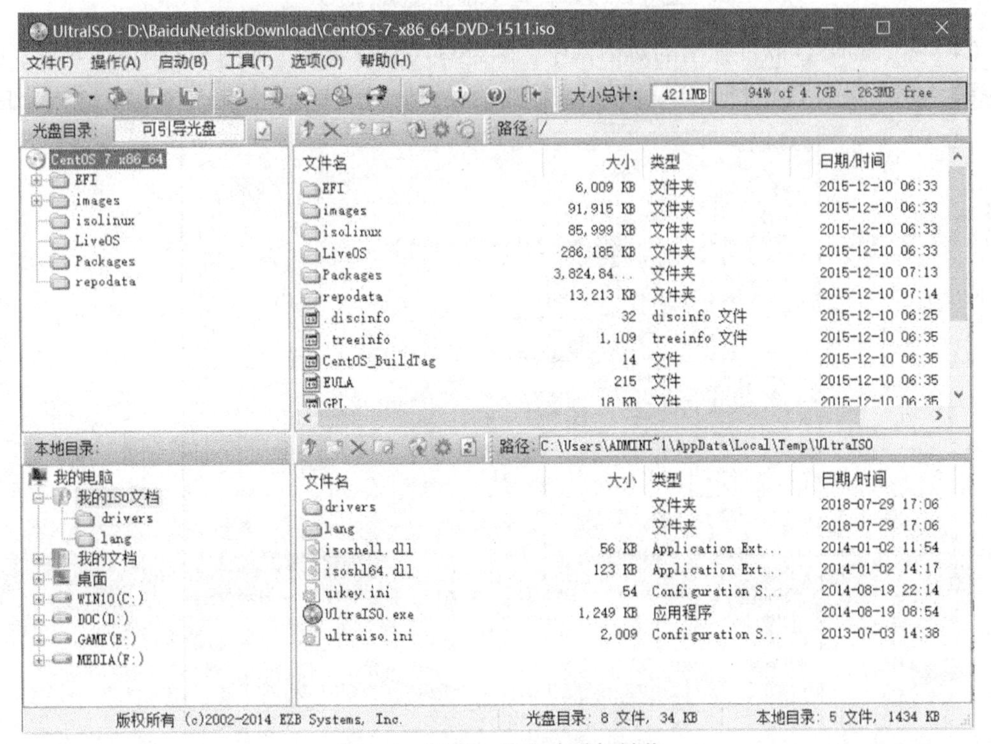

图 8-1 在 UltraISO 中选择镜像

（3）在菜单栏单击“启动”菜单，选择“写入硬盘映像”命令，如图 8-2 所示。在硬盘驱动器列表选择相应的 U 盘进行保存，如果系统只插了一个 U 盘，则默认写入此 U 盘。在写入前，注意备份 U 盘内容。其他选项，按照默认设置，单击“写入”按钮。在新界面中单击“是”按钮进行确认，UltraISO 将会把此 ISO 保存到 U 盘。

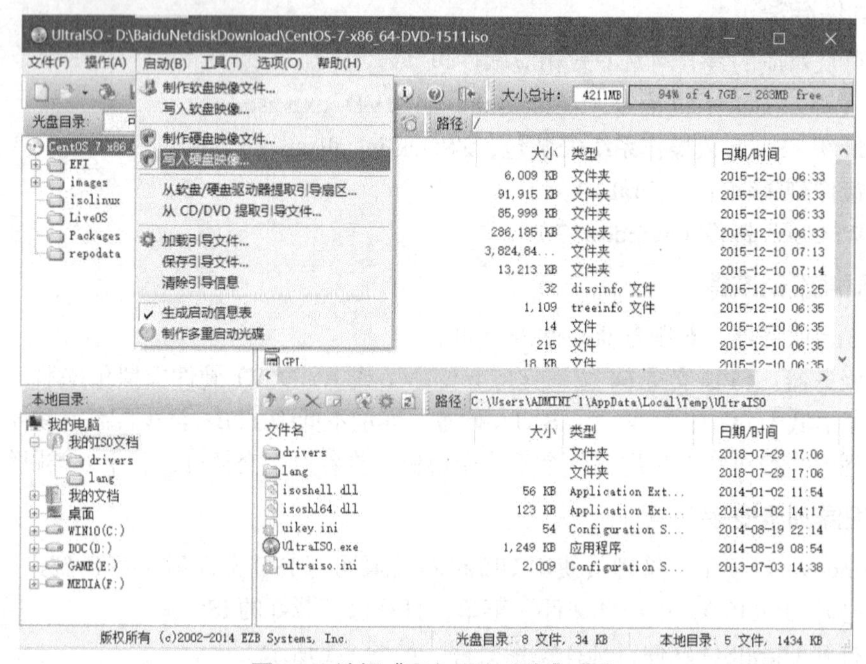

图 8-2　选择“写入硬盘映像”命令

（4）在 UltarISO 软件弹出的对话框中，确定写入 ISO 镜像，如图 8-3 所示。至此，ISO 镜像已经保存到 U 盘。此时，U 盘可用来作为启动盘，支持 Legacy 模式和 UEFI 模式引导。

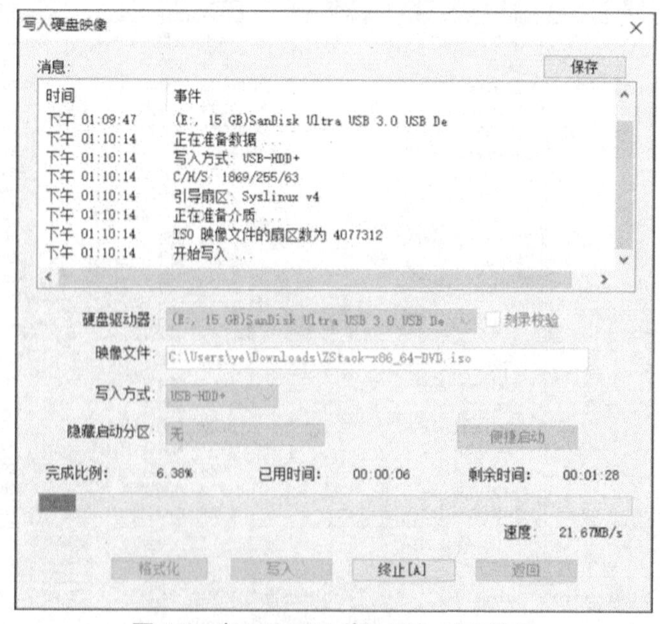

图 8-3　在 UltraISO 确认写入 ISO 镜像

8.3 部署虚拟化系统

8.3.1 安装云操作控制节点系统

云操作控制节点系统安装步骤如下。

（1）管理员需要预先在服务器进行以下配置。

① 确认服务器内硬盘的数据已进行了备份，安装过程会覆盖写入。

② 进入 BIOS，开启 CPU VT 选项，开启超线程 HT 选项。

③ 进入阵列卡配置，配置合适的 RAID 级别，以提供一定的数据冗余特性。

④ 设置 U 盘为第一启动顺序。

（2）以上设置完毕后，服务器重启，进入 U 盘操作系统安装引导界面。如图 8-4 所示，进入 iSO 引导安装界面，默认选择 Install ZStack 安装系统。

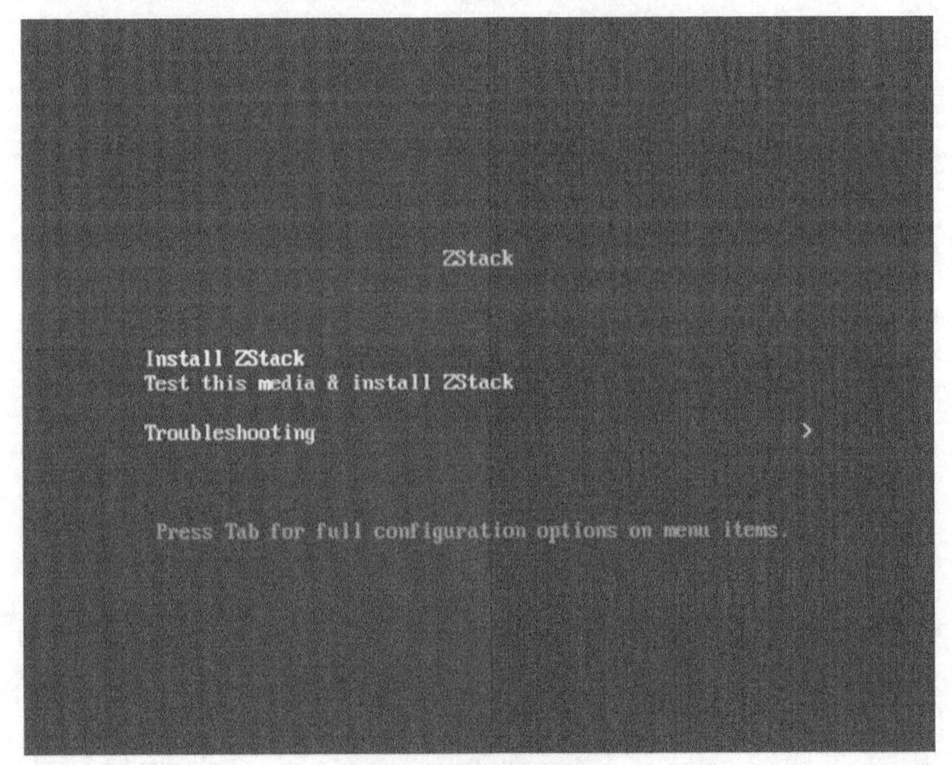

图 8-4　U 盘引导界面

（3）选择安装模式。有 5 种安装模式可供选择。

- ZStack Enterprise Management Node：ZStack 企业版管理节点模式。
- ZStack Community Management Node：ZStack 社区版管理节点模式。
- ZStack Compute Node：ZStack 计算节点模式。
- ZStack OCFS2 Storage Node：ZStack 存储节点模式。
- ZStack Expert Node：ZStack 专家模式。

在这 5 种模式中，首次安装建议选择 ZStack Enterprise Management Node 安装模式，如图 8-5 所示。

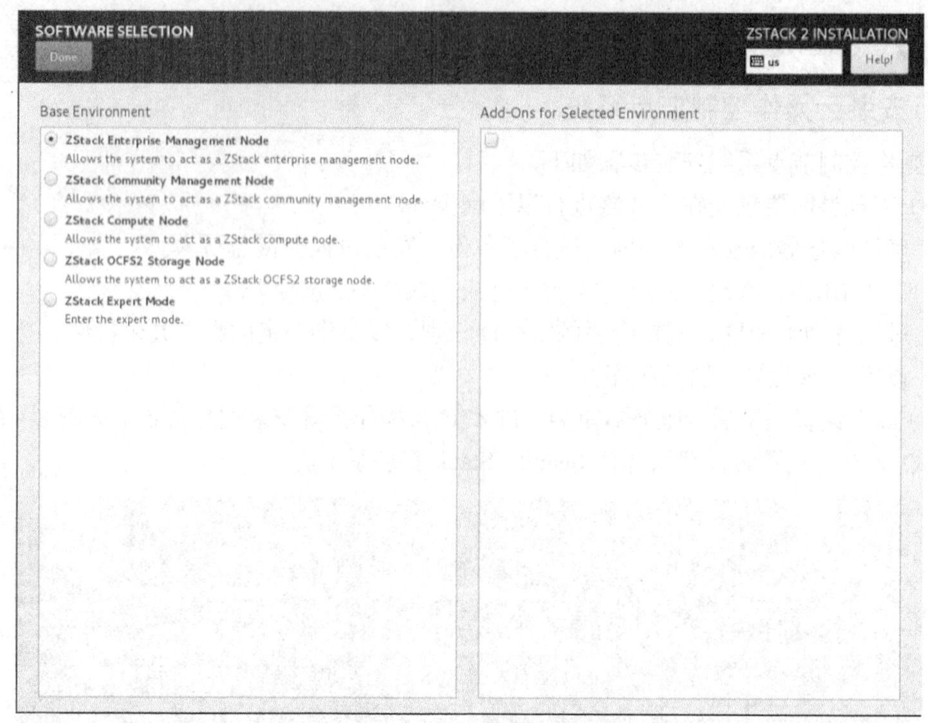

图 8-5　选择安装模式

（4）配置硬盘分区。选择指定的物理硬盘，执行自动分区，如图 8-6 所示。

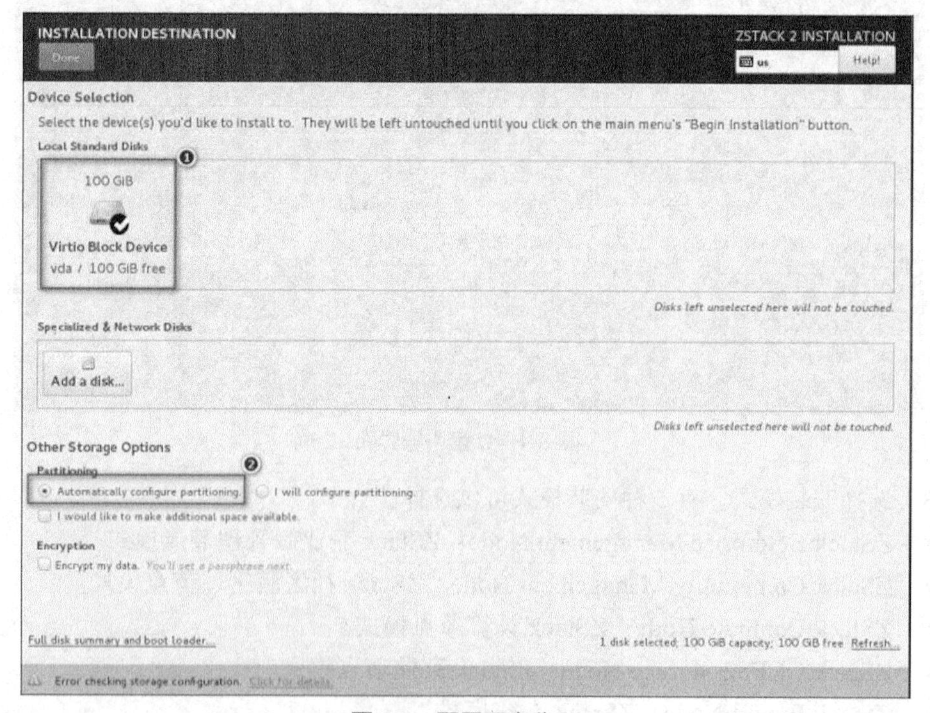

图 8-6　配置硬盘分区

（5）上述过程完成后，进行安装。在安装过程中，管理员需填写账号 root 的默认密码，建议配置合适的密码强度，系统安装界面如图 8-7 所示。

图 8-7　系统安装界面

8.3.2　安装存储节点

存储节点安装的过程如下。

（1）安装存储节点操作系统。在进入安装界面后，已经预先配置了选项，即默认选项：时区——Asia/Shanghai，键盘——English(United States)。一般情况下，管理员无须更改配置。这里选择安装 ZStack 计算节点模式：ZStack Compute Node。如图 8-8 所示。

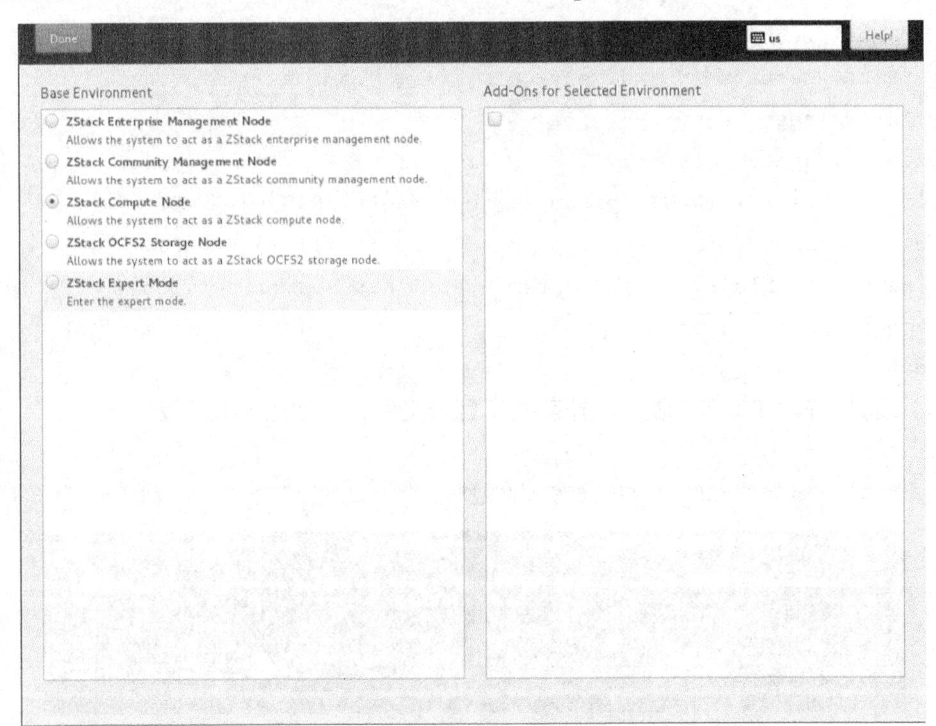

图 8-8　选择安装模式

（2）计算节点的安装方式与管理节点相同，安装完成后如图 8-9 所示。

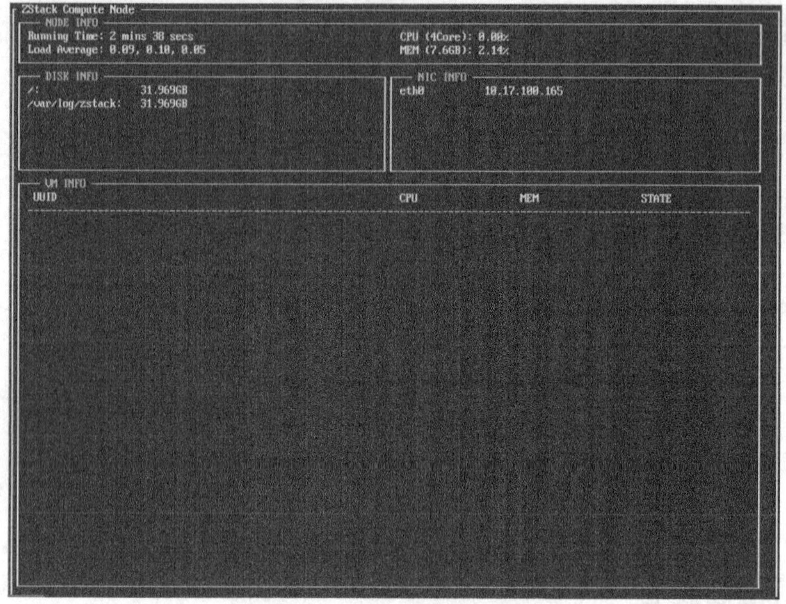

图 8-9　计算节点安装完成界面

（3）进入系统命令行，安装并配置 NFS 存储服务。

```
yum install nfs-utils rpcbind
[ ! -d /nfs_root ] && mkdir /nfs_root
echo "/nfs_root *(rw,sync,no_root_sqush)" >/ect/expor
systemctl restart nfslock.service
systemctl restart rpcind.service
systemctl restart nfs.service
systemctl status nfs.service
sudo iptables -I INPUT -p tcp -m tcp -dport 2049 -j ACCEPT
sudo iptables -I INPUT -p tcp -m tcp -dport 111 -j ACCEPT
systemctl enable /usr/lib/system/system/nfs-server.service
chkconfig rpcbind on
mkdir /nfs
```

（4）编辑配置 NFS 存储服务，挂载共享目录文件夹，如图 8-10 所示。

```
vim /etc/fstab
mount $ip:/nfs_root  /nfs  #在末尾添加
```

```
#
# /etc/fstab
# Created by anaconda on Thu Oct 19 14:57:01 2017
#
# Accessible filesystems, by reference, are maintained under '/dev/disk'
# See man pages fstab(5), findfs(8), mount(8) and/or blkid(8) for more info
#
/dev/mapper/zstack-root /                       xfs     defaults        0 0
UUID=0309b411-c5c1-46e0-b00f-d270ec609868 /boot                   ext4    defaults        1 2
/dev/mapper/zstack-swap swap                    swap    defaults        0 0
mount 10.17.100.71:/nfs_root /nfs
```

图 8-10　配置挂载文件

（5）挂载 NFS 目录，本案例中是本地挂载。

```
mount $ip:/nfs_root  /nfs
```

8.3.3 添加虚拟化计算资源

安装 ZStack 操作系统后，在重新引导的过程中，会自动化安装管理节点。安装结束后， 有帮助信息输出到屏幕。在 ZStack 安装过程中，默认设定 MariaDB 的 root 密码为 zstack.mysql.password，同时在 MariaDB 创建用户 zstack，默认密码为 zstack.password。ZStack 云管理软件安装到目录/usr/local/zstack/，并在系统执行环境提供命令行工具/usr/bin/zstack-ctl 和/usr/bin/zstack-cli。

（1）在浏览器中输入配置的管理 IP 地址，将会访问 ZStack 网页控制台。登录名默认为 admin，密码默认为 password，如图 8-11 所示。

图 8-11　ZStack 登录界面

（2）进入主界面后，在页面左侧单击“硬件设施”→“区域”选项，在右侧的“创建区域”下的“名称”文本框中输入区域名称，单击“确定”按钮进行区域添加，如图 8-12 所示。

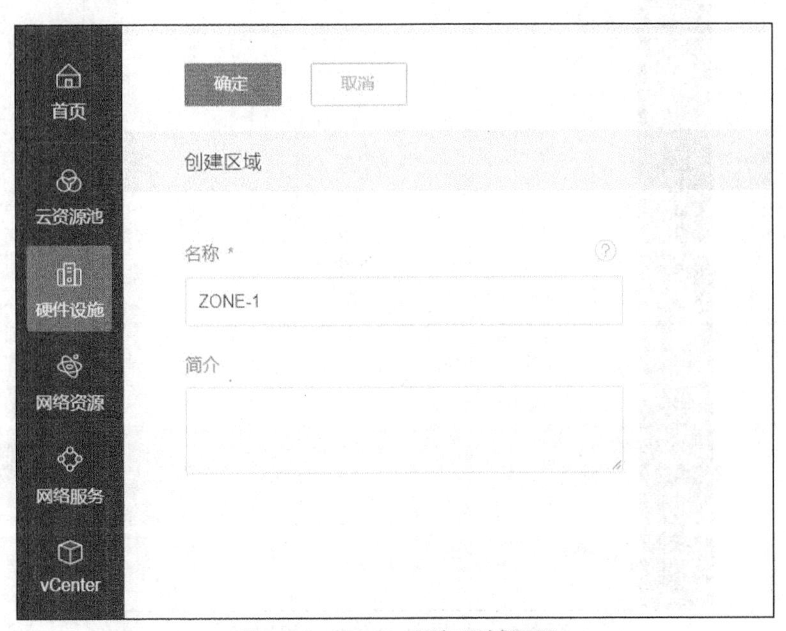

图 8-12　ZStack 添加区域界面

（3）单击“集群”选项，在“名称”文本框中输入集群名称，并单击“确定”按钮添加集群，如图 8-13 所示。

图 8-13 ZStack 添加集群界面

（4）单击“物理机”选项，确认物理机所在的集群，在右侧区域输入物理主机的 IP 地址或域名、SSH 端口号和 root 用户名及密码，并单击“确定”按钮添加物理机，如图 8-14 所示。

图 8-14 ZStack 添加物理机界面

（5）单击“镜像服务器”选项，在“添加镜像服务器”文本框输入镜像服务器的名称，在“类型”下拉列表中选择 ImageStore 选项，填写目标镜像存储的 IP 地址，输入 URL 路径为/zstack_bs，并单击“确定”按钮添加镜像服务器，如图 8-15 所示。

图 8-15　ZStack 添加镜像服务器

（6）单击“主存储”选项，在“名称”文本框输入主存储名称，在“类型”下拉列表中选择 NFS，设置 URL 为 NFS 服务器的 URL，存储网络 CIDR 为 0.0.0.0/0，如图 8-16 所示。

图 8-16　ZStack 添加主存储

（7）在左侧面板单击“云资源池”→“计算规格”选项，在右侧的“创建计算规格”区域中，ZStack 默认提供计算规格“InstanceOffering-1”为一个 CPU 核心及 1GB 内存，这个计算规格可用于创建小型虚拟机，如图 8-17 所示。

图 8-17　ZStack 创建计算规格

（8）添加完计算规格后，单击“镜像”选项，在“名称”文本框输入镜像名称，镜像类型选择为 Image，选择镜像服务器，添加镜像文件，如图 8-18 所示。ZStack 默认提供用于测试的系统镜像，下载地址为 file:///opt/zstack-dvd/zstack-image-1.4.qcow2。

图 8-18　ZStack 添加镜像

（9）在左侧的网络面板中，单击“网络”→“二层网络”选项，创建二层网络。ZStack

的二层网络支持 L2NoVlanNetwork 和 L2VlanNetwork 模式。在 L2NoVlanNetwork 模式下，指定的网卡连接交换机网口必须是 Access 模式；而在 VlanNetwork 模式下，指定的网卡连接交换机网口必须是 Trunk 模式。在“名称”文本框输入二层网络名称，在“类型”下拉列表中选择二层网络类型，输入网卡名称 eth0，该名称必须与物理机网卡名称一致，如图 8-19 所示。

图 8-19 ZStack 添加二层网络

（10）单击“网络”→“三层网络”选项，选择“创建私有网络”，输入私有网络名称，在 CIDR 文本框中输入虚拟机使用的网段，此处输入 192.168.1.0/24，DNS 默认为 223.5.5.5，如图 8-20 所示。

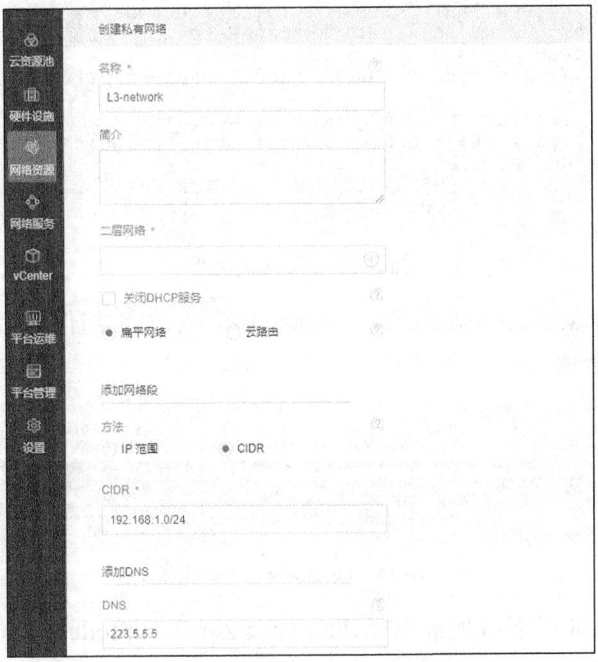

图 8-20 ZStack 添加三层网络

（11）添加完成后，首页界面显示处理器、内存、主存储、镜像服务器、公有网络和私有网络资源，如图 8-21 所示。

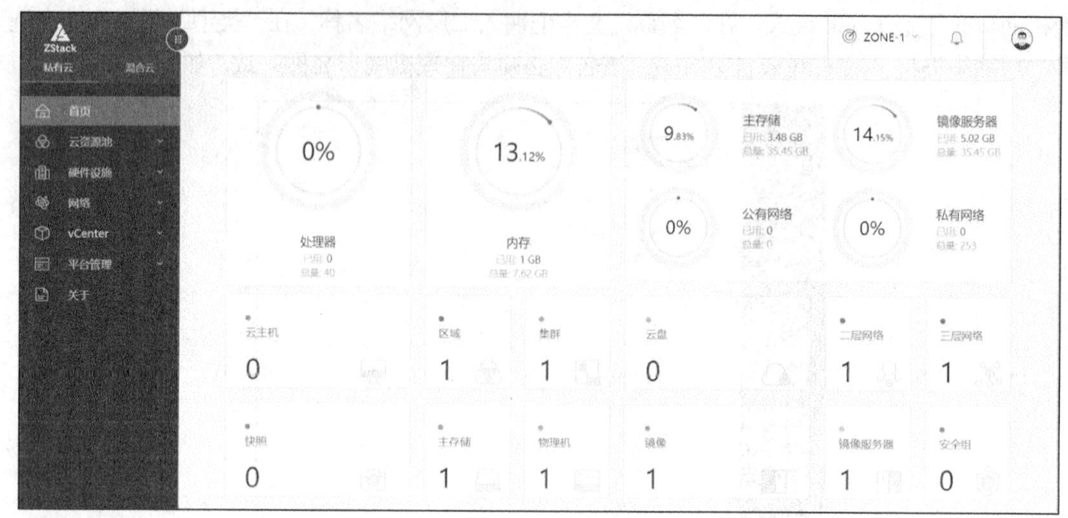

图 8-21　ZStack 首页

8.4 部署桌面虚拟化

部署桌面虚拟化的步骤如下。

（1）使用命令行登录管理节点，确认 ZStack 正常运行。管理员需通过 ssh 登录管理节点，并确认 ZStack 是否已经正常安装，ZStack 状态如图 8-22 所示。

```
zstack-ctl status
```

```
[root@10-17-182-94 ~]# zstack-ctl status
ZSTACK_HOME: /usr/local/zstack/apache-tomcat/webapps/zstack
zstack.properties: /usr/local/zstack/apache-tomcat/webapps/zstack/WEB-INF/
classes/zstack.properties
log4j2.xml: /usr/local/zstack/apache-tomcat/webapps/zstack/WEB-INF/classes
/log4j2.xml
PID file: /usr/local/zstack/management-server.pid
log file: /usr/local/zstack/apache-tomcat/logs/management-server.log
MN status: Running [PID:19130]
UI status: Running [PID:19932] http://10.17.182.94:5000
version: 2.2.0 (ZStack 2.2.0.129)
[root@10-17-182-94 ~]#
```

图 8-22　ZStack 状态

（2）从 http://www.zstack.io/product_downloads/下载 VDI 组件，存放到/opt/zstack-dvd/目录下，如图 8-23 所示。

```
[root@10-17-182-94 zstack-dvd]# ls
docs        isolinux              repos                          zstack-vdi.war
EFI         ks.cfg                RPM-GPG-KEY-CentOS-7           zstack-windows-virtio-driver-1.7.iso
Extra       LiveOS                RPM-GPG-KEY-CentOS-Testing-7   zstack-windows-virtio-driver-2.1.iso
GPL         MicroCore-Linux.ova   scripts
images      Packages              TRANS.TBL
index.html  repodata              zstack-image-1.4.qcow2
[root@10-17-182-94 zstack-dvd]#
```

图 8-23　zstack-vdi.war 位置

zstack-vdi.war 企业版下载地址路径 http://cdn.zstack.io/product_downloads/VDI/ZStack-VDI-2.2.1.war。

zstack-vdi.war 教育版下载路径：http://cdn.zstack.io/product_downloads/VDI/ZStack-VDI-edu-2.0.war。

（3）使用图 8-24 所示的命令重命名 VDI 组件。

```
mv ZStack-VDI-2.2.x.war /opt/zstack-dvd/zstack-vdi.war
```

```
[root@10-17-182-94 zstack-dvd]#  mv ZStack-VDI-2.2.x.war /opt/zstack-dvd/zstack-vdi.war
```

图 8-24　重命名 VDI 组件

（4）使用图 8-25 所示的命令启动 VDI 组件。

```
zstack-ctl start_vdi
```

```
[root@10-17-182-94 zstack-dvd]# zstack-ctl start_vdi
successfully started VDI UI server on the local host, PID[48387], http://10.17.182.94:9000
[root@10-17-182-94 zstack-dvd]#
```

图 8-25　启动 VDI 组件

（5）使用图 8-26 所示的命令查询 VDI 状态。

```
zstack-ctl vdi_status
```

```
[root@10-17-182-94 ~]# zstack-ctl vdi_status
VDI UI status: Running [PID:48387] http://10.17.182.94:9000
```

图 8-26　查询 VDI 状态

（6）在浏览器输入 http://ip:5000 进入 ZStack 云平台，创建 VDI 账户。VDI 组件启动后，管理员登录 ZStack 管理节点 UI 界面来创建相应的 VDI 账户，如图 8-27 所示。

图 8-27　ZStack 云平台界面

（7）进入账户界面，在左侧私有云界面中，单击“平台管理”选项，在菜单中单击“用户管理”命令进入账户界面，如图 8-28 所示。

（8）单击“创建账户”按钮，弹出创建账户界面，从中创建 VDI 账户，如图 8-29 所示，输入相应内容。

- 名称：设置 VDI 账户名称。
- 简介：可选项，可留空不填。
- 新密码：设置 VDI 账户的密码，长度为 6 ~ 18 位。

● 确认密码：再次输入密码以确认。

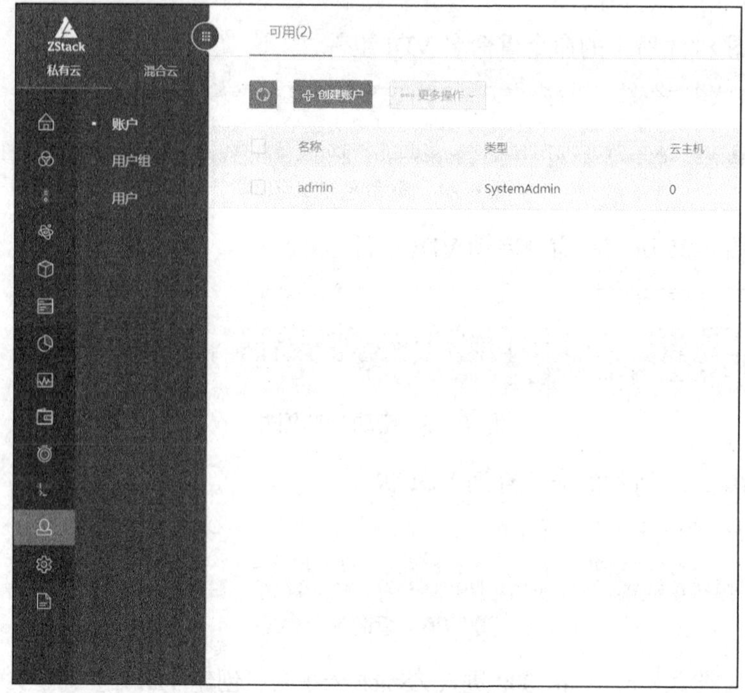

图 8-28　ZStack 用户账户界面

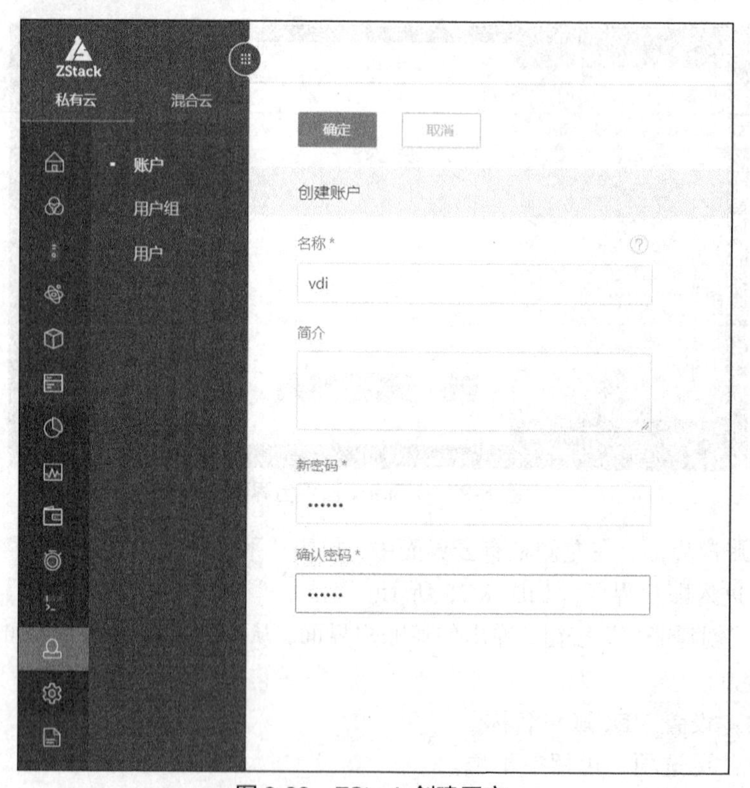

图 8-29　ZStack 创建用户

（9）使用 VDI 功能，管理员需在全局设置中修改虚拟机控制台模式为 spice，并修改虚拟机显卡类型为 qxl。在私有云的设置界面中，单击“全局设置”选项，进入全局设置界面，如图 8-30 所示。

全局设置
计费设置
LDAP设置
邮箱服务器

名称	类别	简介	值
在线迁移	本地存储	默认为false，本地存储在线迁...	false
内存超分率	ZStack	默认值为1.0。如果物理内存为...	1.0
主存储超分率	ZStack	默认值为1.0。如果主存储可用...	1.0
主存储使用阈值	ZStack	默认值为0.9。为了防止系统过...	0.9
云主机控制台模式	ZStack	默认为vnc，支持vnc和spice...	spice
管理员密码	云路由	默认为virtual123# 云路由管...	vrouter12#
Network Anti-Spoofing	云主机	默认为false，该功能防止 IP/...	false
删除策略	云主机	默认为“延时删除”，删除云...	Delay
彻底删除时延	云主机	默认为864000，单位为秒，云...	86400

图 8-30　ZStack 全局模式

（10）在基本设置界面中，找到“修改值:系统-云主机控制台模式”，在“值”下拉列表中选择 spice 模式，默认为 VNC 模式（教育版用户则无须修改），如图 8-31 所示。

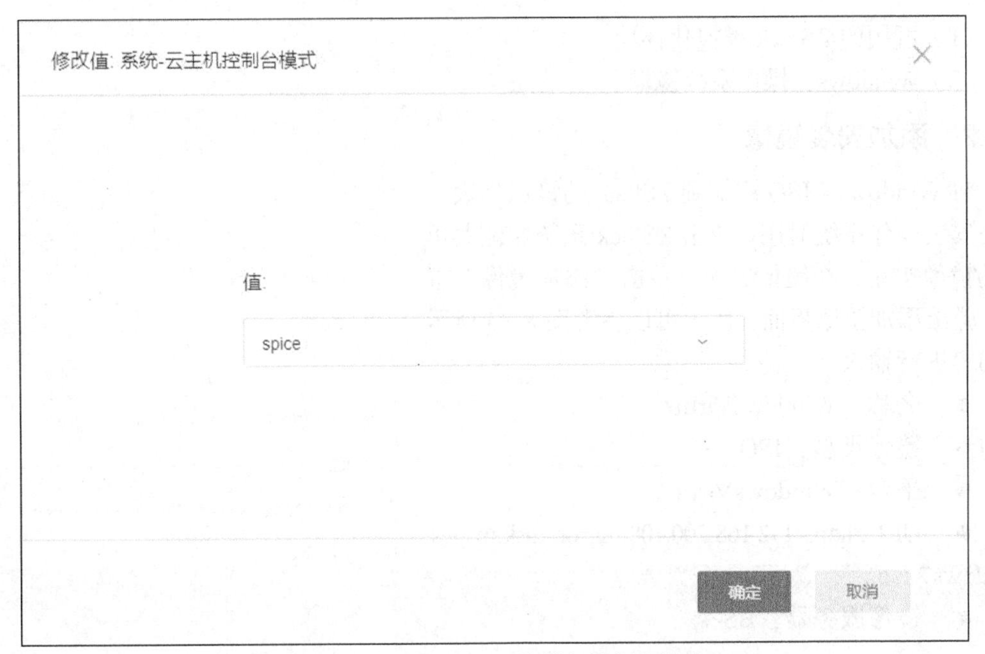

图 8-31　修改 ZStack 虚拟机控制台模式

（11）在基本设置界面，找到“修改值:云主机-显卡类型”，修改“值”为 qxl，默认为 cirrus，如图 8-32 所示。

图 8-32　修改虚拟显卡类型

8.5　封装虚拟桌面操作系统模板

8.5.1　准备软件与环境

准备以下环境并从相关官方网站下载相应的软件工具。

（1）可用的 ZStack 虚拟化环境。

（2）Windows 7 操作系统镜像。

8.5.2　添加安装镜像

将 Windows 7 ISO 添加到 ZStack 的镜像列表，以备安装操作系统时用。单击 ZStack 系统左侧菜单栏的镜像按钮，在镜像界面，单击“添加镜像”选项，弹出添加镜像界面，用户可以参考图 8-33 所示的内容进行输入。

- 名称：WindowsVirtio。
- 镜像类型：ISO。
- 平台：WindowsVirtio。
- URL：http://192.168.200.100/mirror/ diskimages/ windows7.iso。
- 镜像服务器：BS-1。

图 8-33　添加 Windows 镜像

8.5.3　添加 ZStack 代理工具

当前版本 ZStack 提供的驱动镜像是 zstack-windows-virtio-driver-1.7.iso，该代理工具存放在 ZStack 离线 ISO 镜像内。

通过 ZStack 离线 ISO 安装 ZStack 云管理平台后，可以直接添加该代理工具，添加路径为 file:///opt/zstack-dvd/zstack-windows-virtio-driver-1.7.iso。

再添加镜像界面，可以参考图 8-34 所示的内容进行输入。

- 名称：zstack-windows-virtio-driver。
- 镜像类型：ISO。
- 平台：Other。
- URL：file:///opt/zstack-dvd/zstack-windows-virtio-driver-1.7.iso。
- 镜像服务器：bs-1。

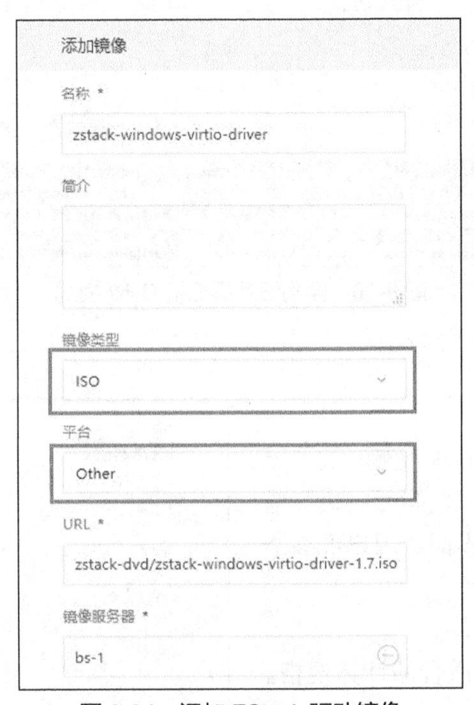

图 8-34　添加 ZStack 驱动镜像

8.5.4　创建云盘规格

创建云盘规格的步骤如下。

（1）创建合适的云盘规格大小，用于确定 Windows 7 虚拟机系统硬盘的大小，建议大小为 100GB。单击 ZStack 系统左侧菜单栏的“云盘规格”选项，在右侧单击“创建云盘规格”选项，在弹出的“创建云盘规格”界面中输入云盘规格的名称和容量，可参考图 8-35 所示的内容进行输入。

- 名称：100G。
- 容量：100GB。

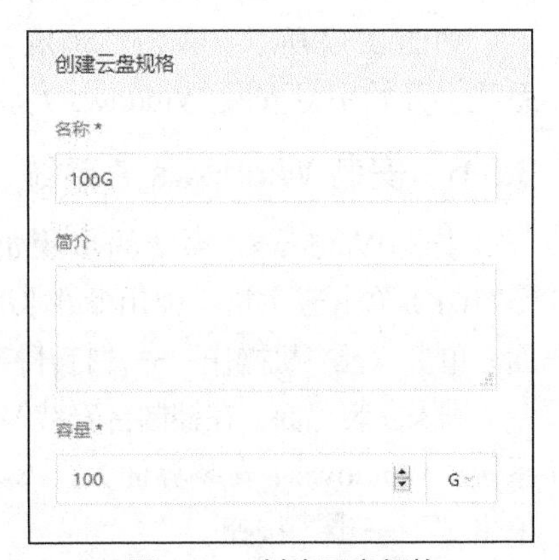

图 8-35　创建云盘规格

（2）打开平台管理，单击“版本设置”→“全局设置”选项，在“修改值:KVM-云主机 CPU 模式”界面设定虚拟机 CPU 模式为 host-model，如图 8-36 所示。

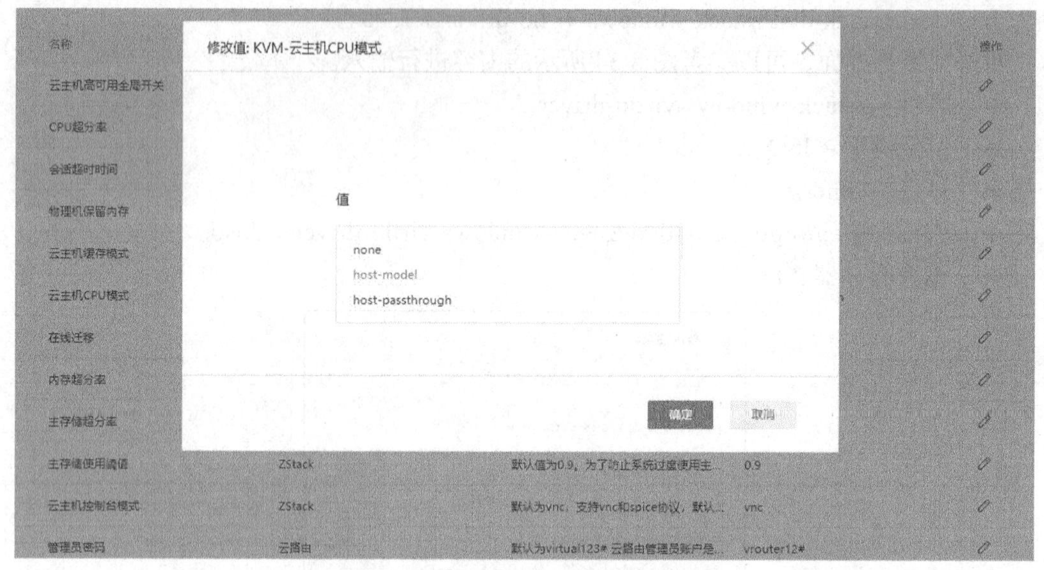

图 8-36　全局设置虚拟机 CPU 模式

8.5.5　新建虚拟机

要新建虚拟机，在 ZStack 左侧单击“云资源池”→“云主机”→“创建云主机”选项，弹出“创建云主机”界面，用户可参考以下内容输入。

- 名称：win7-x64。
- 计算规格：选择适合的计算规格。
- 镜像：win7iso。
- 根云盘规格：Small。
- 网络：选择适合的网络。

如图 8-37 所示，单击“确定”按钮后，系统会开始引导安装 Windows 7 系统。

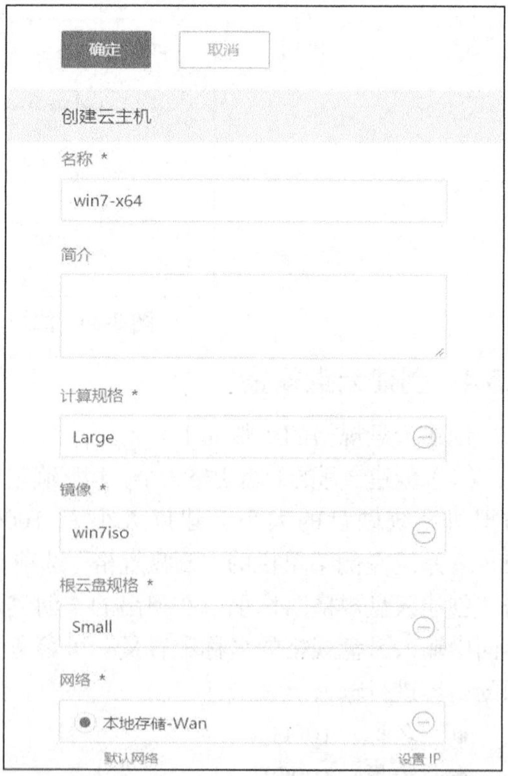

图 8-37　创建云主机

8.5.6　安装 Windows 7 系统

安装 Windows 7 系统的步骤如下。

（1）单击云主机，弹出此虚拟机详情界面。单击“云主机操作”→“打开控制台”命令，进入安装界面，在控制台安装 Windows 7 系统，Windows 7 安装界面如图 8-38 所示，单击“下一步”按钮。

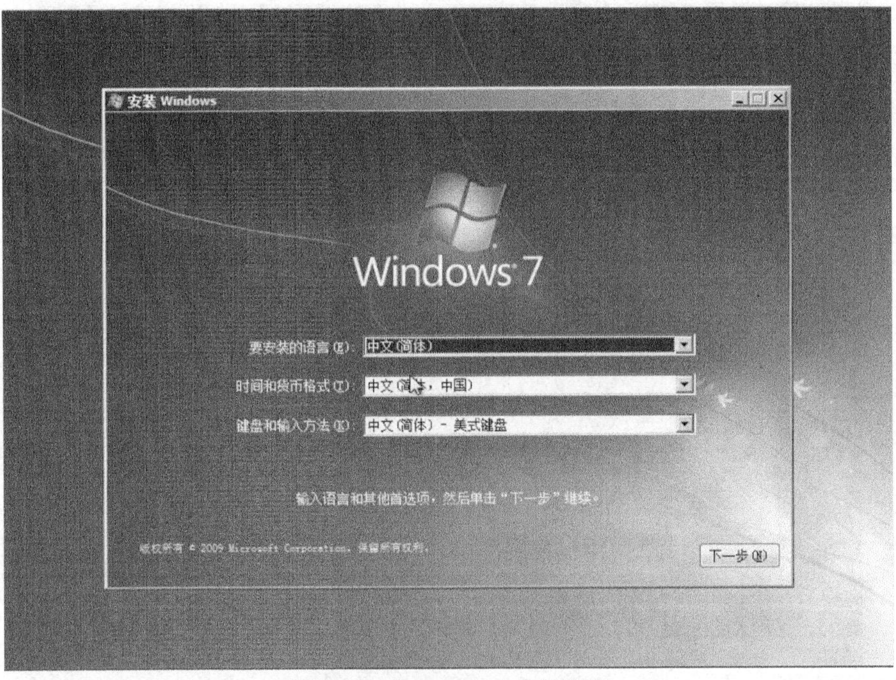

图 8-38　Windows 7 安装界面

（2）在弹出的界面中选择安装类型。选择“自定义（高级）”选项，仅安装 Windows（高级）安装方式，弹出分区界面，如图 8-39 和图 8-40 所示。

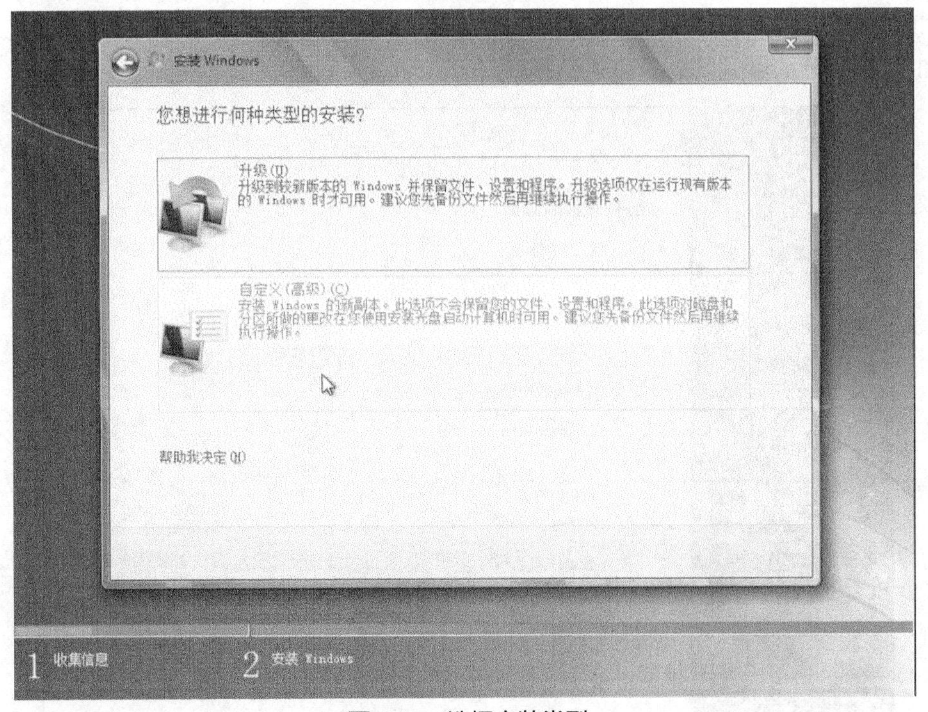

图 8-39　选择安装类型

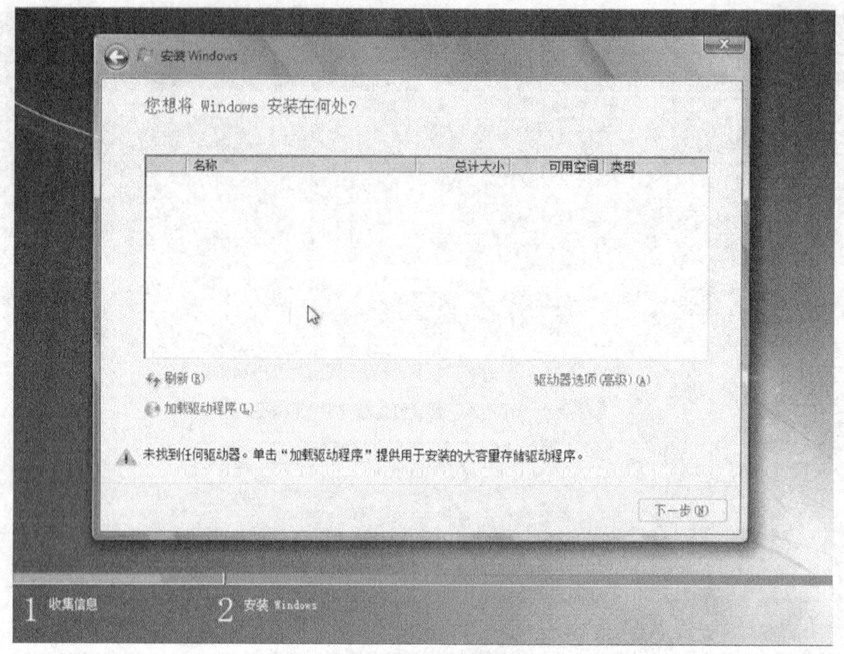

图 8-40　分区界面

（3）在分区界面中，此时还不能查看可用的磁盘设备，需要安装相应的驱动对云硬盘进行支持。通过 ZStack 的图形界面，对当前虚拟机进行 ISO 镜像切换操作，卸载操作系统镜像，加载驱动镜像。回到虚拟机详情界面，单击“云主机”选项，选择 win7test 复选框，选择“配置”→“卸载 ISO”选项，弹出“卸载 ISO”对话框，单击“确定”按钮，如图 8-41 和图 8-42 所示。

图 8-41　虚拟机详情界面

图 8-42 “卸载 ISO”对话框

（4）卸载系统安装镜像后，加载云硬盘驱动。回到虚拟机详情界面，单击“云主机”选项，选择 win7test 复选框，选择“配置”“→加载 ISO”选项，选择 ZStack 驱动镜像，如图 8-43 和图 8-44 所示。

图 8-43 加载 ISO

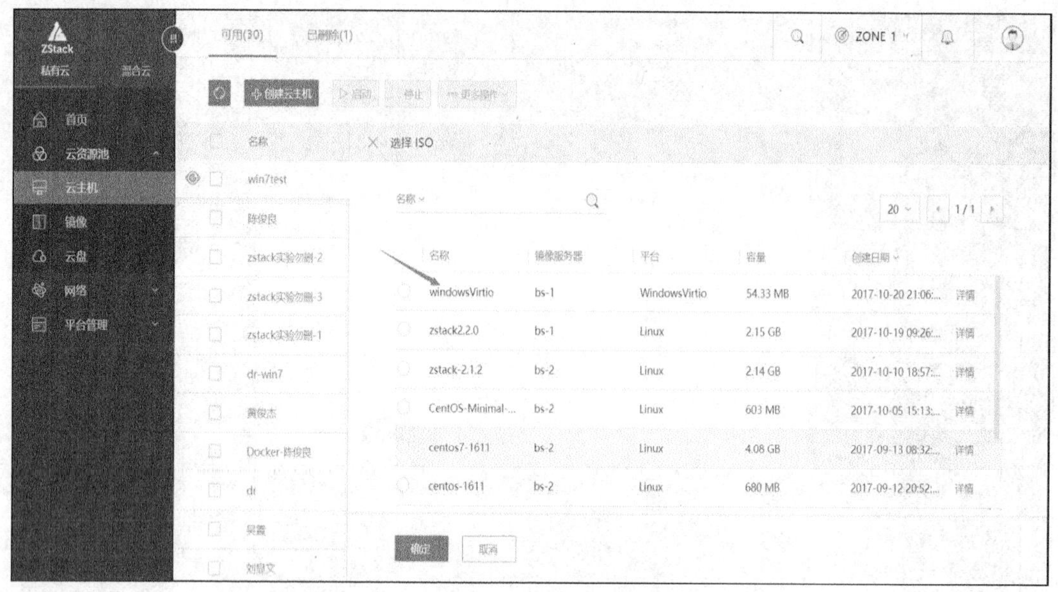

图 8-44　选择驱动镜像

（5）在 Windows 分区界面加载驱动程序。加载驱动程序时候，指定 CD 驱动器，其路径为“CD 驱动器-viostor\w7\amd64”，单击“确定”按钮，如图 8-45 所示。

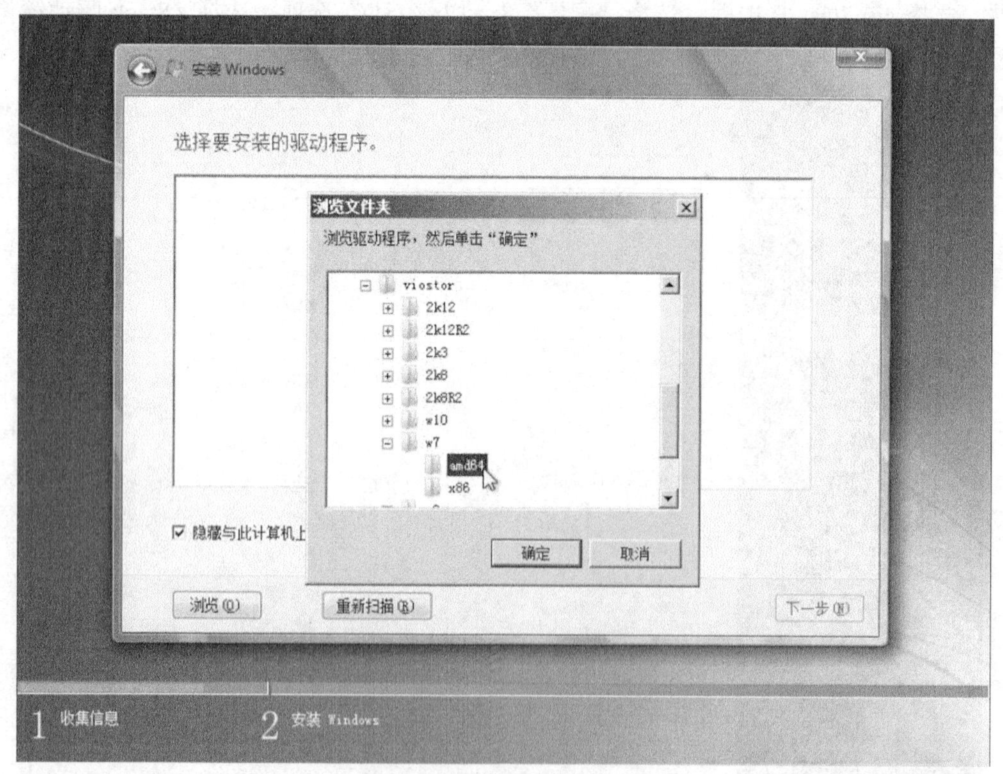

图 8-45　选择驱动程序

（6）在对话框中显示 Virtio 驱动程序，选择驱动后单击“下一步”按钮，选择驱动程序界面如图 8-46 所示。选择磁盘继续安装系统。

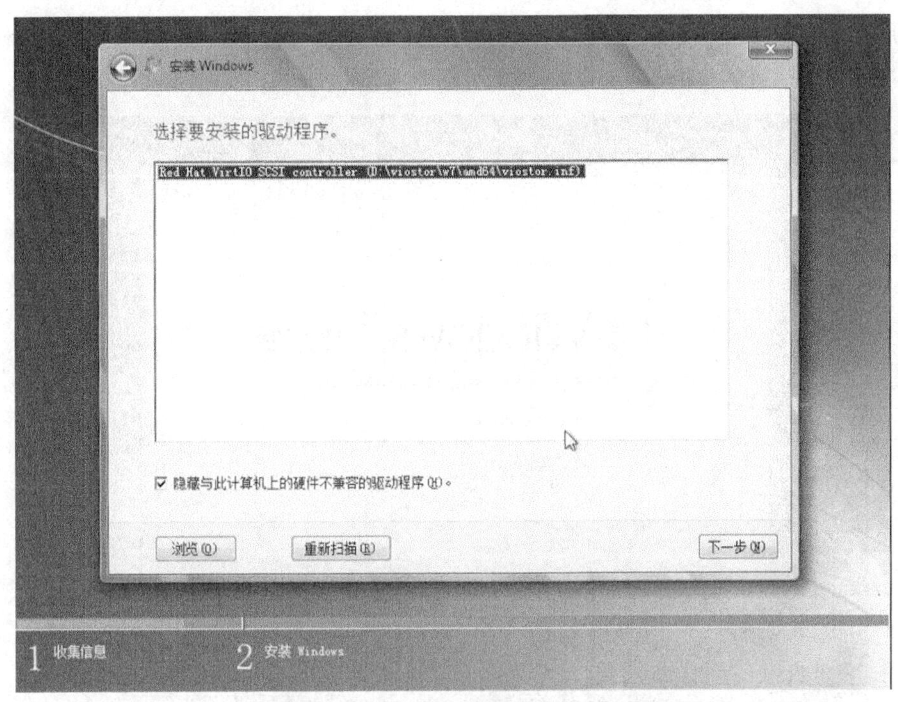

图 8-46 Windows 选择驱动程序界面

（7）加载正确的磁盘驱动后，Windows 分区界面可正确识别磁盘。确认识别磁盘是否正确，可参考步骤（3）、（4），将云主机的 CD 驱动器再切换为系统安装 ISO 镜像。接下来对磁盘进行分区，默认使用全盘安装操作系统即可。等待系统格式分区完毕，便进入系统自动安装过程，界面如图 8-47 所示。

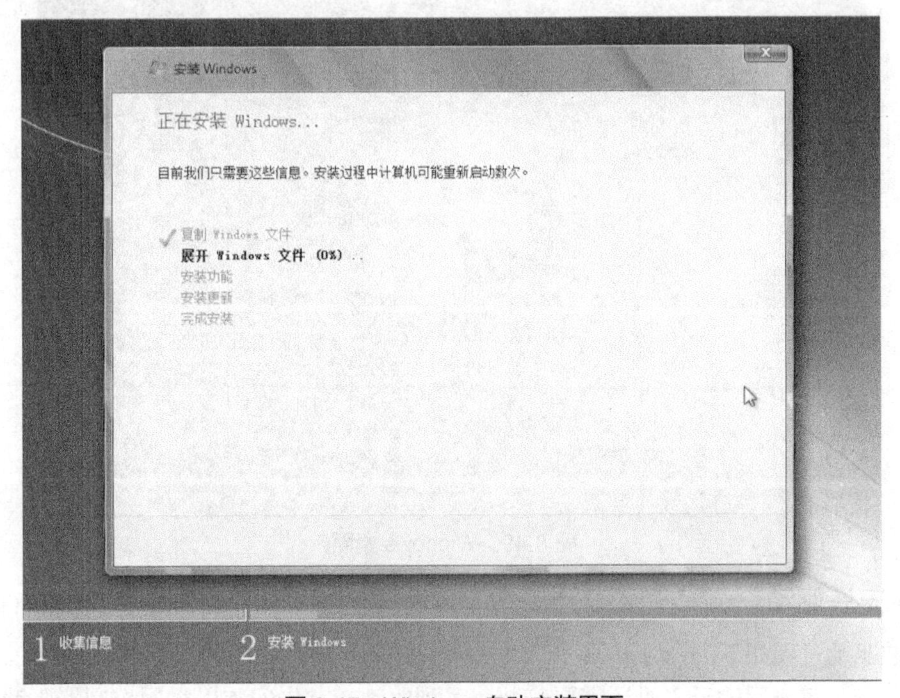

图 8-47 Windows 自动安装界面

（8）系统安装过程中，虚拟机会自动重启，重启后需再次单击控制台进入虚拟机系统。安装完毕后，直接进入 Windows 系统，设定临时管理员密码，如图 8-48 和图 8-49 所示。

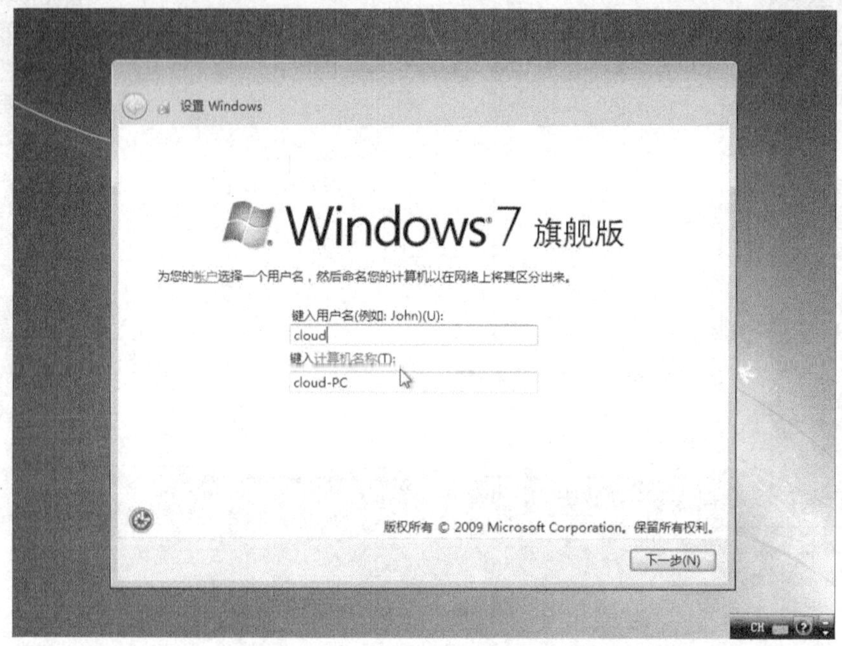

图 8-48　Windows 设置用户名界面

图 8-49　Windows 桌面

8.5.7　安装驱动

安装驱动过程如下。

（1）安装完成后的云主机还需要安装一系列驱动，首先安装以太网控制器驱动。参照上小节内容，将驱动镜像加载到 Windows 7 云主机。打开“设备管理器”页面，右键单击以太网控制器，在弹出的快捷菜单选择“更新驱动程序”命令，在弹出的窗口中单击“浏览”按钮，在镜像中选择路径 D:\NetKVM\w7\amd64，单击“下一步”按钮，如图 8-50 所示。

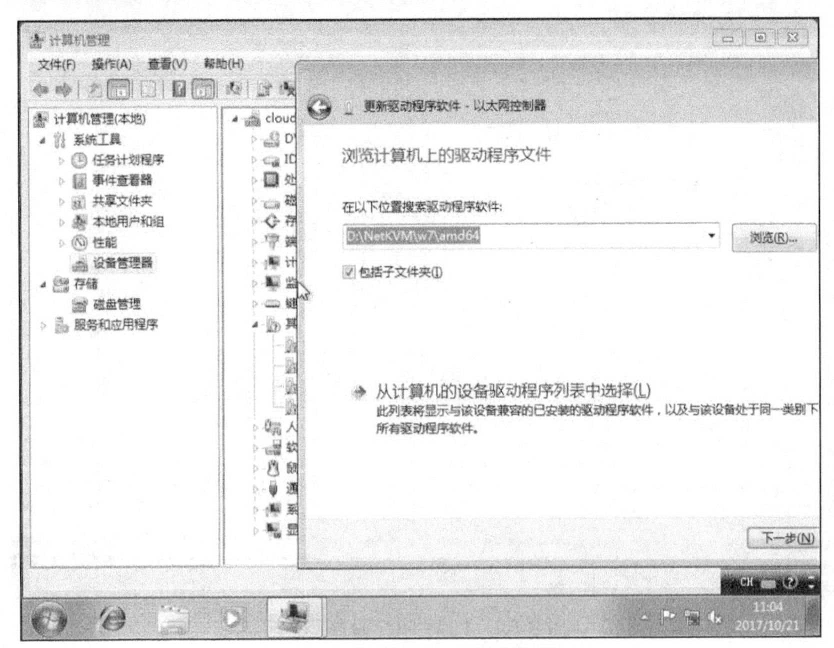

图 8-50　加载以太网控制器驱动

（2）参照步骤（1），依次加载 PCI 简易通信控制器驱动。加载 PCI 简易通信控制器驱动后，Windows 能够与底层 KVM 虚拟化通信。驱动程序路径为 D:\vioserial\w7\amd64，如图 8-51 所示。

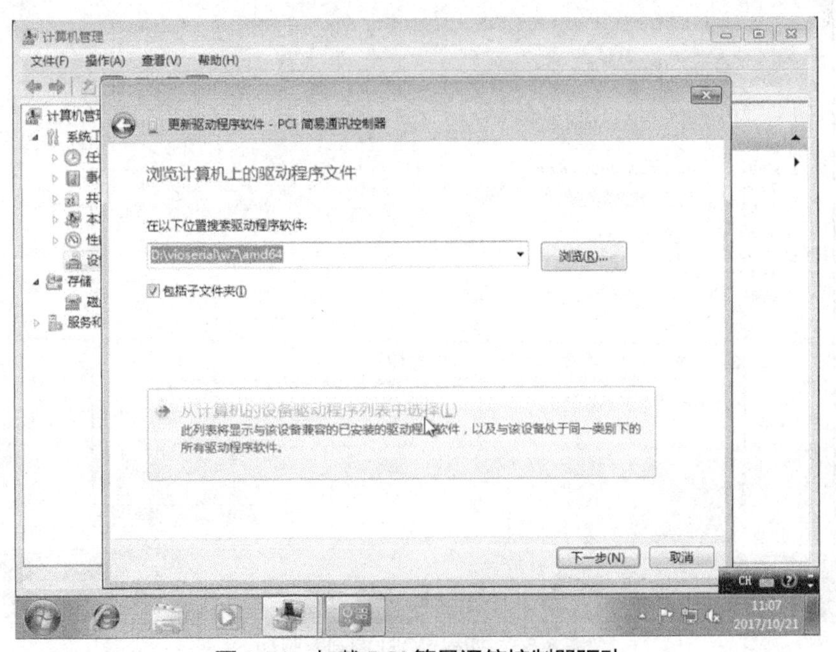

图 8-51　加载 PCI 简易通信控制器驱动

（3）参照步骤（1），继续加载 PCI 设备驱动。加载 PCI 设备驱动后，Windows 能支持气球内存伸缩功能。驱动程序路径为 D:\Balloon\w7\amd64，如图 8-52 所示。

图 8-52　加载 PCI 设备驱动

（4）参照步骤（1），继续加载 SCSI 控制器设备驱动程序。加载完 SCSI 控制器驱动程序后，Windows 支持 SCSI 类型的数据云盘，从而获得更好的磁盘性能。驱动程序路径为 D:\vioscsi\w7\amd64，如图 8-53 所示。

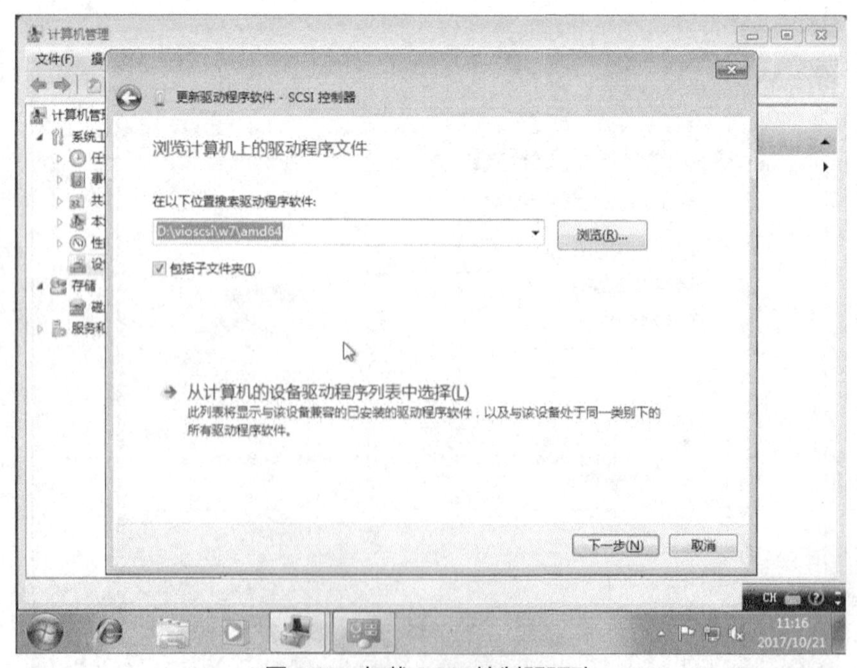

图 8-53　加载 SCSI 控制器驱动

（5）打开 Windows 系统的资源管理器，进入 ISO 目录 guest-agent，选择与当前系统对应的代理程序进行安装。安装好 ZStack 代理工具后，虚拟机支持通过 ZStack 界面在线修改管理员密码，如图 8-54 所示。至此，系统的 Virtio 驱动都已安装完成。

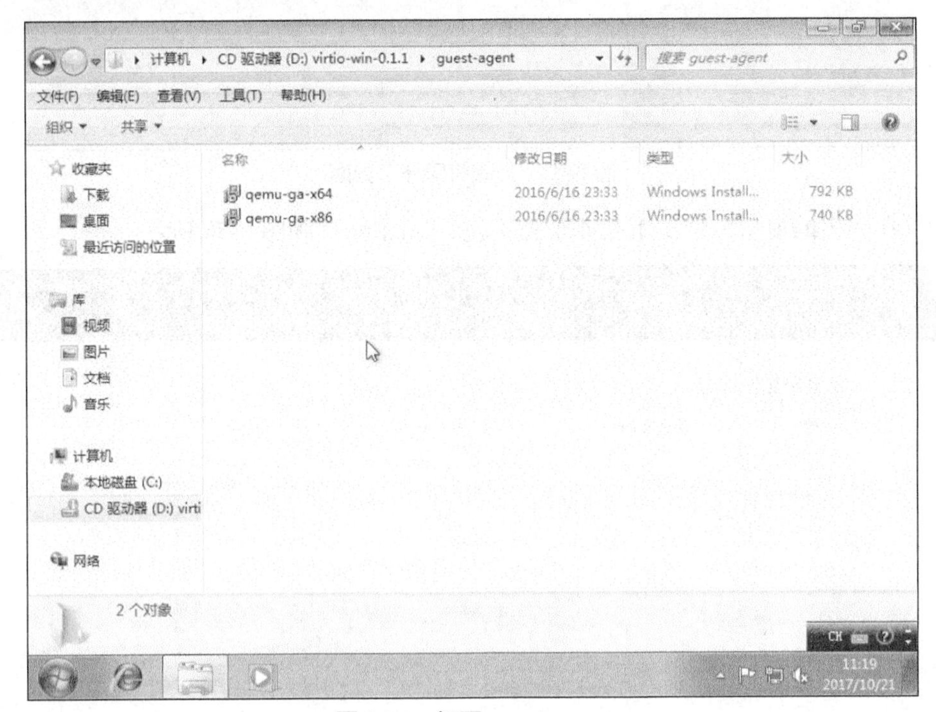

图 8-54　打开 guest-agent

8.5.8　升级 RDP 协议

升级 RDP 协议的步骤如下。

（1）安装完系统后，需要将系统的 RDP 协议升级 RDP 8.1，以获得更好的使用体验。登录微软中国官网，在搜索栏中搜索 KB2830477，选择所需的系统版本，如图 8-55 和图 8-56 所示。

图 8-55　微软中国官网

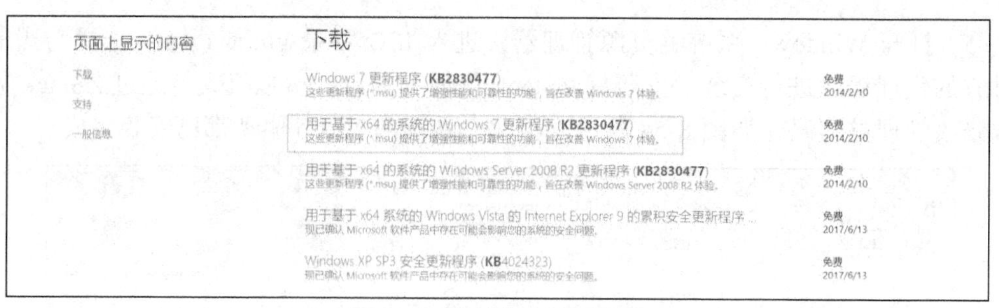

图 8-56　微软官网补丁界面

（2）在弹出的窗口中依次下载 4 个补丁包，如图 8-57 和图 8-58 所示。

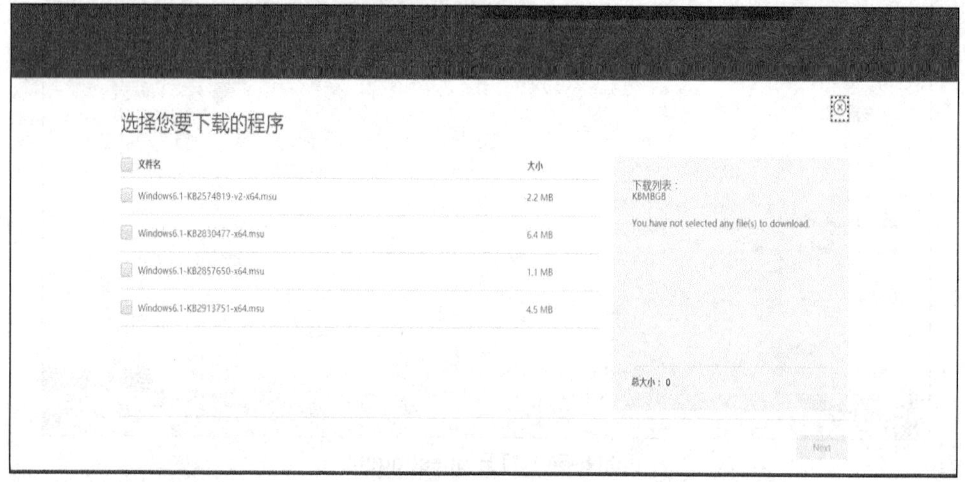

图 8-57　补丁下载界面

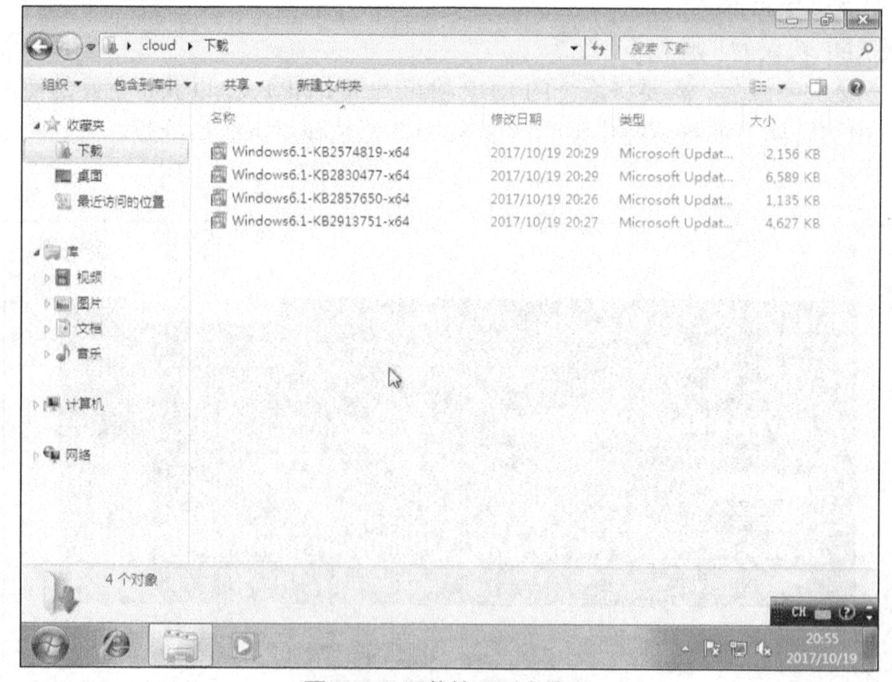

图 8-58　下载补丁到文件夹

（3）下载完成后，需要按照以下顺序安装：KB2574819、KB2830477、KB2857650、KB2913751。安装完后重启操作系统。

（4）打开“计算机管理”窗口，在“本地用户和组”中右键单击“用户”选项，在弹出的快捷菜单中选择“新用户”命令，添加一个远程用户，如图8-59所示。

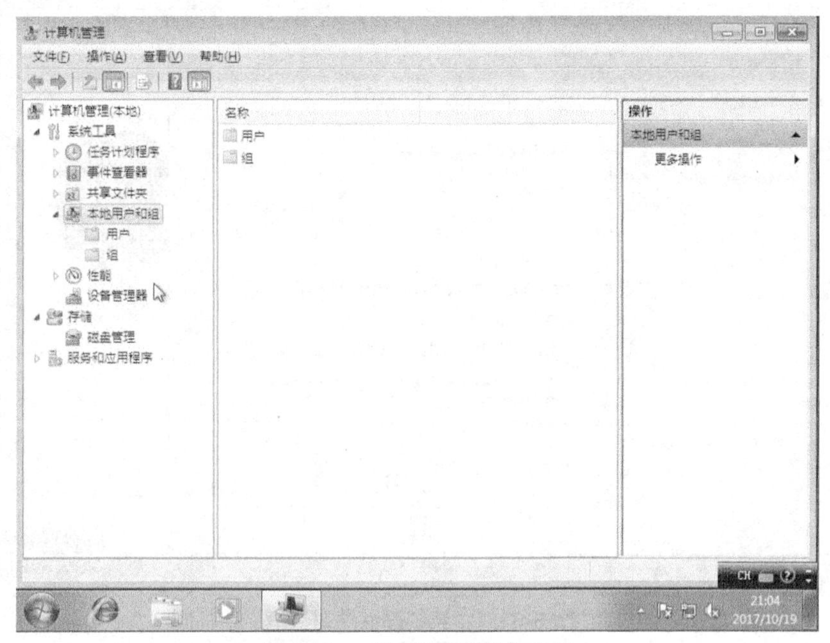

图8-59　“计算机管理”窗口

（5）在弹出的对话框中设置远程用户的用户名和密码，单击“创建”按钮以创建该用户，如图8-60所示。

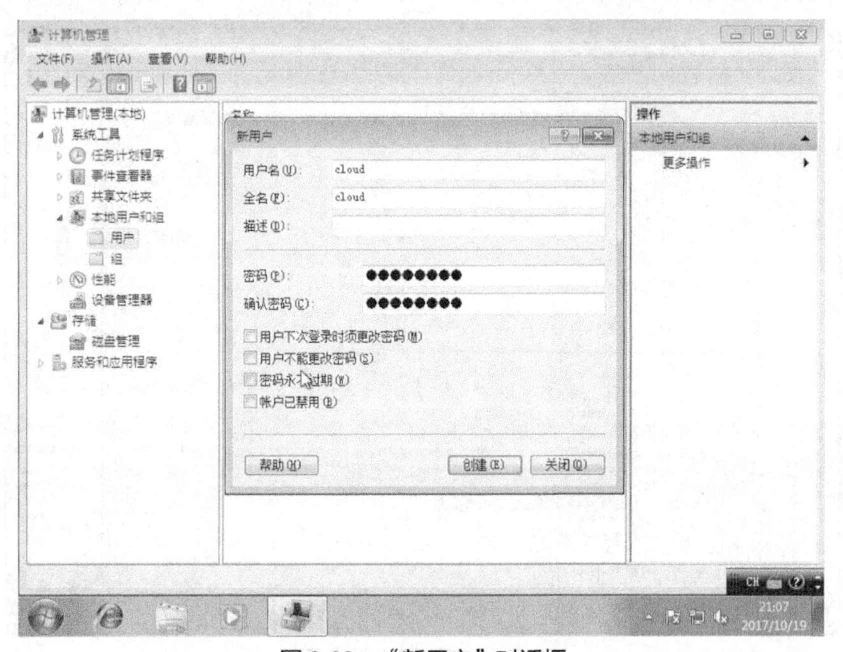

图8-60　“新用户”对话框

（6）右击“我的电脑”，选择“属性”→“高级系统设置”选项，在弹出的对话框中打开“远程”选项卡，选中“允许运行任意版本远程桌面的计算机连接（较不安全）”单选按钮，单击“选择用户”按钮，如图 8-61 所示。

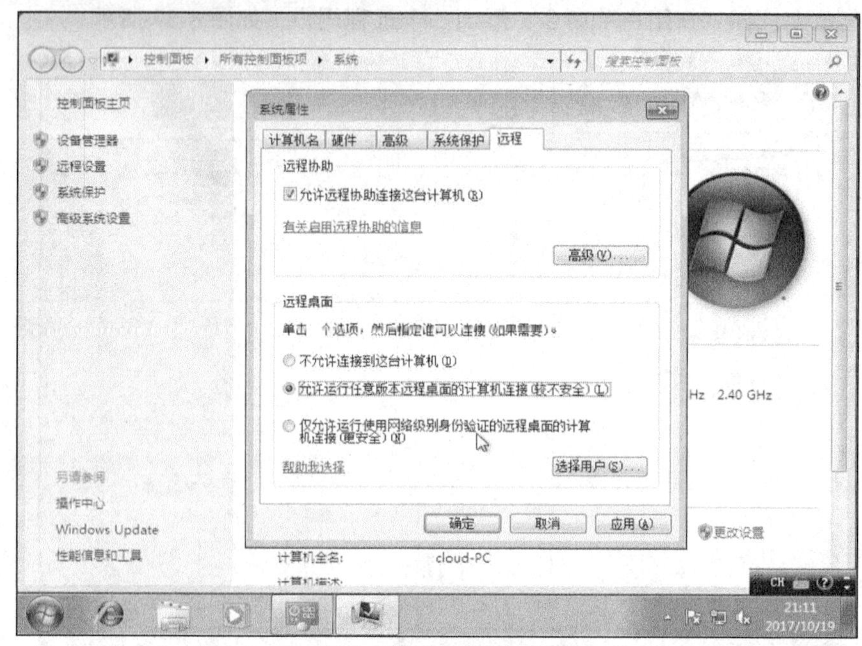

图 8-61 “系统属性”对话框

（7）在弹出的对话框中单击“添加”按钮，通过“高级”按钮查找系统当前账户，在查找出的用户中，找到刚刚添加的远程用户，选中并单击“确定”按钮，为该用户开启远程桌面访问功能，如图 8-62 所示。

图 8-62 远程用户添加界面

（8）确认防火墙设置，如果系统防火墙开启，则需要确认是否允许远程桌面服务。在控制面板中选择“Windows 防火墙”选项，单击“高级设置”按钮，在“入站规则”区域中确认远程桌面服务是否被放行，如图 8-63 所示。

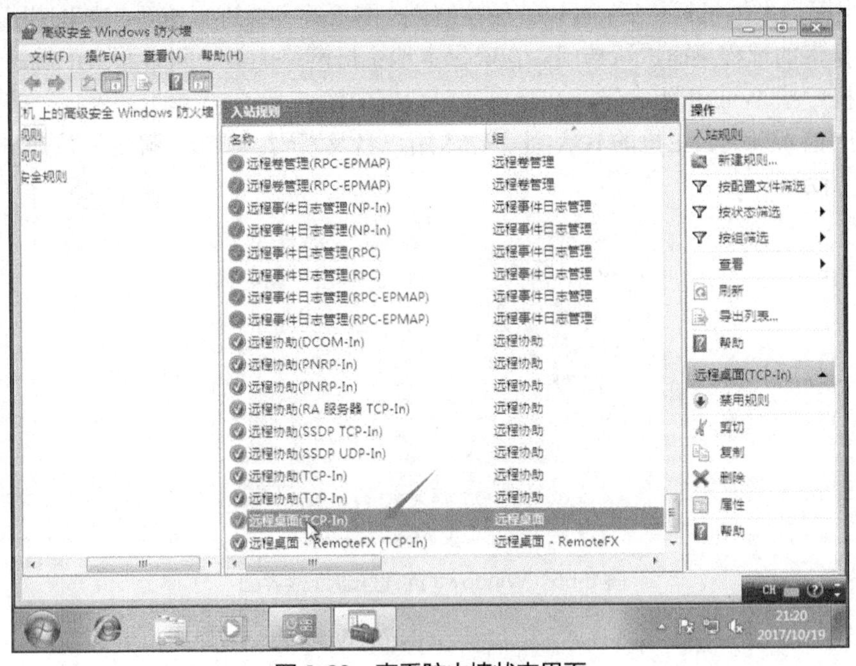

图 8-63　查看防火墙状态界面

（9）回到 ZStack 云主机详情界面，单击“云主机”选项，选择 win7iso 复选框，选择“操作”→“创建镜像”选项，ZStack 就会将云主机封装为模板，存储在镜像存储中，如图 8-64 所示。

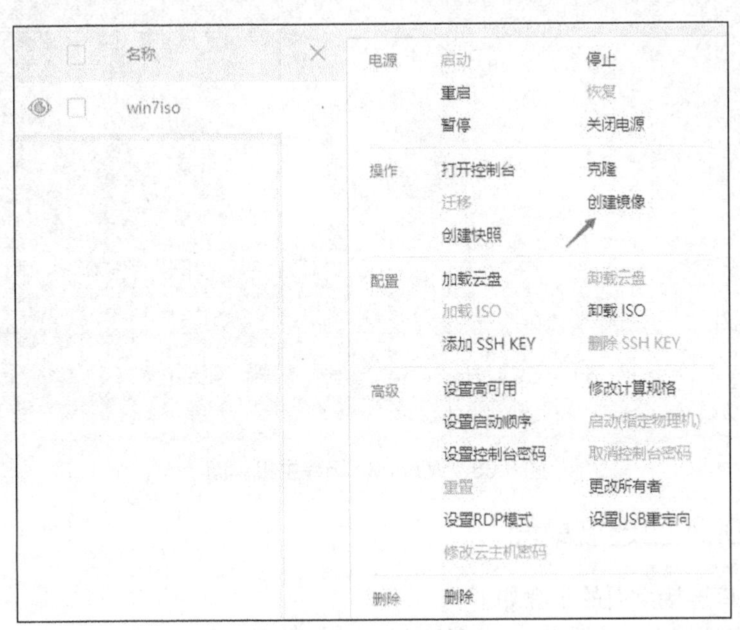

图 8-64　创建镜像

8.6 使用桌面云虚拟机

使用桌面云虚拟机的步骤如下。

（1）桌面云虚拟机运行后，可以使用瘦终端、网页等方式进行访问，这里使用 Windows 操作系统自带的远程桌面进行访问。在确保本地主机网络能够访问桌面云主机的情况下，在本地主机中按 Win+R 组合键，在弹出的对话框中输入 mstsc，单击“确定”按钮，在弹出的界面中输入桌面云主机的 IP 地址，输入用户名及密码，单击“确定”按钮进行连接，如图 8-65 所示。

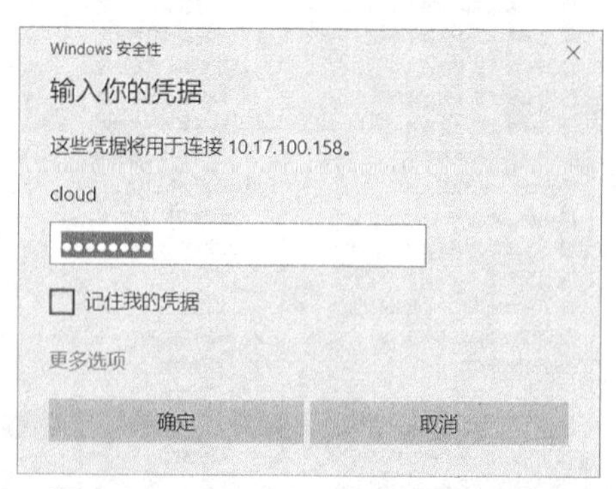

图 8-65　Windows 远程登录连接界面

（2）连接成功后，程序会自动登录远程云主机，Windows 远程主机界面如图 8-66 所示。

图 8-66　Windows 远程主机桌面

8.7 VDI 入口连接桌面

从 VDI 入口连接桌面的步骤如下。

（1）当需要使用多个云主机时，可使用 ZStack 的 VDI 管理平台对云桌面进行访问。采用该种方式需要在管理界面中确认虚拟机控制台模式为 spice （教育版选择 VNC 协议），如图 8-67 所示。

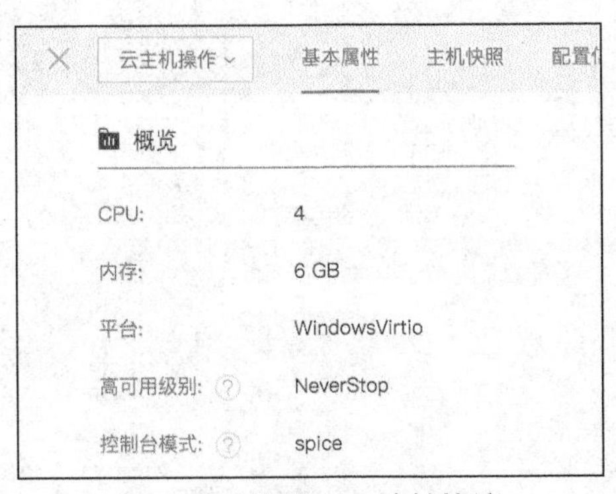

图 8-67 选择 VDI 连接协议

（2）从 ZStack 官网下载客户端软件包，然后按图 8-68 所示，在 PC 端安装其中的 client_tools/virt-viewer-2.0.exe，下载地址为 https://releases.pagure.org/virt-viewer/virt-viewer-x64-5.0.msi。

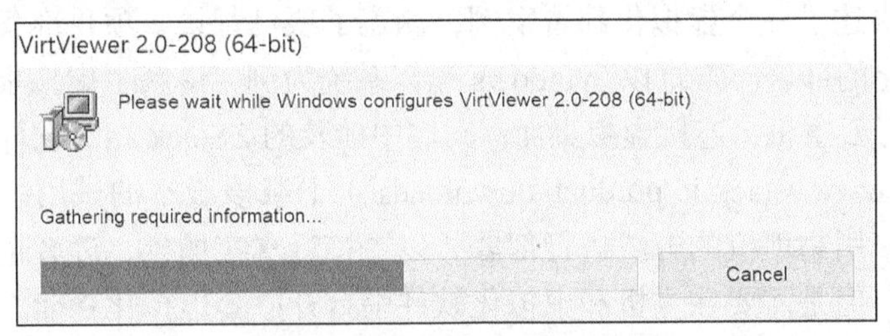

图 8-68 安装 PC 端软件

（3）在本地主机的浏览器中输入管理地址，并加上端口号 9000，访问 VDI 入口，例如 http://192.168.1.1:9000，输入用户名与密码后进行访问，然后对要访问的虚拟机单击“连接”按钮，即可自动下载连接文件，单击后可自动打开，如图 8-69 所示，连接后的虚拟桌面如图 8-70 所示。

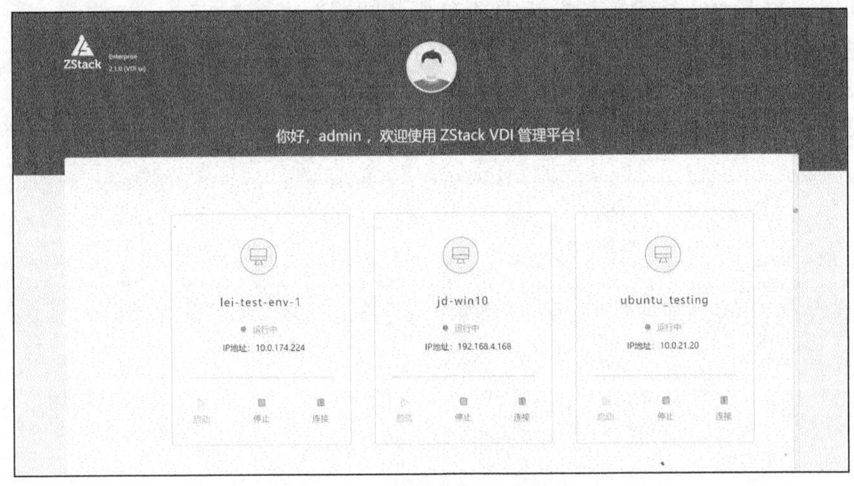

图 8-69 访问 VDI 用户入口

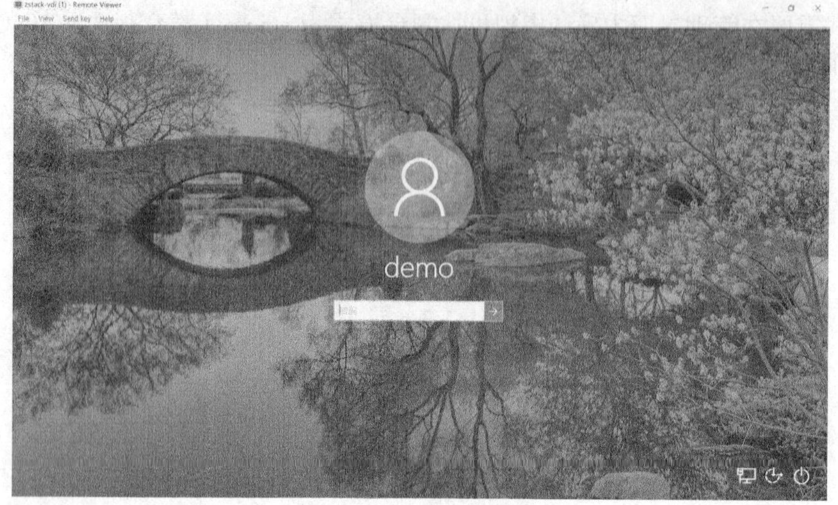

图 8-70　连接虚拟桌面

8.8　本章小结

本章完整地讲述了一个虚拟化部署案例，涵盖了项目背景、项目准备、虚拟化系统的部署，桌面虚拟化的部署。本章以 Windows 操作系统为例，讲解了虚拟桌面操作系统的封装过程，最后运行云主机，连接虚拟桌面。案例中涉及的 ZStack 相关软件可以通过 ZStack 官方网站（http://www.zstack.io/product_downloads/）下载该版本的试用版，并遵守相关软件协议。本案例采用物理机的方式进行部署，以更接近真实场景，读者也可以通过虚拟机的方式进行实验，但是需要在主机和虚拟化软件中打开嵌套虚拟化功能。考虑到目前的市场情况，案例中主要选择了 KVM 这一虚拟化内核，并且选择了 ZStack 这一优秀的国产虚拟化及管理软件，使读者能够简单、快速地获得一个私有云环境。此外，还可以参照 ZStack 的官方文档进行学习。

8.9　扩展习题

1. 如何封装 Linux 系统镜像？需要注意哪些问题？
2. 在 ZStack 全局设置中，如何设置能够获得最好的虚拟机性能？
3. 云路由、扁平网络、EIP 的区别是什么？分别适用于什么场景？
4. 本地存储、分布式存储、共享存储分别适用于什么场景？